Vespa mi' amore

LA SPEZIA
BOLOGNA
BAR

Lutz-Ulrich Kubisch

Vespa mi' amore

Alle Motorroller seit 1946

Motor buch Verlag spezial

Abbildungen:
Auto Union GmbH (3), Bajaj Motorfahrzeug-Vertrieb GmbH (2), BMW AG (1), Der Reiz (3), Fried. Krupp AG (1), Josef Faber GmbH (1), Fujumi Space Publishing (1), W. Jan Fusaro (6), inVento Verlag GmbH, Welden (2), Emil Jellinek (1), Koch Motorrad GmbH (2), Archiv Ulrich Kubisch (116), Kreisarchiv Mettmann (2), Werbeagentur Herbert Nonn GmbH (5), Ludwig Opolony (1), Piaggio & C. SpA (289), Vaclav Petrik (1), B. K. Portanje (2), Archiv Halwart Schrader (9), Ulrich Schwab (1), Vespa-Club von Deutschland (2), Vespa GmbH Augsburg (58), WK-Verlag (6), Taichiro Yasukawa (2), Zweirad-Museum Neckarsulm (1).

Titelfoto:
Die Schauspielerin Yvonne Furneaux, bekannt geworden durch den Film »Dolce Vita« von Marcello Mastroianni, bei Dreharbeiten zu »Via Margutta« in Trastevere, Italien, auf einer Vespa im Frühjahr 1959. Das Foto auf Seite 2 wurde 1959 anläßlich der Giro Vespistico di Tre Mare in Sizilien aufgenommen.

Einbandgestaltung: Katja Draenert

ISBN 3-613-87099-1

Spezialausgabe 2. Auflage 2004

Sie finden uns im Internet unter
www.motorbuch-verlag.de

Druck und Bindung: Fotolito LONGO, Bozen
Printed in Italy

Inhalt

Zu diesem Buch

Als Autor und Verlag sich unabhängig voneinander mit dem Gedanken beschäftigten, ein Buch zum Thema Vespa entstehen zu lassen, ahnte niemand, welch eine umfangreiche Arbeit alle Beteiligten erwartete.

Der »Griff ins Wespennest« — hier wörtlich zu verstehen — brachte eine solche Fülle von Material ans Tageslicht, daß sich die Realisierung der Idee von einem Buch über den Vespa-Motorroller schon bald als ein recht kompliziertes Unterfangen erwies.

Erschwerend war der Umstand, daß von den ersten Anfängen an die Firma Piaggio in Italien wie auch ihre ausländischen Lizenznehmer in allen Publikationen im Vergleich zu anderen Automobil- und Motorradfirmen den menschlichen Aspekt des Rollerfahrens und die Ausstrahlung der Vespa an sich in den Vordergrund stellten; Berichterstattungen technischen Inhalts oder genaue Modellbeschreibungen bildeten in ihren Veröffentlichungen die Ausnahme. So war es oft ein schwieriges Unterfangen, ihre korrekte Typenbezeichnung zu finden.

Die Basis für die Typologie dieses Buches ist das offizielle Seriennummernverzeichnis des Hauses Piaggio mit den dazugehörigen Modellbezeichnungen, das von den Anfängen 1946, also vom ersten Modell V.98, bis zum Ende des Produktionsjahres 1990 vorlag. Die dort verwendeten Typenbezeichnungen unterscheiden sich indessen zum Teil von den Modellbezeichnungen, die in der Werbung und in Firmenprospekten benutzt werden. Hinzu kommen Unterschiede zwischen den im Herstellerland Italien verwendeten Bezeichnungen und denen, die man in den Import- bzw. Lizenznehmerländern, insbesondere Deutschland, Frankreich und England, verwendete.

Die Konturen waren somit gezeichnet, doch die vielschichtige Substanz zu ihrer Ausfüllung verlangte ein intensives Studium der Technikgeschichte des Hauses Piaggio ebenso sehr wie die Beschäftigung mit der europäischen Wirtschaftsentwicklung der letzten viereinhalb Jahrzehnte. Denn die Vespa ist nicht irgend ein Rollerfabrikat und dieses Buch nicht nur eine Beschreibung seiner Besonderheiten. Der Name Vespa steht vielmehr für ein ganzes Phänomen, dessen Erscheinen revolutionäre Folgen hatte und die motorisierte Welt entscheidend beeinflußte.

Und da ein Phänomen nicht allein mit wenigen Worten zu erklären und kommentieren ist, sondern eine genaue Analyse verlangt und in allen Details dargestellt sein will, um in seiner Bedeutung erfaßbar zu sein, geriet dieses Buch zu einer recht ausführlichen Dokumentation. Sie enthält alle Entwicklungsstadien, die der Vespa-Motorroller seit seiner Geburt im Jahre 1945 durchlief. Und sie beschränkt sich nicht allein auf Italien, sondern erzählt die Vespa-Story auch aus allen anderen Ländern, in denen es je Lizenz- und Montageproduktionen (und Plagiate!) gab.

Die Hintergrundstory zu der enormen Typenvielfalt, die unternehmerischen Aktivitäten des Herstellerwerks, die motorsportliche Seite, das internationale Clubleben, Rekord- und Langstreckenfahrten: Kein Themenbereich wurde ausgelassen. Die Chronologie der Berichterstattung schließt in allen Kapiteln eine technische Beschreibung der jeweils aktuellen Modelle ein und nennt deren wichtigste Unterscheidungsmerkmale. So kann der Leser sich schnell informieren, wenn er Einzelheiten zu einem bestimmten Vespa-Modell sucht.

Das bekannte Dreiradfahrzeug »Ape« bleibt nicht unerwähnt, denn bei diesem Kleintransporter handelt es sich ebenfalls um ein weitverbreitetes Vespa-Produkt, das parallel zum Roller entstanden ist. Weniger bekannt ist die Tatsache, daß es auch einmal ein Vespa-Automobil gab — auf dieses interessante Fahrzeug wird mit gleicher Ausführlichkeit eingegangen.

Bei der Entstehung des Buches haben viele Vespa-Freunde und -Experten mitgewirkt, bei denen sich Autoren und Verlag an dieser Stelle herzlich bedanken möchten.

Im Hause Piaggio war es vor allem Sergio Lanza von der Direzione Commerciale e Marketing, der Ulrich Kubisch den Weg zum Archiv freimachte. Bei der Bildbeschaffung ließ Allessandra Pollina ihn in die abgelegensten Winkel der Werbeabteilung vorstoßen, während Stefano Panarisi des Staub von alten Aktendeckeln wischte und auf hohen Leitern so manch verborgenen Schatz aus dem Firmenarchiv holte. Und ohne Loriana Mancini wäre in Pontedera nichts gelaufen: Als Dolmetscherin trug sie Sprachbarrieren ab, außerdem fütterte sie unzähligemale den Fotokopierer mit alten Vespa-Dokumenten... grazie!

Wolfgang Rauser von der Geschäftsleitung der Vespa GmbH in Diedorf bei Augsburg und Hans Prihoda von der Marketingabteilung unterstützten das Projekt ebenfalls nach Kräften, nicht zuletzt auch Lothar Behr als langjähriger Presse- und PR-Berater für die Vespa GmbH, Arthur Eichner als Präsident des Vespa-Club Deutschland und Hans Krüger vom Rollermuseum Aßmannshausen. Ralf Hornung und Professor Dr. Peter Kirchberg spürten in ihren Archiven Fotos von Vespa-Vorläufern auf, und Klaus Peters, Chef des Protokolls der Deutschen Aerospace, steuerte Informationen zur Geschichte der Messerschmitt-Vespa bei. Dank auch Dr. Bernd Wiersch vom Automuseum Wolfsburg (Volkswagenwerk) für seine Hintergrund-Information zur Augsburger Rollerproduktion sowie Herrn Ulrich Rauchenbichler vom Kreisarchiv Ratingen für das Informationsmaterial über die Hoffmann-Werke. Viel Unterstützung ließ dem Autor Kurt Klühs zuteil werden, der bei allen Reisen nach Pontedera als sachkundiger Berater zur Verfügung stand.

Für das technische Lektorat zeichnete Andy Schwietzer verantwortlich. Darüberhinaus unterstützten uns Gerd-Dieter Schulze vom Vespa-Club Hamburg, B. K. Portanje vom Scooter & Vespa Club aus Bunnik in den Niederlanden, Lucien Pauli aus Dübendorf in der Schweiz, Albert Wayss, Präsident der Vespa-Club-Austria, Komm. Rat Josef Faber von der Vespa-Generalvertretung in Österreich, Taichiro Yasukawa aus Osaka und Hiroshi Sawai, Der Reiz, Saitama, Japan.

Ohne die tatkräftige und uneigennützige Hilfe aller Spezialisten hätte diese Arbeit kaum realisiert werden können. Reisen durch ganz Europa waren notwendig, um das Material zusammenzutragen; Archive wurden durchforstet, Interviews geführt, Spezialisten befragt.

Die Quantität des Stoffes nahm zuletzt schon fast beunruhigende Dimensionen an. All dieses Material lückenlos durchzuarbeiten, erforderte viel Zeit, die Flächen mehrerer Schreibtische und die Inanspruchnahme einer Datenverarbeitung per Computer. Mit dessen Hilfe war es möglich, die vielfältigen Informationen und Hinweise aus den verschiedensten Quellen miteinander zu verknüpfen, eine Chronologie des Hauses Piaggio und der Vespa-Produkte und Ereignisse zu erstellen sowie Höhepunkte in der Entwicklung aufzuzeigen, die vor dem Hintergrund des Konkurrenzgeschehens noch an Brillanz gewinnen.

Als ganz hervorragende Quellen zur Vespa-Historie erwiesen sich nicht zuletzt auch die Zeitschriften *Piaggio*, herausgegeben vom Werk seit dem Jahre 1949, sowie *Vespa Nachrichten*, *Vespa-Tip* und *Vespisti* — allesamt ausgezeichnete Chroniken zur Rollergeschichte .

Es bedarf dieses Buches nicht, um Vespa-Enthusiasten eine besondere Philosophie zu vermitteln; eine solche haben sie seit geraumer Zeit selbst mitgeprägt. Die älteren schon vor Jahrzehnten, die jüngeren vielleicht erst seit einigen Wochen. Alle überzeugten Vespisti tragen dazu bei, daß diese vor über vierzig Jahren geborene Roller-Philosophie weiterlebt — und ewig jung bleibt.

Denn die Vespa ist weitaus mehr als ein Vehikel aus 1365 Einzelteilen. Ihre klassische Linie ist zeitlos und steht damit in einer Reihe mit dem berühmten Thonetstuhl, dem Rolls-Royce-Kühler, der Coca-Cola-Flasche. Der Vespa-Schöpfer Corradino d'Ascanio war überzeugt, daß der toskanische Motorroller auch eine erotische Komponente habe. Woran nicht zu zweifeln ist.

Für den Vespa-Enthusiasten steht fest, daß der Roller niemals »out« war oder sein wird. Und wer bisher der Faszination Vespa noch nicht erlegen ist, könnte beim Durchblättern dieser zweihundert Seiten Gefahr laufen, den Virus einzufangen — womit ein weiteres Anliegen dieses Buches, das weit über die Geschichtsschreibung in Sachen Vespa hinausgeht, erfüllt wäre...

14
MADRID
M-243238
M-302.397

Vespa – was sonst?!

Vespa: Ein Symbolbegriff, eine Zauberformel. Fünf Buchstaben, die den Ausdruck eines ganzen Lebensgefühls wiedergeben. Das Wort »Vespa« steht für Jungsein, für Mobilität, für Romantik, Zweisamkeit und noch viel mehr. Es gibt eine Vespa-Philosophie, ja — einen Vespa-Kult.

Wo immer sich junge und auch junggebliebene Leute zusammenfinden, ist die Vespa mit von der Partie. Und als Motorroller hat dieses Fahrzeug das einst rein männliche Privileg durchbrochen, nach welchem es nur den Herren der Schöpfung vorbehalten war, sich zweirädrig zu motorisieren. Ein Mädchen auf einem Motorrad? Das war früher höchst ungewöhnlich, galt sogar als unschicklich. Gewiß, heute ist das anders. Aber erst der Roller sorgte dafür, daß motorisiertes Zweiradfahren nicht Männersache blieb. In der Werbung sprechen die Rollerhersteller die Frau sogar bevorzugt an, denn sehr bald hatten sie herausgefunden, daß gerade der Motorroller der Frau gänzlich neue Freiräume in ihrem Dasein verschaffte. Die anfänglich etwas hölzerne Formulierung, daß »auch Damen« einen Roller handhaben könnten, wich sehr schnell der gezielten und durch flotte Fotos unterstrichenen Aussage, daß man es eigentlich vorrangig auf weibliche Rollerkundschaft abgesehen hatte...

In Singapur wie an unzähligen anderen Stellen der weiten Welt wurde die Vespa zur Selbstverständlichkeit. Gegenüberliegende Seite: ein kirchlicher Würdenträger aus Spanien bei der Eurovespa 1962.

Ob auf dem Weg zur Uni, zur Schule, zum Büro oder zur Disco: Der Roller ist im Straßenverkehr sowie bei der zunehmenden Verknappung der Parkflächen allen anderen Verkehrsmitteln überlegen. Nur ganz wenige, extreme Wetterverhältnisse schließen eine Benutzung des Rollers aus. Der Sonntagsausflug, auch die Urlaubsreise allein, zu zweit oder in einer Scootergruppe sind per Roller kein Streß, keine Tortur. Es geht nicht um Geschwindigkeiten jenseits der 100 oder gar 150 km/h, um Rekordzeiten oder Überholprestige. Dem Rollerfahrer geht es viel mehr um ein ökonomisches und zugleich entspanntes Fahren und um eine bestmögliche Nutzung bestimmter rollertypischer Gegebenheiten, auf deren Vielfalt in diesem Buch ausführlich eingegangen wird.

Der Roller ist ein Kind der späten vierziger Jahre, hat aber bis heute kein bißchen von seiner anfänglichen Bedeutung eingebüßt. Im Gegenteil: Der zunehmende Massenverkehr bietet dem Zweiradfahrer eine echte Chance, dem Verkehrsinfarkt zu entgehen. Wer behende vorankommen will und öffentliche Nahverkehrsmittel, aus welchen Gründen auch immer, nicht benutzen kann oder mag, ist mit seiner Vespa noch immer am besten dran.

Der Roller hat auch eine soziale Komponente. Wo der Autofahrer in seinem Gehäuse ein von seiner Umwelt isoliertes Dasein führt, der Motorradfahrer durch eine Handbewegung am Gasgriff in Sekundenbruchteilen auf und davon ist, bleibt dem Rollerchauffeur der Kontakt zu seiner Umwelt erhalten. Trotz Schutzhelmpflicht (es lebe die Halbschale!) kommuniziert er mit dem Kollegen nebenan beim Ampelstop. Man parkt seinen Roller neben einem weiteren — und wo sie abgestellt sind, finden sich die nächsten ein. Das ist am Arbeitsplatz nicht anders als vor dem Bistro, vor dem Sportstadion oder auf dem romantischen Campingplatz am See.

Geselligkeit ist nämlich ein Begriff, den Motorrad- und Rollerfahrer stärker pflegen als andere motorisierte Mitmenschen. Und die vielen Vespa-Clubs, Vespa-Treffen, Vespa-Rallies haben eine lange Tradition! Sie sind Teil des oben erwähnten Kults, ebenso wie die Präsenz der Vespa in so vielen Filmen, Festivals oder Shows.

Auch wenn sie nicht mehr den Namen Vespa trägt, verkörpert die Quartz von Piaggio in den neunziger Jahren mit ihrem italienischen Flair das klassische Vespa-Erbe.

Nicht ohne Grund ist die Popularität der italienischen Wespe mit ihrer schlanken Taille ein weltweites Phänomen.

Die praktischen Seiten des Rollerfahrens haben die gleiche Gewichtung wie die italienische Eleganz des Fahrzeugs. Das Flair gerade einer Vespa, das einfach unnachahmlich ist, trug viel zum Erfolg dieses Rollers bei. Man identifiziert sich gern mit diesem Gefährt, egal, ob es sich um ein antikes Stück aus den frühen fünfziger Jahren mit hohem Sammlerwert oder um eine nagelneue Cosa handelt: Vespisti sind stolz auf ihren Roller und haben es niemals nötig, sich quasi zu entschuldigen, daß sie »nur« auf zwei Rädern daherkommen. Ganz im Gegenteil: Es gibt auch heute noch jede Menge guter Gründe, die für die Benutzung dieses Motorrollers sprechen.

Das italienische Flair trug viel zum Erfolg des Vespa-Rollers bei

Es gab Zeiten, in denen Motorrad- und Rollerfahren weniger mit sportlichen oder weltanschaulichen Credos zu tun hatte, sondern eine reine Notwendigkeit darstellte — mangels anderer Fahrzeuge. Denn nach 1945 hatten die allerwenigsten ein Auto, und öffentliche Verkehrsmittel konnten das Mobilitätsbedürfnis nur zu einem Bruchteil erfüllen. Da kam die Wiedererfindung des Rollers genau zur richtigen Zeit.

Die in den fünfziger Jahren noch vorherrschende Kleiderordnung trug einen guten Teil dazu bei, daß der Motorroller eine so große Verbreitung fand. Denn Büroleiter wie auch Geschäftsführer legten ganz besonderen Wert darauf, daß ihre Mitarbeiter in korrekter Kleidung zur Arbeit erschienen. Man brauchte nicht, wie als Motorradfahrer, besondere Schutzkleidung (die Helmpflicht gab es noch lange nicht), und so bevorzugten die etwas besser Verdienenden den Roller gegenüber dem Kleinmotorrad, das allenfalls der Arbeiter im Blaumann bestieg, dem dies auch weiter nichts ausmachte. Und in zunehmendem Maße setzten die Rollerstrategen jedoch auf das von der Jeans-Mode noch nicht erfaßte weibliche Geschlecht. Die junge Dame in Rock und Bluse konnte auf dem Sattel der Vespa beinahe so elegant sitzen wie in einem Auto!

Hatten die Herrenreiter des vorigen Jahrhunderts noch den Damensattel geschaffen, um den sportiven Ladies einen sittsamen Sitz zu Pferde zu ermöglichen, so erschrak die Männerwelt der Wirtschaftswunderzeit vor dem Anblick des petticoatbewehrten Fräuleins, das wenig ladylike auf dem Sattel eines Kleinmotorrades nach Art der NSU Quickly hockte. Auch die Flucht der motorisierten Zweiradfahrerin in die knitterfreie Lastexhose war keine elegante Alternative. So offerierten die Rollerhersteller den Töchtern und Ehefrauen ihrer Kunden den Scooter als adäquates, auch und gerade für Damen geeignetes Fahrzeug. »Kinderleicht zu bedienen, selbst von Frauen«, redeten Prospekttexte den Familienvätern ein.

Als die erste Motorisierungswelle, die dem Roller als »Nutzfahrzeug« für die Notwendigkeit der Mobilität zu seinem Starterfolg verholfen hatte, am Abklingen war, versuchten Piaggio und seine Konkurrenten, den Scooter als Zweitfahrzeug populär zu machen. Doch in den meisten Familien stellte der Roller noch immer das alleinige Fahrzeug, mit dem der Vater morgens zur Arbeit fuhr — Frau und Tochter blieben weiterhin unmotorisiert, nahmen am Wochenende allenfalls auf dem Sozius Platz. Bis Mitte 1956 durften bei uns Beifahrerinnen laut Straßenverkehrsordnung noch im Damensitz mitfahren und beide Beine keusch und einseitig am Hinterradblech baumeln lassen — sehr zum Nachteil der Fahrstabilität. Diese Art des Mitfahrens blieb in Italien sehr viel länger populär.

Die mittfünfziger Jahre waren geradezu von einem Roller-Boom geprägt. Mehr denn je war Mobilität angesagt, zumal die expandierenden Industriegebiete und schnell wachsenden Trabantenstädte eine Trennung von Wohnung und Arbeitsplatz mit sich brachten, der so manches Nahverkehrssystem nicht gerecht werden konnte. Noch hatten nur wenige die

Chance, sich einen Kleinwagen oder gar einen VW Käfer zu leisten, also blieb der Roller ein idealer Kompromiß. Nur bei Wochenendausflügen oder Ferienreisen setzte er Grenzen, wenn die Familie drei oder mehr Personen groß war. Eine Übergangslösung war das Seitenwagengespann, bevor dann doch ein Kleinwa-

gen oder sogar ein VW-Käfer, der für viele ein Traumfahrzeug darstellte, angeschafft wurde .

Der Motorroller verschwand im Laufe der sechziger Jahre allmählich aus dem Verkehrsbild. Der Versuch, ihn als Zweitfahrzeug am Leben zu erhalten, mißlang. Doch es gab eine Ausnahme — die Vespa. Sie stützte sich auf die jugendliche Subkultur der »Mods«, die später in den »Poppern« ihre Fortsetzung fand. Die Mods, an gesellschaftlichem Aufstieg orientiert, suchten nach Attributen, mit denen sie sich von proletarischer Umgebung abheben konnten. Mopeds, Motorrädern oder klapprigen Gebrauchtwagen haftete der Arme-Leute-Geruch an, von dem sie sich distanzieren wollten. Der Scooter, mit möglichst vielen Extras ausgestattet, entsprach ganz ihrem Ambiente und erfüllte ihren Traum von Motorisierung aufs trefflichste. Der Fortbestand des Roller-Kults war gesichert.

Vereinzelt hielten sich Zweirad-Hersteller mit dem einen oder anderen Rollermodell am Markt, doch allein die Vespa vermochte ihre Dominanz zu behaupten. Es dauerte bis 1977, ehe sie wieder ernste Konkurrenz bekam — diesmal aus Fernost. Honda und Yamaha traten auf den Plan und und begannen, mit pfiffig, zum

Teil futuristisch gestylten Scootern mit hohem Bedienungskomfort neue Käuferkreise zu erschließen. Die Erkenntnis von der Bedrohung der Großstädte durch Verkehrsinfarkte half den Japanern, neue Argumente ins Feld zu führen: Stauzeiten, Parkplatznot, automobile Immobilität. Der Roller — und gewiß nicht allein der japanische — gab dem homo mot. die Freiheit auf Rädern zurück, die im Auto zunehmend Einschränkungen erfuhr. Nur zu gern entbehren Rollerfahrer dabei der prickelnden Angstlust, dem süchtig machenden Hochgefühl des Motorradfahrens auf der schmalen Haftgrenze zwischen Leben und Tod. »Sie genießen statt dessen die Welt und ihren schönsten Schein — Image mittels Roller, mit einem Ding, das alle Köpfe verdreht«, wie der *Spiegel* im Dezember 1982 so treffend schrieb.

Es ist ein weiter Bogen, der sich von der ersten Vespa der vierziger Jahre bis zum Cityflitzer von heute spannt. Doch ihr Konzept ist geblieben, wenn auch die Inhalte im Laufe der Jahrzehnte wechselten, durch Zeitumstände, Modeeinflüsse

Ob zum Picknick-Ausflug am Wochenende oder auf dem täglichen Weg zur Arbeit: Mit der Vespa erhielt die Mobilität eine neue Dimension.

oder wirtschaftliche und auch umweltbezogene Gegebenheiten bedingt.

Vor allem eins hat sich über alle Jahre gehalten: Der Name Vespa steht nach wie vor als Gattungsbegriff für den Motorroller schlechthin. Zugegeben, nicht jeder Scooter ist eine Vespa, wie auch nicht jeder Geländewagen ein Jeep, jede Armbanduhr eine Rolex ist. Jedoch: Spontan interviewt, dürfte unter Garantie wohl so gut wie jeder Teenager mit »Vespa« antworten, würde nach einem Rollerfabrikat gefragt.

Vespa - was sonst ?!

KAPITEL 1

Die Geburt der Vespa

Vespa V.98 Prototyp 1946
Mit diesem Scooter begann der Welterfolg der Roller-Produzenten in Pontedera. Alle typischen Merkmale späterer Vespa-Generationen sind bereits erkennbar.

Die Geschichte der Vespa ist die Geschichte von einer friedlichen Eroberung der Welt. Sie begann 1945, kurz nach dem letzten und stürmischsten Abschnitt des Krieges, als Enrico Piaggio vor dem Problem stand, seine zerbombten Betriebsstätten auf eine Friedensproduktion umzustellen und den 12.000 dort zuvor beschäftigten Menschen wieder Arbeit zu verschaffen. Eine Realisierung Piaggios neuer Produktideen ermöglichte der damals 54jährige Ingenieur Corradino d'Ascanio, der sich bis dahin nur mit flugtechnischen Aufgaben befaßt hatte. Ohne Bezug zu traditionellen Motorradkonzepten und sicherlich auch ohne Kenntnis früherer Konstruktionen rollerartiger Zweiräder gelang es ihm, einen neuen Fahrzeugtyp zu schaffen, der sich binnen kurzer Zeit in allen sozialen Schichten durchsetzte und in der ganzen Welt unter dem Namen »Vespa« bekannt wurde.

Vom Schiffsausrüster zum Rollerproduzenten

Der Name Piaggio stand bis 1945 für einen bedeutenden Industriekonzern, dessen Aktivitäten vor allem im italienischen Rüstungswesen seine Ausprägung gefunden hatte. Als sich der Genueser Industrielle Rinaldo Piaggio, Vater des 1905 geborenen Enrico Piaggio, im Jahre 1884 in Sestri Ponente als Unternehmer selbständig machte, konnte es noch keinerlei Anzeichen dafür geben, daß seine Firma dereinst zu einem bedeutenden Hersteller für Militärflugzeuge, dann aber zum größten europäischen Zweiradproduzenten aufsteigen würde.

Rinaldo Piaggio richtete eine bescheidene Werkstatt für Holzverarbeitung ein, die an Bedeutung rasch zunahm. Schon bald entstanden hier auch Innenausbauten für Schiffe. So fertigte man hier das Interieur für so bekannte Passagierdampfer wie die »Regina Elena«, die »Leonardo da Vinci« oder auch die deutsche »Loreley«. Die Piaggio-Chronik verzeichnet die Herstellung von Einrichtungen für insgesamt 221 Schiffe und Yachten, drei darunter auch für den Norddeutschen Lloyd.

Nur wenig später begann Piaggio in Sestri Ponente mit dem Bau von Eisenbahnwaggons. In den letzten Jahren des 19. Jahrhunderts hatte das Eisenbahnwesen überall eine zunehmende Bedeutung gewonnen, und Piaggios Firma gehörte zu den ersten, die in Italien Waggons herstellte. Im Verlauf der weiteren Expansion erwarb die Società Piaggio 1901 ein Grundstück in Finale Ligure bei Savona, wo zunächst ebenfalls Bahnwaggons gebaut, ab 1915 aber auch Flugzeug-Reparaturen durchgeführt wurden. Schließlich entstanden hier auch komplette Flugzeuge und Flugboote. Ein Werk in Pisa kam hinzu.

1924 übernahm Piaggio eine große Lkw-Motorenbau-Werkstatt in Pontedera. In diesem nicht sehr romantischen Industriestädtchen in der Toskana etablierte sich ein neuer Piaggio-Zweig, die Herstellung von Flugzeug-Triebwerken. Damit besaß die Gesellschaft vier Standorte. Finale Ligure baute man in der Zeit von 1928 bis 1930 zum ersten industriellen Forschungszentrum Italiens aus, wo es einen Windkanal und ein Becken für hydrodynamische Versuche an Flugzeugrümpfen und Flugbootschwimmern gab.

Links: Herstellung von Schiffseinrichtungen in Pontedera in den frühen dreißiger Jahren. Aus einer Werkstatt für Holzverarbeitung entwickelte sich ein Unternehmen von Weltrang.

Oben: Boote für die italienische Kriegsmarine im Piaggio-Werk.

Oben: Ein von Piaggio eingerichtetes Boot der Küstenwache verläßt die Werkshalle.

Rechts: Auch Hubschrauber gehörten zum Piaggio-Bauprogramm.

Unten: Zerstörungen großen Ausmaßes machten einen Neubeginn nach 1945 besonders schwer. Das Piaggio-Werk hatte durch Bombenangriffe stark gelitten.

Unten: 1959er Piaggio P.166 als Aero-Taxi auf dem Flughafen von Turin.

Noch im Jahre 1924 wurden in Pontedera die ersten in Italien serienmäßig gebauten luftgekühlten Flugmotoren fertiggestellt. Die Leistung der Sternmotoren reichte von 300 bis 1750 Pferdestärken. Im Verlauf von zehn Jahren entwickelte sich dieser Betrieb, der zunächst einige hundert Beschäftigte zählte, zu einem Rüstungskoloß mit hohem technologischen Standard mit 10.000 Mitarbeitern. Im Waggonbau arbeitete man ebenfalls nach modernsten Methoden, unter anderem nach den Patenten der amerikanischen Budd Manufacturing Company, Ganzstahl-Aufbauten für Trambahnen und Omnibusse.

21 Internationale Rekorde in den dreißiger Jahren mit Piaggio-Flugzeugen

Enrico Piaggio, der 1938 nach dem Tode seines Vaters Direktor des Werkes in Pontedera geworden war, hatte sein ehrgeiziges Ziel erreicht und seinem Unternehmen weltweite Anerkennung verschafft. Auch die 21 internationalen Bestleistungen auf aeronautischem Gebiet trugen zum Prestige des Namens Piaggio bei — darunter war ein 17.000-Meter-Höhenrekord für Flugzeuge mit Kolbenmotoren, geflogen von Oberst Mario Pezzi. Er wurde bis heute nicht überboten.

Bei Ausbruch des Zweiten Weltkrieges hatte die Società Piaggio in der europäischen Luftfahrtindustrie eine bedeutende Position erlangt. Mussolinis Eroberungspläne bezogen die Kapazitäten eines solchen Konzerns mit ein: Piaggio-Flugzeuge wie der viermotorige Bomber P 108, dessen Bewaffnung sogar nordamerikanischen Bombern überlegen war, wurden in Abessinien, Albanien und Griechenland eingesetzt. Mit allen seinen Konsequenzen ein düsteres Kapitel in der Piaggio-Historie.

Ganz im Dienste der verhängnisvollen Mussolini-Politik wurde das Werk in Pontedera 1940 stark erweitert und zum Mittelpunkt des Piaggio-Konzerns gemacht. So entstand hier 1941 ein Flugzeug mit druckfester Kabine, die P 111 — das erste Flugzeug, das für den Stratosphärenflug taugte. Es folgte die P 108 C mit Druckausgleichskabine für den Zivilbedarf. Doch dann legten amerikanische Bombenangriffe das Werk in Trümmer. Die eine Fläche von 150.000 Quadratmeter umfassenden Betriebsstätten wurden dem Erdboden weitgehend gleichgemacht; von dem modernen Maschinenpark blieb fast nichts erhalten. Nur ein geringer Teil der Produktionsmittel, der während der Kriegszeiten nach Norditalien ausgelagert worden war, konnte gerettet werden. Vieles davon war jedoch für eine Wiederinbetriebnahme nicht mehr geeignet.

Die Vespa — Phönix aus der Asche

Nach Kriegsende versuchte man bei Piaggio, mit den verbliebenen Resten dieses einst so großen Industriebetriebes eine Produktion für nunmehr friedliche Zwecke aufzubauen. Demoralisiert und ohne Perspektiven, gab es jedoch für die meisten der einstigen 12.000 Piaggio-Beschäftigten noch lange keine Arbeit.

Aber das Unvorstellbare geschah. Aus den Trümmern einer Bomber- und Flugmotorenfabrik keimte nach und nach neues Leben und machte in Gestalt der Vespa die Stadt Pontedera zur Weltmetropole des zivilisierten Zweirades.

Dieser Neubeginn ging nicht ohne Schwierigkeiten vor sich. Es herrschte Rohstoffmangel, es gab finanzielle Probleme, und vor allem sah man sich in Pontedera der nicht unkomplizierten Aufgabe gegenübergestellt, eine hochaktive — wenn auch zerschlagene — Rüstungsschmiede auf eine Friedensfertigung umzustellen. Die Mitarbeiter der Firma fühlten sich gedemütigt, jetzt Spaghettisiebe oder Kochtöpfe aus Soldatenhelmen herstellen zu müssen.

Direkt vom Welbike-Roller der alliierten Luftlandetruppen abgeleitet war der englische Corgi-Roller (oben), von dem Enrico Piaggio sich inspirieren ließ...

...und der Ur-Roller »Paperino« (links) war der erste Versuch, diese Idee aus vorhandenen Bauteilen zu realisieren.

Die von Corradino d'Ascanio entwickelte Vespa V.98 von 1946 mit allen Attributen, die sich auch an späteren Vespa-Modellen wiederfinden lassen.

Im Oktober 1945 ergriff Enrico Piaggio die Initiative und berief eine erste große Mitarbeiter-Konferenz ein. »Wir müssen Tausenden Arbeit beschaffen,« sagte er. »Aber fast alles, was wir bisher produziert haben, dürfen wir jetzt nicht mehr herstellen. Was wir brauchen, sind neue Ideen!« Wobei Enrico Piaggio es selbst war, der bereits eine ausgezeichnete Idee mit sich herumtrug.

Die Verhältnisse in Italien waren katastrophal. Vor allem hatte das Verkehrswesen während der letzten Kriegsmonate enorm gelitten. Bahnstrecken waren gesprengt, viele Landstraßen von Panzern zerfahren. Die Autofabriken, so sah es aus, würden noch Jahre benötigen, ehe sie ihre Produktion wieder aufnehmen konnten. Wie sollten die Menschen bis dahin vom Fleck kommen? Indessen — Mobilität war lebensnotwendig.

Dottore Enrico Piaggio, eine der großen Unternehmer-Persönlichkeiten Italiens.

Der Ur-Roller Paperino

Enrico Piaggio hatte während des Krieges die vielseitig verwendbaren, kleinen Welbikes kennengelernt, Motorroller, wie sie die amerikanischen und britischen Fallschirmspringer benutzt hatten. Wäre ein solches Fahrzeug nicht als praktisches Beförderungsmittel für Millionen seiner Landsleute genau das Richtige?

Die Notwendigkeit einer möglichst baldigen Wiederaufnahme des Nahverkehrs regte Piaggio und seine Techniker an, sich mit dem Gedanken eines praktischen, wirtschaftlichen und in der Wartung einfachen Gebrauchsfahrzeugs näher zu beschäftigen — man brauchte ein Zweirad, mit welchem man auch auf noch nicht instandgesetzten Straßen sein Ziel erreichen konnte.

Das zwischen Piaggio und seinen Mitarbeitern ausführlich diskutierte Thema hatte höchsten Stellenwert. Das Wort »Wiederaufbau« kursierte in ganz Europa, und der Unternehmer Enrico Piaggio wollte hierzu einen sichtbaren Beitrag leisten. Mit seinem Tatendrang unterschied er sich sehr vom »Geldadel« Italiens, der sich 1945 lieber Spekulationen hingab als daß er in konstruktiver Weise Weichen stellte.

Der erste Entwurf zu einem Motorroller, der unter der Bezeichnung »Paperino« in die Vespa-Historie einging, also der Prototyp Nr. 1, wies noch nicht die typischen Vespa-Merkmale wie die schmale Taille und den freien Durchstieg auf. Paperino ist der italienische Name der Walt-Disney-Figur Donald Duck.

In einen aus Metallresten zusammengesetzten Aufbau, versehen mit einem Motorradlenker und -sattel sowie Schubkarrenreifen, hatten Piaggios Techniker einen kleinen Zweitakt-Einzylindermotor installiert, der zuvor als Anlaßaggregat für Flugzeuge gedient hatte. Angeblich sollen von diesem Donald-Duck-Vespa-Vorläufer 100 Stück gefertigt worden sein.

Dieser Roller, dessen zeitliche Entwicklung nicht ganz widerspruchslos verbürgt ist und dessen technische Details auch nicht weiter publiziert wurden, schien Enrico Piaggios Vorstellungen noch nicht entsprochen zu haben. Er richtete deshalb an Corradino d'Ascanio, einen seiner fähigsten Ingenieure, die Aufforderung: »Machen Sie doch mal einen Entwurf!« D'Ascanio hatte in Pontedera während des Krieges die Hubschrauberentwicklung geleitet — und er war es, der die Vespa in ihrer Grundform, wie sie uns heute noch vertraut ist, innerhalb von drei Monaten auf die Räder stellte.

V. 98 — Vom Prototyp zur Serie

In seiner Festansprache anläßlich des zwanzigsten Vespa-Jubiläums erinnerte d'Ascanio an den Beginn der Arbeiten: »Bereits während der Zeit der Besatzung beschäftigte man sich im Technischen Büro, das nach Biella verlegt worden war, mit der Frage, wie es nach der Beendigung des Krieges weitergehen würde. Zunächst waren es vorhandene Konstruktionen auf dem Nutzfahrzeugsektor, die man einer näheren Prüfung unterzog.«

Links: Vespa V.98 Prototyp von 1946 in restauriertem Zustand. Heute ein seltenes Sammlerstück. Die frühen Modelle hatten die Vorderradaufhängung links.

Rechts: 1952 stand diese V.98 auf der italienischen Zweiradausstellung. Das Wort »Prototipo« deutet darauf hin, daß es sich um eines der ersten Vorserienmodelle handelte.

Links: Rückwärtige Ansicht der oben abgebildeten V.98.

Dann aber wendete man sich auf Piaggios Anregung hin dem Zweirad zu. Mit dem Motorrad war d'Ascanio nur von motorsportlichen Veranstaltungen her vertraut, hatte sich mit ihm nie näher beschäftigt. »Ich erinnere mich, daß ich verschiedentlich bei Autofahrten beobachtet hatte, wie Motorradfahrer am Straßenrand bei einer Panne mühsam das Rad ausbauen und den Reifen von der Felge ziehen mußten. Mir lag daran, daß mit der Behebung einer Reifenpanne für den Scooterfahrer keine größeren Umstände verbunden sein sollten als für einen Autofahrer.«

Durch die Übernahme von Konstruktionselementen des Flugzeugbaus setzte d'Ascanio diese Vorgabe in die Tat um: Statt einer herkömmlichen Vorderradgabel schuf er eine einseitige Einrohraufhängung des Vorderrades, wodurch ein schneller Radwechsel möglich wurde, zumal Vorder- und Hinterrad die gleiche Dimension aufwiesen und untereinander austauschbar waren. Die Vespa konnte man mit einem Reserverad geliefert bekommen — das gab es beim Motorrad meist nur, wenn es einen Seitenwagen aufwies.

Beim Fahrgestell der Vespa hatte man Anleihen an den modernen Automobilbau gemacht. Statt des traditionellen Rahmens verwendete d'Ascanio eine verschweißte, selbsttragende Stahlblechkarosserie, die widerstandsfähiger als ein herkömmlicher Rohrrahmen war. Durch das Wetterschild vor den Beinen des Fahrers wurde ein Verschmutzen seiner Kleidung vermieden.

Der freie Durchstieg wie bei einem Damenfahrrad, der eine vielseitige Nutzung des Fahrzeugs gestattete, wurde durch die neuartige Anordnung des Motors ermöglicht: Er saß ohne Sekundärantrieb direkt am Hinterrad. Das Auf- und Absteigen war für jedermann — und jederfrau — leichter zu praktizieren als bei einem Motorrad, zumal es anstelle von Fußrasten ein festes Auftritts-Bodenblech gab. Alle Bedienungselemente mit Ausnahme der Fußbremse waren am Lenker angeordnet, so daß man, um den Gang zu wechseln, nicht wie bei einem Motorrad mit der damals noch weit verbreiteten seitlichen Tankschaltung die Hand vom Lenker nehmen mußte.

In dichten Abständen besuchte Enrico Piaggio das Technische Büro in Biella, um sich vom Fortgang der Dinge zu überzeugen. Er mahnte zur Eile, denn ihm ging es um die schnellstmögliche Aufnahme der Produktion. Sehr zufrieden war er mit dem von d'Ascanio konstruierten Einzylindermotor, abgeleitet von dem bereits erwähnten Anlaßaggregat für Flugzeuge und ein Meisterwerk an Einfachheit und Zweckmäßigkeit. Als Zweitakter entbehrte der Motor eines komplizierten Schmiersystems und kam ohne Ölpumpe aus. Es war vorgesehen, ihn aus Aluminium-Gußteilen herzustellen.

Noch im Oktober 1945 stand der Vespa-Prototyp Nr. 2 auf seinen Rädern; er trug zunächst die Bezeichnung »Motoscooter 98 ccm«. Werksunterlagen zufolge wurden für das Modell 98 von April 1946 bis Ende 1947 die Seriennummern V.98 01 bis V.98 18.079 vergeben; in Italien wurden diese Fahrzeuge noch bis ins Jahr 1948 verkauft.

Man sah ihr noch das Kriegsklima an, in welchem die 98er entstanden war: Das Blechkleid trug eine olivgrüne Lackierung, und die Lampe auf dem vorderen Schutzblech ähnelte einem Suchscheinwerfer... Aber unverkennbar waren die

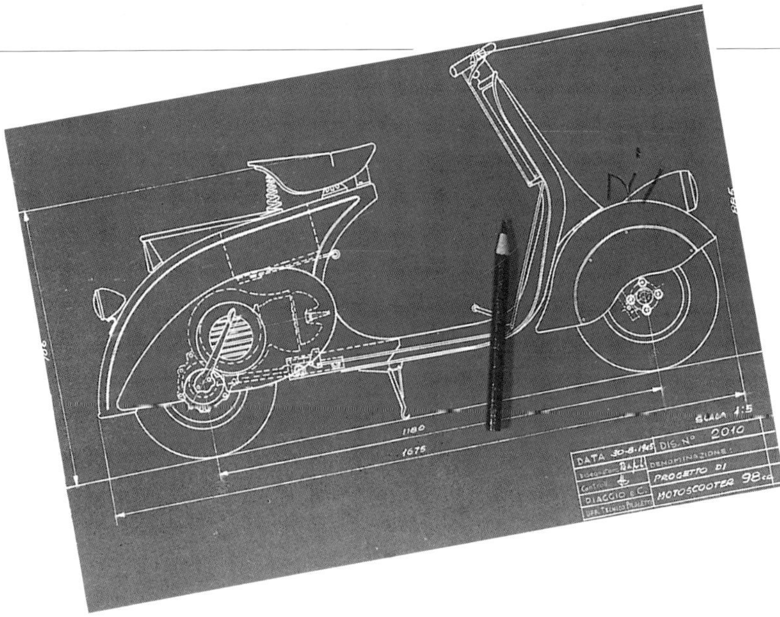

Links: Erste Konstruktionszeichnung für den Prototyp der V.98, datiert vom 30. August 1945 und von Enrico Piaggio mit »si« abgezeichnet. Unten: Ingenieur Corradino d'Ascanio, Schöpfer der Vespa.

Zwei Perspektiven der Vespa V.98 von 1947, links mit montiertem Reserverad am Heck. Es gab nur geringe Abweichungen gegenüber der oben abgebildeten Zeichnung.

Besonderheiten, die ihr den Namen »Vespa« einbrachten, nämlich die schmale Taille und die an den Leib einer Wespe erinnernde hintere Hälfte. Ein kreisförmiger Belüftungsausschnitt für den Motor an der hinteren Backe ist für dieses frühe Modell charakteristisch. Es gab einen freien Durchstieg und einen bequemen Auftritt — konstruktive und stilistische Merkmale, wie sie auch noch die neuesten Modelle des Jahrgangs 1993 auszeichnen. Sie beweisen die Genialität des Originalentwurfs der Vespa ebenso wie dessen Wandlungsfähigkeit im Laufe der Zeit.

Während an der Konstruktion der Vespa ständig Verbesserungen vorgenommen wurden — unter anderem veränderte sich mehrfach die Position des Hinterrad-Bremspedals —, schuf man in Pontedera die Voraussetzungen für größere Produktionskapazitäten. Enrico Piaggio sollte mit seiner Vision »Zehntausende werden wir herstellen!« recht behalten.

Durch einen grandios vorbereiteten und in ganz Italien sowie in den europäischen Exportländern durchgeführten Werbefeldzug wurde die Vespa als Lastesel und Lustfahrzeug zugleich bekanntgemacht. Schnell fand der Roller seine Liebhaber. Er paßte in die Zeit und zu den Menschen, die soeben im Begriff waren, über den »New Look«, die erste Nachkriegsmode, ihren Weg zur Individualität zu finden. Eine neue Art der Mobilität gehörte dazu. Und da die Vespa nicht nur schick, sondern für tausendundeinen Zweck vom Kohlentransport bis zum Familienausflug universell einsetzbar war, überzeugte sie auf Anhieb.

Die Erwartungen der Firma Piaggio hatten sich fürs erste erfüllt. Die Nachfrage war groß und nahm rapide zu; die 2484 im Jahre 1946 produzierten »Wespen« reichten bei weitem nicht aus, den Bedarf zu decken. Auch jeder der im darauffolgenden Jahr hergestellten 10.535 Vespa-Scooter trug nur dazu bei, den Appetit zu vergrößern. Binnen eines halben Jahrzehnts sollte sich Rollerfahren zu einem gänzlich neuen Lebensstil entwickeln...

IRM
ZH 112·806

Vespazierfahrt

Den Begriff »Vespazieren« benutzte man, wie viele ähnliche Wortspiele, in der Vespa-Werbung immer wieder. So ist auch die Revue der Bilder auf den nachfolgenden Seiten eine Vespazierfahrt durch die frühe Epoche der Piaggio-Historie — eine Mischung aus Oldtimer-Nostalgie und Technik-Geschichte aller Produkte, die unter dem Namen Vespa einen Bogen von den späten vierziger bis zu frühen sechziger Jahren spannt.

Oben: Vespa V.98 Prototyp auf dem Werksgelände von Pontedera. Vermutlich ist es das gleiche Fahrzeug wie auf Seite 16 oben rechts. Noch befindet sich die Vorderradaufhängung auf der linken Seite.

Rechts: Blick in eine Werkshalle in Pontedera, aufgenommen im Frühjahr 1952. Zu sehen ist neben der 125er Vespa eine Reihe Außenborder, genannt Moscone, sowie eine Anzahl von Ape-Lastenrollern mit unterschiedlichen Aufbauten versehen.

Gegenüberliegende Seite: Herstellung der Messerschmitt-Vespa in Augsburg Mitte der fünfziger Jahre.

Vespa 150

Von Anfang an warb Piaggio mit attraktiven jungen Damen für die Vespa. Die Motive der Kalender und der Poster in den fünfziger Jahren (rechts eine Auswahl) erfreuten sich großer Beliebtheit.

A LD 55

Der in Frankreich produzierte Kleinwagen Vespa 400, der in bescheidenen Stückzahlen auch in Deutschland verkauft wurde. Er hatte es aber dort aber sehr schwer, gegen die einheimische Konkurrenz zu bestehen.

Rechts: Juan Manuel Fangio, einer der erfolgreichsten Grand-Prix-Fahrer südamerikanischer Herkunft, zog in Rio de Janeiro eine Vespa-Lizenz-Produktion auf.

Rechts: Vespa-Europatreffen 1959 in Paris. Tausende von Vespafahrern waren erschienen und fuhren in Nationaltrachten einen Korso über die Champs Elysées.

Gegenüberliegende Seite: Auch in New York konnte man die Vespa sehen. Ein Foto aus dem Jahre 1959.

Oben: Szene an einem Kai im Hafen von Genua mit drei unterschiedlichen Ape-Lastenrollern; ganz rechts der Sattelzug Pentaró.

Links: Aus dem italienischen Stadtleben ist die Ape und ihr Nachfolger namens Vespa Car nicht mehr wegzudenken. Dieser fahrbare Erfrischungs- und Gelati-Stand parkt vor dem Mailänder Dom.

Die technisch auf dem Vespa-Roller basierende Ape wurde von der Vespa GmbH in Augsburg auch auf dem deutschen Markt angeboten. Es gab diverse Karosserie-varianten, so auch diesen praktischen Kastenwagen.

In perfekter Airbrush-Technik individualisieren Roller-Fans ihre Fahrzeuge nach allen Regeln der Kunst. Die Gemälde zieren die hinteren »Backen« und sind oft das Werk hochbegabter Könner. Die Fotos auf dieser Seite entstanden bei einem internationalen Vespa-Treffen in Frankfurt am Main 1985. Auch Lambretta-Roller waren mit von der Partie.

Gegenüberliegende Seite: Als wäre die Vespa nur erfunden worden, um der Sozia die Gelegenheit zu geben, ihre hübschen Beine zu zeigen! Ab Mitte 1956 war in Deutschland dieser »Damensitz« nicht mehr erlaubt.

29
Vespa

KAPITEL 2

Vespa – Komet am Rollerhimmel

Innerhalb der kurzen Zeitspanne von nur zwei Jahren, nämlich von 1948 bis 1949, stieg die Vespa in Italien wie ein Komet am Rollerhimmel auf. Und fast gleichzeitig ging das »kleine Auto auf zwei Rädern« auch in den wichtigsten europäischen Ländern auf Erfolgskurs.

Einen der ersten Vespa-Prospekte zierte dieses Titelmotiv. Es signalisiert Unbeschwertheit und Lebensfreude.

Gegenüberliegende Seite: Eine Messerschmitt-Vespa in alpiner Idylle; eine Aufnahme aus dem Jahre 1960.

Nach einem vielversprechenden Start der Vespa-Vorläufer trat im Jahr 1948 das Erfolgsmodell 125 — das mit verschiedenen Änderungen bis 1969 im Programm blieb — seinen Siegeszug um die ganze Welt an. Einige Exemplare der Vespa V.98 waren bereits 1947 mit dem 125-ccm-Motor exportiert worden, zum Beispiel in die Schweiz. In den ersten zwei Jahren betrug die Produktion 55.500 Fahrzeuge, davon 1948 19.822 und 1949 35.678. Im Jahr 1950 waren es bereits 61.881.

Parallel zum Vespa-Scooter war in Pontedera mit der »Ape« ein Kleintransportfahrzeug auf drei Rädern entstanden, das mit der gleichen Begeisterung wie der Roller aufgenommen wurde.

Mehr als eine Million Vespa 125 stellte Piaggio bis zum Produktionsende dieses Modells her. Nach anfänglich geäußerter Skepsis waren die Kommentare der internationalen Fachpresse geradezu überschwenglich. Man war sich einig: Der Motorroller stellte das Instrument einer friedlichen Mobilmachung dar, als der Zweite Weltkrieg mit all seinen Schrecken vorüber war. Im Herbst 1949 waren mehr als 50.000 »Wespen« auf den Straßen Italiens und weiterer 35 Länder unterwegs.

In all ihren werblichen Aussagen und Veröffentlichungen verkaufte die Firma Piaggio von Anfang an ihren Kunden mehr »Lifestyle«, wie man heute sagt, als technische Information. Mit dieser Zielsetzung wurde Anfang 1949 auch die Vespa-Kundenzeitschrift *Piaggio* aus der Taufe gehoben, die im ersten Jahr mit sieben Ausgaben auf den Markt kam.

Fast sämtliche Beiträge des Heftes galten nur einem Thema, nämlich der Verbreitung der Vespa über die ganze Welt. Darüber gab es viel zu berichten, denn seit 1949 fuhren Vespa-Roller nicht nur überall in Europa, sondern auch bereits in Indien, Südafrika, Argentinien, Hongkong und Australien. Erstmals war Piaggio mit einem Stand auf der Frühjahrsmesse 1949 in Frankfurt am Main vertreten, wo sich der Weltrekordfahrer Ernst Henne auf eine Vespa 125 setzte. Hier kam es auch zu einem ersten Kontakt des Lintorfer Fahrradfabrikanten J. O. Hoffmann mit Piaggio, der sich kurz danach erfolgreich um die Lizenzproduktion der Vespa in Deutschland bemühte.

Auch im Clubleben hatte sich in Italien eine Art von Vespa-Dynamik entwickelt.

Der Bär ist los!
Ein Wanderzirkus scheint in der Nähe zu sein.
Schnappschuß aus dem Jahre 1949.

Als »Unione Vespisti d'Italia« konstituierte sich 1949 der erste Zusammenschluß von 30 Vespa-Clubs in Italien; später wurde daraus der »Vespa Club d'Italia«. Viele sportliche Aktivitäten gingen auf das Konto dieser Clubs. Und von Anfang an wurde von Piaggio die Frau als Rollerfahrerin in den Mittelpunkt der werblichen Strategien gestellt. 1949 wählte man zum erstenmal eine Miss Vespa. Den Titel erkannte die Jury Graziella Buontempo aus Neapel zu.

Der Segen der Kirche durfte hier wie bei so vielen anderen Geschehnissen in all den folgenden Jahren nicht fehlen. So segnete Papst Pius XII auch die anläßlich ihres Jahrestreffens nach Rom gereisten Vespisti aus ganz Italien.

Die Bemühungen zur Eroberung auch ausländischer Märkte dokumentierten sich in der Herstellung von Werbeprospekten in vielen Sprachen. Der Vertrieb der Vespa-Roller lag in den Händen der Firma S.A.R.P.I in Genua, die ihre Exklusivrechte auf allen frühen Werbemitteln deutlich herausstellte.

Im Oktober 1947 erschien ein sehr schöner Vierfarbprospekt in französischer Sprache, dessen Titelmotiv, eine dynamische junge Dame auf der Ur-Vespa, die Leser dieses Buches auf jeder Seite begleitet. Kurze Zeit später veröffentliche Piaggio ein dreisprachiges Werbeblatt — die Vespa auf dem Titel weist bereits die neuere Lampenform auf — für die Exportländer Deutschland, Frankreich und USA. Piaggio suchte allerorts Importeure mit ausbaufähigen Vertriebsmöglichkeiten, was unter den Gegebenheiten der ersten Nachkriegszeit nicht leicht war. Während man die Vespa in der Schweiz, die bald zu einem der wichtigsten Importländer avancierte, schon ab 1946 durch die Firma Titan in Zürich und ab 1947 von der Intercommercial S.A. in Genf bekommen konnte, wurden die ersten Roller aus Pontedera weiter nördlich der Alpen von vielen jedoch noch belächelt. Schon binnen kurzer Zeit sollte sich dies ändern.

Auch im Motorsport stand die Vespa von Anfang an auf der Seite der Gewinner: 33 Siege in Italien gab es bereits im ersten Jahr, darunter den Libro d'Oro, die Trofei dei Laghi und die Sei Giorni Internazionale, wie die Sechs-Tage-Fahrt bei den Italienern heißt.

Die Vorläufer des Vespa-Motorrollers

Indes, der Motorroller ist keineswegs eine Erfindung der Nachkriegszeit. Es sei daher eine Retrospektive auf die Anfänge der Rolleridee gestattet, die immerhin schon über siebzig Jahre zurückliegen.

So tauchten um 1915 in den USA, in den »Goldenen Zwanzigern« dann auch in Europa erstmals zweirädrige Motorfahrzeuge auf, die man als Vorläufer des Motorrollers bezeichnen darf. Ein Erfolg blieb ihnen jedoch versagt, weil die Zeit noch nicht reif war für Fahrzeuge, die eine Alternative zum Motorrad darstellten. Dennoch spielten diese frühen Konstruktionen in der Zweiradgeschichte durchaus eine Rolle.

In Italien, wo der Kult um den Motorroller seine stärkste Ausprägung fand, benutzte man als Gattungsbegriff für diese Fahrzeuge seit jeher das dem Englischen entlehnte Wort »Scooter«, wie auch in vielen anderen Ländern der Welt (to scoot = flitzen). Nur in Deutschland etablierte sich das Wort »Roller«, geprägt von der Firma Krupp in Essen. Denn dort war im Jahre 1920 — übrigens parallel zu einem kettengetriebenen 5-Tonnen-Lastwagen — ein leichtes Zweirad entstanden, das tatsächlich Ähnlichkeit mit einem Kindertretroller aufwies. Der Krupp-Roller hatte sehr kleine Räder, ein ebenes Standbrett, eine hoch aufragende Lenkstange und einen 1,75-PS-Motor am Vorderrad. Der »Kruppstahl-Klappstuhl« (die Lenkstange ließ sich um 90 Grad umlegen) bekam die Reichspatentnummer 348042. Fotos zeigen Fahrer dieses Rollers zwar meist im Stehen, aber es gab auch einen Sattel. Clou des Krupp-Rollers: Die hohle Lenkstange diente zugleich als Vorratsbehälter für Schmieröl. Aber diese Idee war nicht ganz neu: Die Motorradhersteller Hildebrand, Wolfmüller und Geisenhof hatten sich so etwas schon 1894 ausgedacht gehabt.

Man muß erwähnen, daß der Krupp-Roller keine Kreation der Kanonenbauer aus Essen war, sondern eine Lizenzkonstruktion darstellte. Lizenzgeber war die Firma Autoped in New York, und sie verkaufte Nutzungsrechte an ihrem Zweirad auch nach England, Dänemark und in die Tschechoslowakei. Der Motorenhersteller Briggs & Stratton in Milwaukee (Stationärmotoren, Rasenmäher, Cycle-Cars)

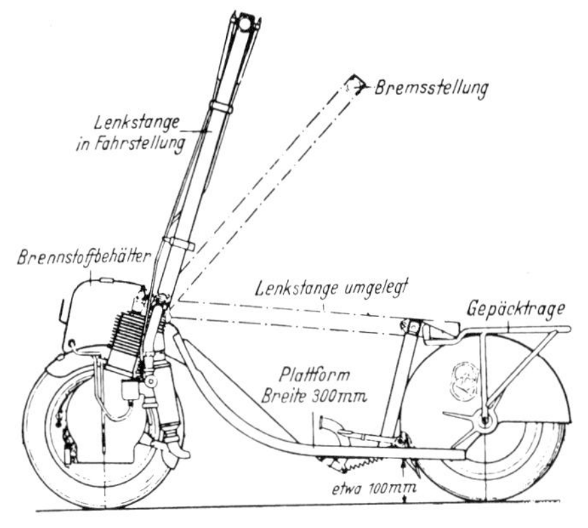

Älteste deutsche Rollerkonstruktion ist dieses Fahrzeug der Firma Krupp mit umlegbarer Lenkstange.

hatte um 1915 ebenfalls einen Scooter der Öffentlichkeit vorgestellt.

Der auch als »Motorläufer« bezeichnete Krupp-Roller mit seinem Fahrradsattel und der skurrilen Lenkstange wurde von Journalisten mit Hohn und Spott belegt. Gewiß war er baulich gut durchdacht, aber man machte eben eine lächerliche Figur auf diesem »motorisierten Pantoffel«. Daß man bei Krupp selbst nicht von seinen Qualitäten, die er offensichtlich hatte, überzeugt war, mag dafür ausschlaggebend gewesen sein, keine Werbekampagne für den Roller zu starten. Das Fahrzeug geriet in Vergessenheit. Lieber zog man sich wie ein Polarforscher an und fuhr weiterhin Motorrad.

Den Krupp-Roller konnte man im Stehen wie im Sitzen fahren. So oder so erregte man meist Heiterkeit...

Ähnlich wie der Krupp-Roller war der Motorläufer der Firma Postler in Niedersedlitz, Sachsen, aufgebaut. Auch er wies ein flaches Stahlblechgerüst auf, hatte den Motor aber hinter und nicht, wie

Der originelle Postler-Roller aus Sachsen anno 1920. Er hatte einen Viertaktmotor!

beim Krupp, vor dem Vorderrad. Aber ein großer Werkzeugkasten stand der Idee vom freien Durchstieg buchstäblich im Wege. Als Antriebsmotor diente ein Einzylinder-Viertaktmotor von 251 ccm und 2 PS Leistung; die Zündung besorgte ein Bosch-Magnet. Über ein Zweiganggetriebe wurde die Kraft durch einen Gummikeilriemen auf das Hinterrad übertragen; gestartet wurde per Andrehkurbel. Das Vorderrad wies eine gekapselte Schraubenfederung auf, das Hinterrad blieb ungefedert.

Eine wirtschaftliche Serienfertigung des Postler-Rollers kam nicht in Gang. Wie auch andere Fahrzeugmodelle dieser Art, verschwand der 1920 vorgestellte Motorläufer bald wieder von der Bildfläche.

Der von DKW gebaute Golem, durchaus als ein Roller-Vorläufer zu bezeichen.

Dieses Schicksal erlitten auch die »Sesselräder« des ansonsten so erfolgreichen Zweiradproduzenten Jörgen Skafte Rasmussen. Der unter der Marke DKW angebotene Golem aus Zschopau wies schon alle wesentlichen Elemente späterer Roller auf: Einen heruntergezogenen Rahmen, kleine Räder und einen bequemen, sesselartigen Sitz. Der Sitzkomfort war überhaupt das dominierende Merkmal dieses »Triumphes deutscher Technik« (Werbeslogan) mit 1-PS-Zweitaktmotor in der Rahmenmitte. Die Füße ruhten während der Fahrt in Blechpantoffeln zu bei-

Das DKW Lomos »Sesselrad« der frühen zwanziger Jahre: bequem, aber schwer verkäuflich...

den Seiten des Vorderrades. Mit nur 32 kg Gewicht war dieser frühe Easy-Rider noch um 11 kg leichter als der Krupp-Roller.

Aus dem Golem entwickelte der DKW-Ingenieur Ernst Eichler das Lomos-Sesselrad. Es zeigte einen ähnlichen Aufbau, nur befand sich hier der Motor unterhalb des Sattels. Das Fahrzeug war zwar bequem und handlich zu fahren, aber es fand nur wenige Käufer.

Ein ähnlich konzipiertes Motorzweirad war die von 1921 bis 1925 in München und später in Nürnberg hergestellte Megola von Meixner, Gockerell und Landgraf: Karosserieartige Verkleidung, Sitzkomfort im Sessel, breite Fußauflage, Beinfreiheit und Schutz vor Straßenschmutz waren ihre Besonderheiten. Der Motor saß in der Nabe des Vorderrades.

Als »Scootamota« machte 1920 in London eines von immerhin sieben verschiedenen Rollermodellen von sich reden, die

Das von der Waffenfirma Mauser gebaute Einspurauto, 1921 vorgestellt.

Oben: Einspurauto Atlantic, wie der Mauser mit Stützräderm versehen.

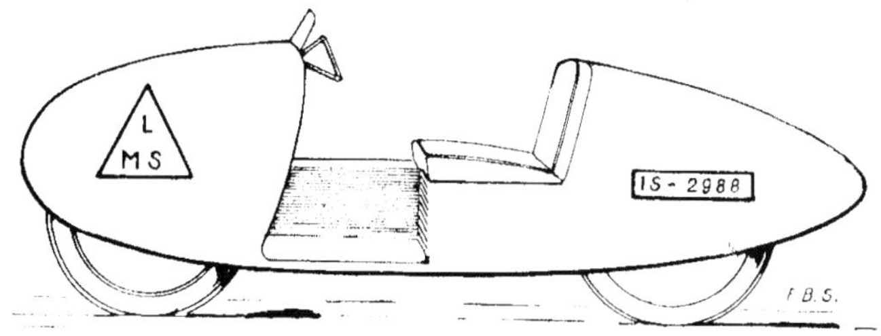

Links: Max Schüler konstruierte 1921 diesen vollverkleideten Roller.

man auf der ersten Nachkriegs-Motorshow bewundern konnte — vier Vier- und drei Zweitakter zwischen 145 und 270 ccm Hubraum. Doch weder der fesche Scootamota noch die sechs anderen konnten mit all den ihnen noch anhaftenden Mängeln und Fehlern gegen die Konkurrenz des Motorrades bestehen. Die Voreingenommenheit war zu groß, und niemand brach eine Lanze für den Scooter, dessen Bauform in den Augen seiner Kritiker ursächlich an allen Nachteilen, die man nur finden konnte, schuld war.

Ein Zwischending, nämlich halb Auto und halb Roller, waren die sogenannten Einspurautos. Der Oberndorfer Waffenhersteller Mauser — gleichermaßen zu jener Branche gehörend, die nach dem Ende des Ersten Weltkrieges nach alternativen Produktionsmöglichkeiten Ausschau hielt — trat 1923 mit einem wannenförmig verkleideten Zweirad an die Öffentlichkeit, das mit seitlichen Stützrädern versehen und bis 1925 auf dem Markt war. Eine Kopie dieser Konstruktion war das in Berlin von der Wendriner AG gebaute Einspurauto namens »Atlantic«, das ebenso glücklos blieb.

In Deutschland wie in vielen anderen Ländern gab es diverse Ansätze in dieser und ähnlicher Richtung wie zum Beispiel den Motorläufer der Firma Autoflug, das Neracar des Amerikaners Carl A. Neracher, das karossierte Motorrad von Max Schüler, den Tautz-Motorläufer, das Motor-Pony von Abbotsford oder den Autoglider. In Hamburg befaßte sich der Industriekaufmann Festenberg-Pakisch intensiv mit der Konstruktion eines brauchbaren Rollers, in den USA versuchte man es mit einem Superscooter, der automobilgemäße Behaglichkeit bieten sollte. Auch der Motorroller von Salisbury steht hierfür als ein eindrucksvolles Beispiel mit Windfenster, Sesselsitz und seinem stufenlosen Keilriemengetriebe mit Fliehkraftkupplung. Zeitgenössische Aufzeichnungen listen für den Zeitraum von 1920 bis 1951 nicht weniger als 70 verschiedene Konstruktionen von fünf Dutzend Herstellern auf; 43 von ihnen erfüllen das Kriterium »große Beinfreiheit« oder sogar »völlige Beinfreiheit«.

Während der Kriegsausbruch im September 1939 diesbezüglichen Entwicklungen in Deutschland zunächst ein Ende setzte, gewann der Roller in Großbritannien zunehmend an Bedeutung. Und zwar in einer Bauform, die an den Krupp-Roller erinnerte: Zusammenklappbare und von einer Person zu tragende Fahrzeuge für den Fallschirmabwurf. Es wurde berichtet, daß diese Welbikes ihren Großeinsatz bei den Luftlandetruppen 1944 in der Normandie hervorragend bestanden, da man sich mit ihnen auch durch unwegsames, zerstörtes Gelände bewegen konnte, wo der Jeep nicht mehr

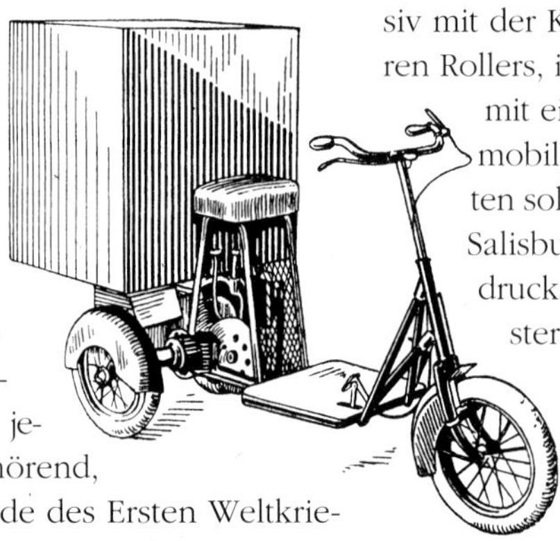

Oben: Das von Abbotsford um 1920 angebotene Motor-Pony, im Konstruktionsprinzip mit dem späteren Ape-Lastenroller vergleichbar.

Rechts: Der in Leipzig gebaute Tautz Motorläufer, eine weitere glücklose Erscheinung der zwanziger Jahre.

Der 1921 vorgestellte Autoflug-Motorläufer mit 1-PS-Zweitakter, dem Tautz nicht unähnlich.

durchkam. Nur mit wenigen Änderungen wurde dieser Armeeroller nach dem Kriege unter dem Namen Corgi weitergebaut.

Zwischen der amerikanischen und der britischen Bauweise und Zielsetzung fanden die italienischen Ingenieure später die besonders für europäische Verhält-

Was immer die Dame hinter dem Motorradfahrer lenkte — die Aufmerksamkeit aller war ihr sicher! Ein Foto von 1920.

nisse geeignete goldene Mitte. Denn nicht nur in Pontedera entstand ein Scooter, sondern auch in Lambrate bei der — ebenfalls im Rüstungsgeschäft großgewordenen — Firma Innocenti. Der als »Gartenstuhl« anfangs verlachte Lambretta-Roller war billiger als ein Motorrad und avancierte schon bald zu einem Herausforderer für die Vespa.

Doch im Unterschied zu all diesen Konstruktionen blieb es der Vespa vorbehalten, wirklich »aus einem Guß« zu sein. Ihr perfektes Design, ihre schicken Linien waren ein hervorragendes Beispiel für italienisches Formgefühl — nicht ohne Grund genießen in Italien beheimatete Karossiers wie Pininfarina, Bertone, Michelotti, Giugiaro, Zagato oder Boneschi eine so hohe Reputation. Daß die Vespa ein hohes Design-Niveau hatte, bestätigte auch der prominente Fachjournalist Dr. Günter Winkler und Mitarbeiter der Zeitschriften *ATZ, NTZ* und *Roller-Revue*: »Der gedrungen wirkende Vespa-Scooter war das Gegenteil einer Stückelei... Er gab ein zeitloses Musterbeispiel für die integrierende Ausrichtung einer Konstruktion einerseits auf höchsten praktischen Nutzen und einfachste Wartung, andererseits auf rationellste Fertigung unter Ausschöpfung aller Möglichkeiten, die sich im Werk damals boten...«

Der Motorroller forderte vom Käufer einen neuen Glauben

Warum dem Roller in früheren Zeiten ein Erfolg versagt geblieben war, analysierte Winkler in einem 1952 veröffentlichten Aufsatz: »Der Motorroller ist eigentlich gar nicht so viel jünger als das Kraftrad, aber er ist in allen Ländern einst von diesem völlig überrollt worden. Er hat fortan hinter dem sich stürmisch fortentwickelnden und verbreitenden Motorrad kaum mehr als ein Schattendasein geführt, gestützt von nur ganz wenigen Schöpfern und Verwendern. Den größten Wirkungskreis fand er noch in den Vereinigten Staaten, ohne aber hier in einen nennenswerten Wettbewerb mit dem Motorrad zu gelangen. Warum? Und was hat sich daran inzwischen verändert?

Die Gründe für das mangelnde Durchsetzungsvermögen des Motorrollers lagen wahrscheinlich kaum jemals nur in seiner Konstruktion, so unvollkommen die der geschichtlichen Baumuster auch gewesen sein mag. Denn die zeitgenössischen Krafträder waren oft auch nicht besser, wenngleich deren Hersteller den Vorteil genossen, sich an viele andere Konstruktionen halten zu können. Als entscheidend im Wettlauf Motorrad—Motorroller kam vielmehr hinzu, daß sich das erste dem mit Recht mißtrauischen Publikum darstellte als eine mehr oder minder umfangreiche Weiterentwicklung eines schon bekannten und als brauchbar erkannten Fahrzeugs — des Fahrrades. Das Andere aber, der Motorroller, trat fordernd und herausfordernd neben das Bekannte und Anerkannte. Es forderte von der Öffentlichkeit, vor allem vom Käufer einen neuen Glauben. Damals wie heute (und alle Zeit) ist damit das Wagnis verbunden, daß Zuschauer oder

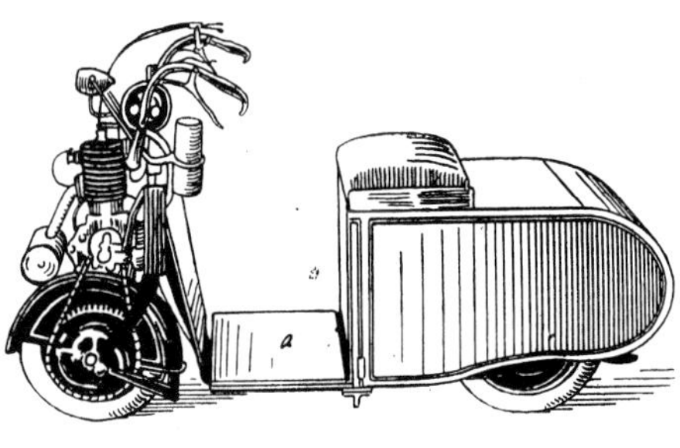

Neracar 1925 mit Achsschenkellenkung (oben) und ein amerikanischer Autoglider mit Frontantrieb.

Konkurrenten spotten und daß sich Geldgeber, Händler und Käufer zurückhalten. Der bleibende Erfolg des kurzlebigen, grundsätzlich Neuen ist also schließlich eine ganz ungewollte Stützung des Alten, Bewährten in der allgemeinen Meinung und im Markt.

Viele Hersteller taten den Roller zunächst als Modeerscheinung ab

Sollen Fortschritt und Veränderung gleichermaßen wirken, sollen berechtigte Bemühungen, gewisse Mängel des Kraftrades in manchen Verwendungsbereichen zu umgehen, zu einem greifbaren Fortschritt führen, so wird dies am besten gelingen, wenn bedeutsame allgemeine Umstände das Eindringen in den Markt begünstigen. Herbeizwingen kann man sie nicht. Das Eindringen ist um so schwieriger, je stärker die konservative Industrie ist — und umgekehrt. Dies war in vielen Ländern am Ende des Zweiten Weltkrieges der Fall, und damit war die Stunde der Verwirklichung grundsätzlicher Neuerungen gekommen, die einem Teil der Fachwelt zwar lange genug bekannt, aber wirtschaftlich bislang zur Erfolglosigkeit verurteilt gewesen waren. Während die Fabrikation von Motorrädern am Boden lag, konnten wendige Betriebe mit guten Fertigungseinrichtungen Boden gewinnen und dabei mit wirtschaftlichem beschreiten. Das brachte uns den Motorroller, sein Dasein im Verkehr.«

Sowohl der Vespa als auch der Lambretta gelang, was ihren Vorläufern einst versagt geblieben war. Ihre Hersteller schafften es, im In- und Ausland gegen die etablierte Motorrad-Konkurrenz weite Käuferschichten anzusprechen, darunter viele »verhinderte Autofahrer«. Allerdings waren zunächst gerade in Deutschland die Vorbehalte noch immer groß; vor allem traute man den kleinen Rädern nicht. So taten auch die Bielefelder und Nürnberger Motorradhersteller den Roller zunächst als eine Modeerscheinung ab, die nur in Italien ihre Daseinsberechtigung habe, weil es dort weniger regne...

Viele Käufer dachten logischer, vor allem Frauen: Sie überließen das Fahren im Regen jenen, die es nicht anders wollten oder die sich mit einer weitaus größeren Verschmutzung beim Motorradfahren abfanden. Sie freuten sich beim Motorroller über Annehmlichkeiten wie Komfort, leichte Bedienbarkeit, Wind- und Wetterschutz — ohne den Zwang zu besonderer Motorradkleidung. Man setzte sich einfach auf den Roller und startete.

Doch nicht die ablehnende oder zumindest noch abwartende Haltung der Motorradproduzenten gab den Ausschlag für das zukünftige Schicksal des Rollers, sondern die Zeitumstände, wie sie auch Winkler beschrieb, und ein Publikum, das die Vorteile dieser Fahrzeuggattung erkannt hatte und den Virus schnell wei-

Rechts: Super Vel Auto nannte sich dieser 1922 in Frankreich gebaute Roller-Vorläufer.

Cas-Scooter, in der Tschechoslowakei hergestellt, beim Start zu einem Bergrennen in Zbrazlav 1921.

tergab. Die Vespa war schließlich der Ausgangs- und Angelpunkt einer Bewegung, deren Wellen um den ganzen Erdball gingen.

Das Grundkonzept der Vespa 125

Das Grundkonzept der Vespa, das bereits vor mehr als vier Jahrzehnten Gültigkeit erlangte und das noch immer gilt, läßt sich in wenigen Worten zusammenfassen: Vielseitigkeit und Bequemlichkeit im Einsatz, unverwechselbares Design, selbsttragende Karosserie, Motor und Getriebe als kompakter Block, Direktantrieb auf das Hinterrad ohne Kette oder Kardanwelle sowie kleine, untereinander austauschbare Räder, einseitig aufgehängt und wie beim Automobil montiert. Piaggios Maxime aus dem Flugzeugbau wandte man auch beim Motorroller an: Größtmögliche Stabilität bei minimalem Gewicht.

Während es bei den verschiedenen Vespa-Modellen im Laufe der Jahre zu voneinander abweichenden Motorpositionen kam, blieb es bei der 125er beim nach vorn geneigt eingebauten Triebwerk; es leistete zu Anfang 4 PS bei 4500 Touren

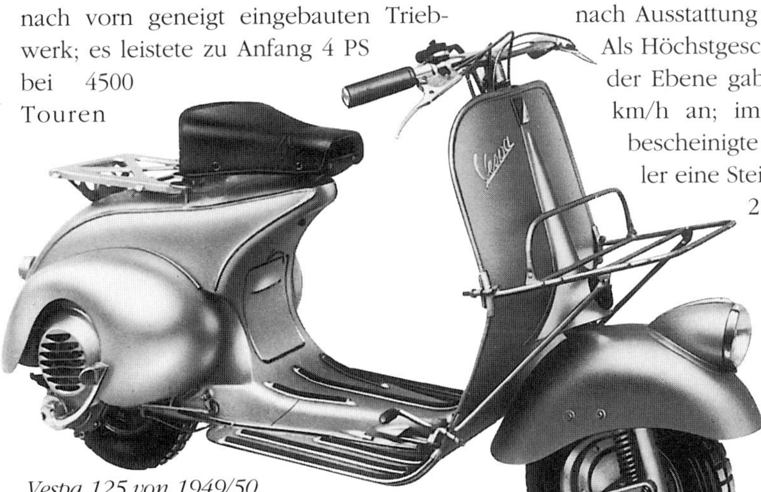

Vespa 125 von 1949/50.

bei einem Hubraum von 125 ccm. Vergaser und Luftfilter befanden sich im Hohlraum der Karosserie unterhalb des Sattels. Auf der Kurbelwelle saß der Lichtmaschinen-Rotor mit Ventilatorschaufeln für die Zuführung von Kühlluft zu den Rippen des Zylinders.

Nach dem bewährten Drehschieberprinzip gelangte das Kraftstoff/Luft-Gemisch in den Zylinder mit seinem Leichtmetall-Nasenkolben. Man tankte einen Liter Öl auf 20 Liter Sprit. Die Zündung (6-Volt-Anlage) erfolgte durch ein Magnetschwungrad; angelassen wurde der Motor durch einen Kickstarter. Über eine Zweischeiben-Federkupplung und das angeflanschte Dreiganggetriebe wurde die Motorkraft auf das Hinterrad übertragen. Geschaltet wurde am linken Handgriff über ein Gestänge, das erst 1951 durch einen Bowdenzug ersetzt wurde. Gasdrehgriff und Vorderrad-Bremshebel befanden sich rechts. Ein Zündschloß gab es nicht — man trat den Motor an, und um ihn abzustellen, drückte man den Knopf eines Kurzschlußschalters unterhalb vom Sattel, wo auch der Benzinhahn war. Rechts am Lenker befanden sich der Lichtschalter sowie der Hupenknopf.

Die Reifen von Pirelli hatten die Dimension 3,5 x 8 Zoll. Bei einer Gesamtlänge des 125er Vespa-Rollers von 1655 mm, einer Lenkerbreite von 790 im Jahr 1948 (reduziert auf 700 ab 1949) und einer Höhe von zunächst 950 mm (später 860 mm) betrug das Leergewicht je nach Ausstattung 60 bis 75 kg.. Als Höchstgeschwindigkeit in der Ebene gab das Werk 70 km/h an; im ersten Gang bescheinigte man dem Roller eine Steigfähigkeit von 22 Prozent im ersten Gang, von 13 im zweiten und 6 Prozent im dritten Gang. Mit zwei Litern Zweitaktgemisch kam man in der Regel 100 Kilometer weit, so daß die 5 Liter Tankinhalt für einen Aktionsradius von etwa 250 Kilometern reichten.

Vom ersten Jahr an wurde die Vespa 125 in mehreren Varianten angeboten, sowohl mit einem einzelnen Motorrad-

Vespa 125 1949/50
(In zwei Karosserievarianten)

Karosserie		V.98	125
Motor		1 Zyl. Zweitakt	
Hubraum	ccm	125	
B x H	mm	49,8 x 56,5	
PS/min		4/4500	
Kraftstoff		1:20	
Zündung		Schwungrad-Magnet	
Anlasser		Kickstarter	
Getriebe		3-Gang	
Länge mm		1655	
Breite (Lenker)	mm	790	700
Höhe	mm	860	950
Höhe Bodenblech	mm	150	
Radstand	mm	1170	1130
Kurvenradius	mm	2500	1500
Leergewicht	kg	60	60-75
Bereifung		3,5 x 8 "	
Tankinhalt	l	5	
Steigfähigkeit %	1.	22	
	2.	13	
	3.	6	
max. km/h		70	
Verbrauch l/100 km		ca. 2	
Anmerkungen		Gestänge-Gangschaltung 1951 durch Bowdenzug ersetzt.	

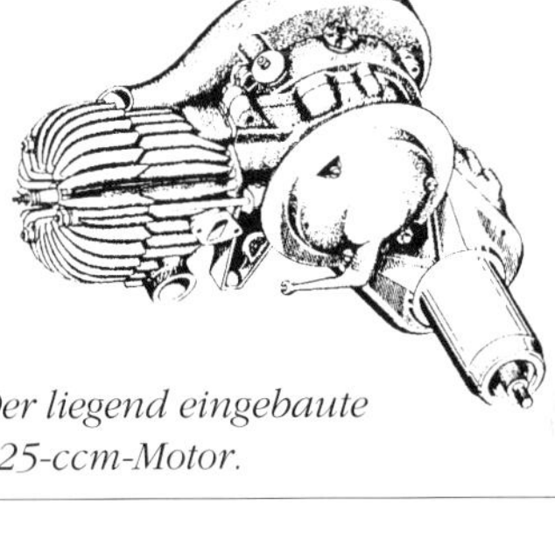

Der liegend eingebaute 125-ccm-Motor.

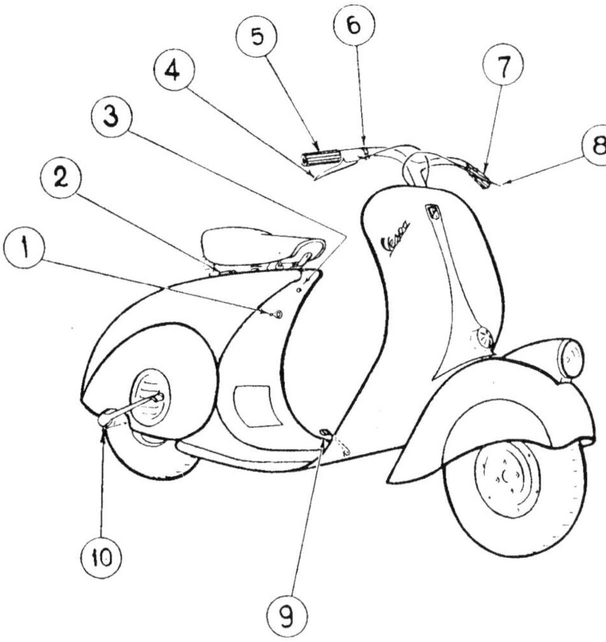

Bedienungsorgane der Vespa 125, hier noch im Gewand der Vespa V.98:

(1) Kraftstoffhahn
(2) Tankeinfüllstutzen
(3) Kurzschluß-schalter
(4) Vorderrad-Bremshebel
(5) Gasdrehgriff
(6) Hupenknopf und Lichtschalter
(7) Gangschaltung
(8) Kupplungshebel
(9) Hinterrad-Bremspedal
(10) Kickstarter

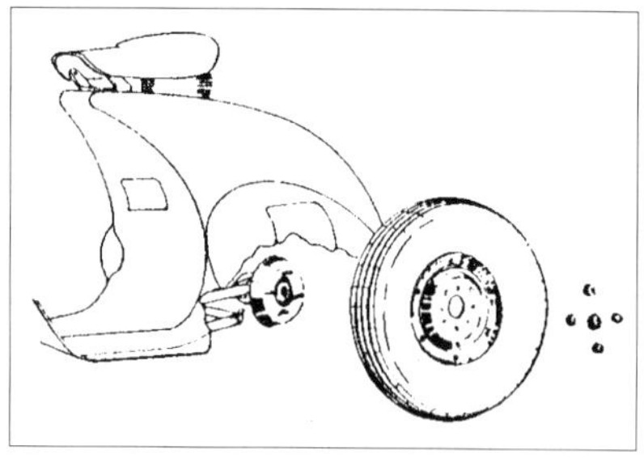

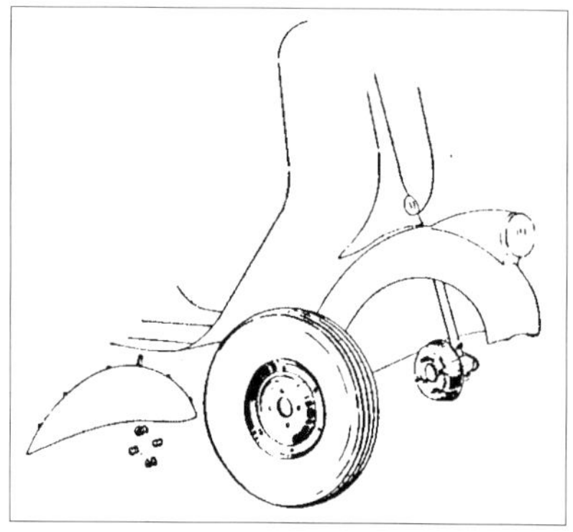

Rechts: Einfach wie bei einem Auto sollte im Falle einer Reifenpanne der Radwechsel vor sich gehen — das war eine Konstruktionsvorgabe.

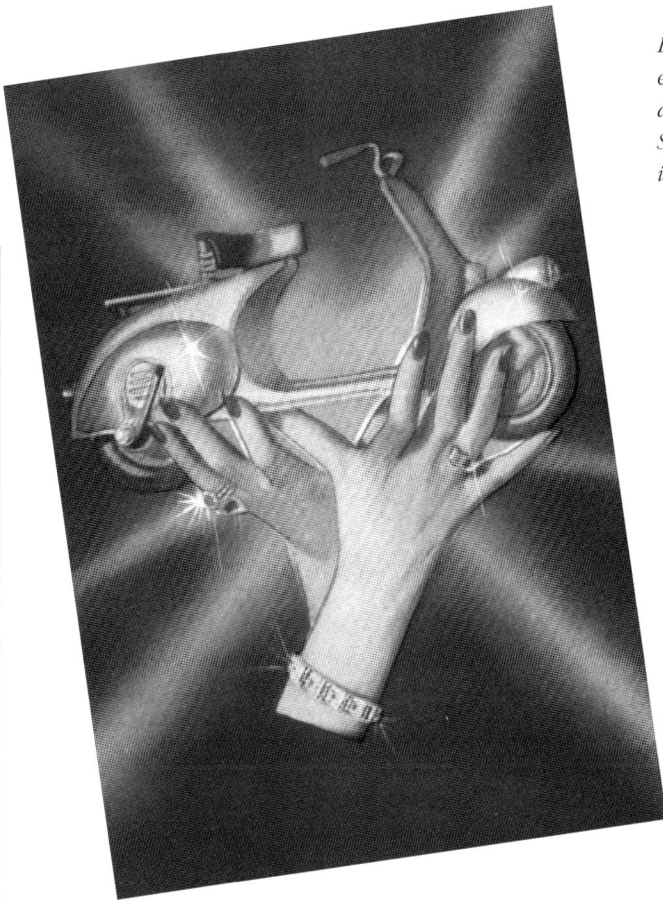

Links: Titelseite eines der ersten Vespa-Prospektes, den es auch in deutscher Sprache gab, gedruckt in Genua.

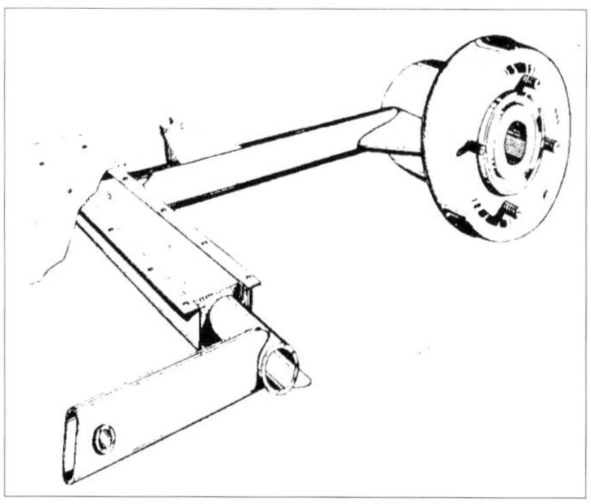

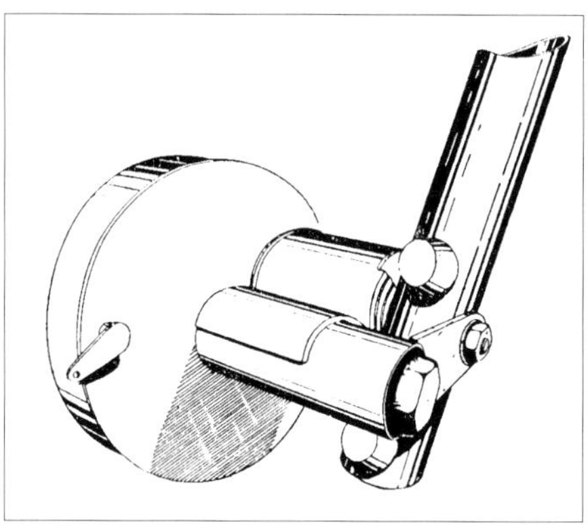

Links: Details der Radaufhängung, als sie noch an der linken Seite saß.

Links: 1951 in Italien aufgenommenes Bild. Drei Vespa-Roller aus Deutschland nahmen an der 1000-Meilen-Fahrt teil.

Rechts: Eine Vespa 1949 wird geprüft.

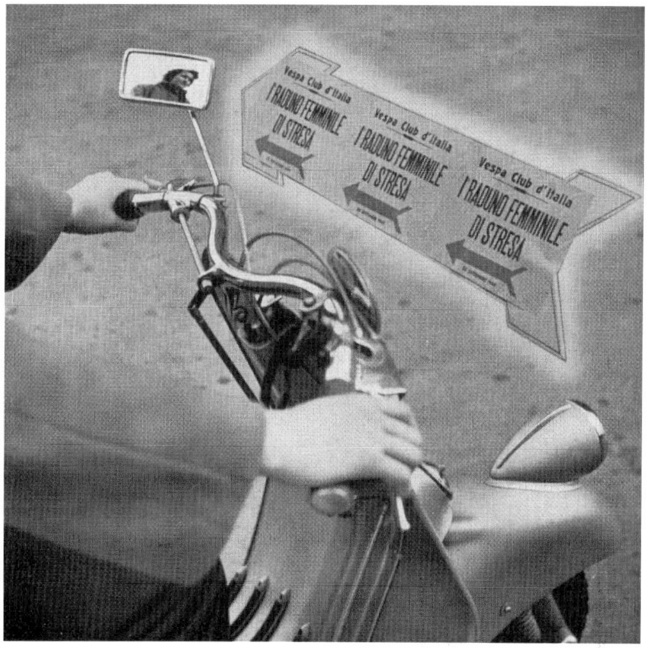

Oben links: Lenker der 1948er Vespa mit der Gestänge-Gangschaltung.

Oben: Schon für die ersten Vespa-Modelle war als Zubehör eine Windschutzscheibe erhältlich.

sattel und einem Gepäckträger als auch mit zwei einzelnen Sitzen, oder als Soloroller ohne Gepäckträger, aber mit der Befestigungsmöglichkeit für einen Anhänger. Auch ein Reserverad konnte hinten am Aufbau montiert werden, oder vor dem Beinschild ein Gestell für einen Einkaufskorb. Und schon sehr früh gab es einen Vespa-Beiwagen; bestellte man ihn ab Werk, erhielten der 1. und der 2. Gang andere Übersetzungen. Die technische Ausstattung der Vespa und ihre Abmessungen änderten sich in den ersten Jahren nur geringfügig. Einer der ersten Prospekte vom Oktober 1947 stellt die Vespa 125 vor, allerdings noch mit dem Fahrgestell und der Karosserie der Vespa 98, erkennbar am Heck mit dem kreisförmigen Ausschnitt, aber schon mit dem 125-ccm-Motor. Bei der späteren 125 ab 1948 wurde dieser Belüftungsausschnitt nach unten geöffnet. In dieser Karosserieform präsentiert sich dann auch der erste Prospekt für Deutschland aus dem Jahr 1950. Am auffälligsten war die Umgestaltung des Scheinwerfers ab 1949, als er die Stromlinienform des Modells V.98 ablegte und mehr einem Feuerwehrhelm glich.

Alle Modelle der Jahre 1948 bis 1950 tragen eine mit V1T bis V15T beginnende Seriennummer von 001 bis 104096. Bis Mitte Mai 1949 waren 50.000 Roller ausgeliefert worden.

KAPITEL 3

Weltweiter Siegeszug der Vespa

Brescia 1951: Ein Vespa-Gespann am Start zur 1000-Meilen-Rundfahrt.
Gegenüberliegende Seite: Prost Neujahr! Sylvester-Motiv zur Jahreswende 1962/63.

Die Zeitspanne von 1950 bis zum Jahr 1962 kennzeichnet eine Entwicklung bei Piaggio, in deren Verlauf die Vespa erstmals auch außerhalb Italiens produziert wurde und in der auch die Exportaktivitäten weltweit dynamisch zunahmen.

Im Vergleich zu der heutigen Vielfalt mutet die Modellpalette der damaligen Zeit relativ bescheiden an. Zu der Ur-Vespa 125 gesellte sich 1954 die erste 150; 1955 folgte das Modell 150 GS. 1957 führte Piaggio die 150 GL ein, aus der später die 150 Sprint wurde. Die Produktionszahlen steigerten sich kontinuierlich, bis die Kurve Mitte der fünfziger Jahre etwas abzuflachen begannen. 1953 lief die 500.000 Vespa vom Band, 1956 feierte man bei Piaggio die erste Million. Die Produktionszahlen, so wie sie in der Vespa-Jubiläumsschrift »Piaggio & C. — 75 Anni di Attività« (75 Jahre Piaggio) veröffentlicht sind, sprechen eine deutliche Sprache:

1950	61.881	1957	225.291
1951	91.048	1958	231.961
1952	131.058	1959	250.481
1953	171.200	1960	275.000
1954	182.615		
1955	213.487		
1956	220.832		

Eine vergleichbare Entwicklung zeigte sich auch beim Bestand an Motorrollern in Deutschland, wie die Zulassungsstatistik des Kraftfahrt-Bundesamtes aus der Zeit von 1950 bis 1962 aussagt, wobei die Vespa auch hier ihre beherrschende Marktposition ausbauen konnte:

1950	2.101	1957	389.612
1951	10.711	1958	449.607
1952	31.761	1959	479.403
1953	80.685	1960	509.114
1954	155.039	1961	518.036
1955	241.857	1962	497.173
1956	332.696		

Die Mehrzahl dieser auf Deutschlands Straßen zugelassenen Motorroller gehörte zu der Kategorie der 125er Modelle.

Inzwischen hatte man bei Piaggio — wie später noch in diesem Buch ausführlich dargelegt wird — einen Kleinwagen konstruiert, der als Vespa 400 im Oktober 1957 auf dem Pariser Salon sein Debüt gab. Ab 1958 wurde das Fahrzeug von der Firma A.C.M.A. in Frankreich hergestellt. Dieser Abstecher in die Automobilproduktion währte bis 1961. Das dreirädrige Lastenfahrzeug Ape hingegen, schon sehr viel früher vorgestellt, war alles andere als eine kurzfristige Zeiterscheinung und fand zunehmende Verbreitung bei den Gewerbetreibenden und Kommunalbehörden weltweit.

Die Jahre 1962/63 kennzeichneten für das Haus Piaggio in doppelter Hinsicht eine Umbruchphase. Mit Ausnahme von Spanien endeten die Lizenzfertigungen in Europa, während dann Indien als erster Repräsentant eines Entwicklungslandes mit der Produktion der Vespa begann.

Die sich andeutenden Absatzschwierigkeiten auf dem Rollermarkt in ganz Europa und ein zunehmender Konkurrenzdruck führten zur Entwicklung einer neuen, kleineren Vespa mit einem Motor der Moped-Kategorie: Mit der Produktion der Vespa 50, 50 N, 50 S und Vespa 90 begann bei Piaggio 1963 eine neue Ära.

Vespa-Chronologie 1. Teil: 1950 bis 1962

In der nachfolgenden Chronologie der Jahre 1950 bis 1962 sind Jahr für Jahr die herausragenden Ereignisse festgehalten, die vor allem die Vespa-Modellentwicklung sowohl auf dem italienischen als auch auf dem gesamten europäischen Markt betreffen. Der zweite Teil der Vespa-Chronologie beginnt auf Seite 173.

Ganz oben: Diese 125er von 1950 — noch mit der einfachen Vorderradführung — weist ein Sitzkissen hinter dem Sattel des Fahrers auf sowie einen mit Flügelschrauben befestigten vorderen Gepäckständer.

Oben: Internationales Vespa-Treffen in Bologna, Frühjahr 1950, veranstaltet vom Vespa Club d'Italia.

1950

Die Vespa 125 wird in Italien unverändert weitergebaut. Für die Mitnahme einer Sozia ist inzwischen ein Sitzkissen für den Gepäckständer lieferbar. Weltweit werden knapp über 60.000 Fahrzeuge verkauft — eine stolze Zahl für ein einziges Modell! Mit der Produktion der Vespa auch außerhalb Italiens wird dieses Jahr zu einem wichtigen Meilenstein für Piaggio und die Vespa-Freunde in Deutschland: Die Firma Hoffmann in Lintorf baut den italienischen Roller bis zum Jahre 1954.

Auch in der Clubszene tut sich viel. Der Vespa-Club von Italien hält seinen ersten Kongress in Viareggio ab, der Vespa-Club von Bologna organisiert die erste Sternfahrt mit Abordnungen aus allen Städten Italiens. Viel Beachtung findet auch eine Damenrallye nach San Remo mit 250 Teilnehmerinnen, bei der zum zweiten Mal eine Miss Vespa für die Saison 1951 gewählt wird. Mit von der Partie war auch eine Abordnung aus Deutschland, angeführt von Karin Bretze, Präsidentin des Vespa Clubs von Köln.

Eines der herausragenden Ereignisse ist die Weltrekordfahrt auf der Rennstrecke von Linas-Montlhéry, bei der Vespa erstmals ihre Erzrivalin Lambretta im Langstreckenweltrekord unterbieten kann. Überhaupt wird der Motorsport großgeschrieben: In Deutschland nehmen an der ADAC-Deutschlandfahrt nicht weniger als 150 Auto- sowie 200 Motorradrennfahrer mit Motorrollern der Klasse von 100 bis 125 ccm teil. Die Mannschaftssieger Friedel Schön, Heiner Dietrich und Kurt Flüglein sowie Fritz Huschke von Hanstein, Helmut Polensky und Petermax Müller erhalten von der Vespa Vertriebs-GmbH Ehrenurkunden für ihren Sieg.

Überall in Europa steht die Vespa im Mittelpunkt des Rollerinteresses. Auf dem Pariser Salon ist neben drei Vespa 125 die Weltrekordmaschine von Montlhéry zu sehen. Die Chancen für den französischen Markt werden hoch bewertet, die Serienproduktion in Frankreich vorbereitet.

Oben: Miss Vespa 1950 im Zwiegespräch mit einer Dame aus der Antike — die der Signorina ein gewisses Interesse entgegenzubringen scheint.

IFMA 1950 in Frankfurt: Die Knaben scheinen die Sache recht ernstzunehmen. Für sie muß die Vespa ein wahres Traumgefährt gewesen sein!

Auch den Winter braucht die Vespa nicht zu scheuen. Hier zwei Modelle von 1953, erkennbar an den waagerechten Schlitzen in der Motorverkleidung.

Kein Werbegag war ausgefallen genug, um für die Vespa herzuhalten. Die Piaggio-Leute hatten stets ausgezeichnete Ideen.

Die 1951er Vespa 125 weist etwas weiter nach hinten gezogene Aufrittsflächen für die Füße des Beifahrers auf.

Auch das Rücklicht und die vordere Radaufhängung haben sich beim 1951er Modell geändert.

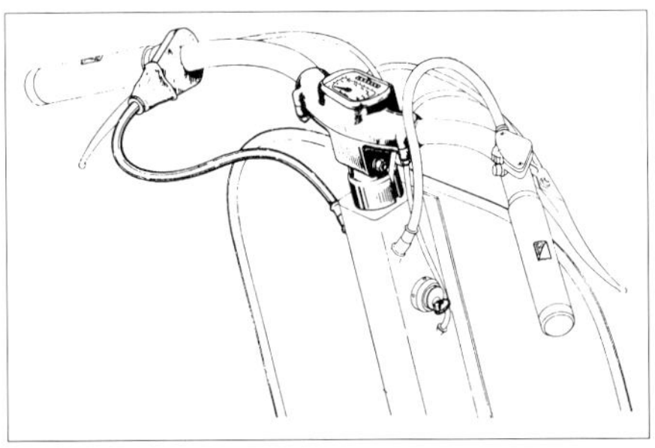

Unten: Neu sind auch Gangschaltung, Lenkkopf, Tachometer sowie (unten) die Betätigung des Benzinhahns und der Filter.

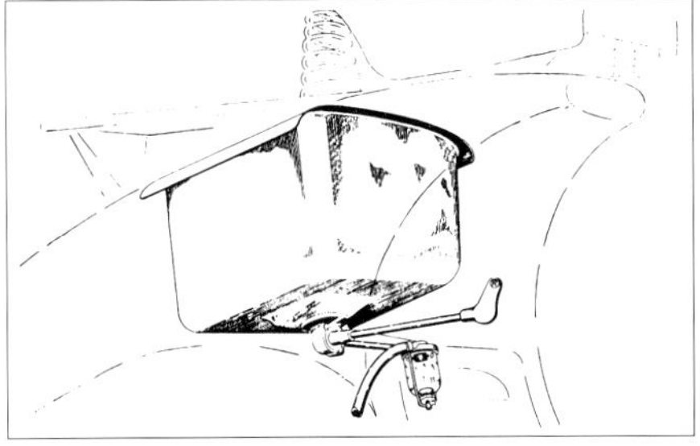

1951

In diesem Jahr erfährt die Vespa 125 die ersten größeren Modellveränderungen wie eine verbesserte Vorderradaufhängung mit hydraulischer Dämpfung, einen Bowdenzug für die Gangschaltung, einen neuen Sitz, ein serienmäßiges Sitzkissen für die Sozia, ein neues, jetzt eckiges Rücklicht sowie einen neuen Kraftstoffilter und Benzinhahn.

In Frankreich beginnt die Herstellung der Vespa durch die 1950 gegründete Firma A.C.M.A., die bis 1962 währt. Von Produktionsbeginn an unterscheiden sich diese Vespa-Modelle durch eine andere Art der Anbringung des Scheinwerfers: Er wanderte vom Kotflügel an den Lenker und hat das für Frankreich typische gelbe Licht. Die Gründe hierfür sind in den Zulassungsbestimmungen zu finden. Das Piaggio-Emblem am Vorderbau enthält den Zusatz A.C.M.A. Bei den frühen Modellen konnte man noch den Motor von der Schwinge abschrauben, erst später waren Motorgehäuse und Schwinge aus einem Guß.

In Großbritannien weisen 1951 erste Presseberichte auf die Fertigung der Vespa durch die Motorradfabrik Douglas in Kingswood hin. Auch bei der britischen Lizenz-Vespa ist die Anbringung des Scheinwerfers ihr äußeres Erkennungszeichen, denn er befindet sich vorn auf dem Frontschild. Mit der Bezeichnung »Two Wheel Car« stellt man den Komfort der Douglas-Vespa in der Werbung heraus: »Eine Vespa zu besitzen, heißt unabhängig und bequem reisen zu können«.

Auf der 29. Mailänder Messe präsentiert sich Piaggio mit seinen Erfolgsmodellen und der Ape sowie der 171 km/h schnellen Weltrekordmaschine, mit der Dino Mazzoncini am 8. Februar 1951 den absoluten Zweirad-Geschwindigkeitsrekord der 125-ccm-Klasse herausgefahren hatte. Besonderer Gag ist eine riesige Gulliver-Vespa, die den gigantischen Erfolg der Vespa in aller Welt symbolisieren soll.

1951 auf der Fiera di Milano zu bewundern: Eine gigantische Werbe-Vespa, genannt »Vespone«.

Nach fünf Produktionsjahren sind 1951 bereits 150.000 Vespa-Roller auf der Straße. Und auch in den Vereinigten Staaten macht der italienische Roller Furore: Im Dezember 1951 startet das berühmte Versandhaus Sears, Roebuck & Co den Import der ersten 1000 Vespa-Scooter nach Amerika.

Der Erfolg der Vespa zeigt sich auch durch sein Erscheinen in Filmen. In Deutschland spielt sie in dem Operetten-Musical »Nachtfalter« mit Johannes Heesters und Gisela Schmidting ihre erste Hauptrolle.

Auch die Verkehrspolizei in Irland fuhr Vespa!

1952

In diesem Jahr gibt es keine wesentlichen technischen Veränderungen an dem Basismodell Vespa 125; seine Hersteller sehen wenig Veranlassung, ihr Produkt zu überarbeiten. Der Vespa-Boom hat inzwischen auch die Schweiz erreicht. Ende des Jahres sind dort 40.000 Roller auf der Straße; der Anteil der Motorroller an den Motorzweirädern hat sich von 6 Prozent im Jahr 1947 auf 60 Prozent erhöht.

Auch in Deutschland hat sich das Vespa-Fieber weiterverbreitet. Als Dachverband aller regionalen Clubs wird 1952 der Vespa-Club von Deutschland(VCVD) gegründet. Die Zahl aller europäischen Vespa-Clubmitglieder ist inzwischen auf 50.000 gestiegen, wobei die meisten in Italien organisiert sind.

1953

In Pontedera laufen zwei Varianten der Vespa vom Band. Die »normale« Vespa — auch Modell 53 genannt — beließ man im Vorderbau unverändert, bei ihr befindet sich der Scheinwerfer weiterhin auf dem vorderen Kotflügel. Die Vorderradaufhängung ist — wie später bei der 150er — verkleidet, die Motorabdeckung weist erstmals waagerechte Kühlschlitze auf.

Die Leistung des 125-ccm-Motors wird mit 5 statt der bisherigen 4,5 PS angegeben, er verbraucht 2 Liter Zweitaktgemisch auf 100 Kilometer. Das Gewicht dieses Rollers beträgt 86 kg, die maximale Steigfähigkeit im ersten Gang gibt das Werk mit 25 Prozent an.

Ganz anders sieht dagegen das preiswertere Modell 53 u aus: Traditionelle Vorderradaufhängung, aber Scheinwerfer im Lenker integriert und eine dynamisch wirkende, nach unten offene Motorverkleidung. Bei gleichen Abmessungen wiegt diese Vespa nur 78 kg, der Verbrauch wird aber mit 2,3 Liter auf 100 Kilometer angegeben. Die Steigfähigkeit beträgt 22 Prozent.

Oben: Vespa 125 Modell 1953, eine Studioaufnahme zu Werbezwecken. Links: Frühe Vespa-Werbung in den Vereinigten Staaten.

Ab 1953 wird die Motorengeneration Modell B durch das Modell C abgelöst, bei dem der Nasenkolben durch einen Flachkolben ersetzt wird, während der Hubraum bei einem jetzt quadratischen Verhältnis von Hub x Bohrung von 54 x 54 mm unverändert bleibt.

1953 ist auch das erste Produktionsjahr der in Spanien gebauten Vespa. Hersteller ist die Moto Vespa S.A. in Ciudad Linal, einem Vorort von Madrid. Die Pro-

Vespa 53 u, 53 1953

	53 u	53
Motor	1 Zyl. Zweitakt	
Hubraum ccm	125	
B x H mm	49,8 x 56,5	54 x 54
PS/min	4,5/4500	5/4800
Kraftstoff	1:20	
Zündung	Schwungrad-Magnet	
Anlasser	Kickstarter	
Getriebe	3-Gang	
Länge mm	1655	
Breite (Lenker) mm	790	
Radstand mm	1160	
Kurvenradius mm	1500	
Leergewicht kg	78	86
Bereifung	3,5 x 8 "	
Tankinhalt l	6,25	
Steigfähigkeit % 1.	22	25
2.	13	
3.	6	
max. km/h	75	70
Verbrauch l/100 km	2,3 2	
Anmerkungen	Beim Modell 53 u befindet sich der Scheinwerfer am Lenker.	

Vespa 125, Typ 53 u von 1953 mit dem jetzt nach oben gewanderten Scheinwerfer.

duktion nimmt auf einem Werksgelände ihren Anfang, das dem Industriellen Julian Camarillo gehört; der Ausstoß im ersten Jahr beträgt 448 Maschinen. Spanien ist neben einigen Entwicklungsländern heute das einzige europäische Land, in welchem noch eine Lizenz-Vespa produziert wird.

In Pontedera feiert man mit den Segnungen des Erzbischofs von Pisa das erste große Produktionsjubiläum — die 500.000. Vespa. Es laufen nun monatlich mehr als 10.000 Roller vom Band; im ganzen Jahr 1946 waren es insgesamt nur 2500 gewesen...

1954

Die Modelle 1954 sind wie im Vorjahr in zwei Leistungsvarianten lieferbar, nämlich als Modell 54 mit 5 PS, gut für 75 km/h, bei einem Leergewicht von 86 kg und einer Steigfähigkeit von 25 Prozent (äußerlich bereits wie die spätere Vespa 150, allerdings noch mit einem mehr stromlinienförmigen Scheinwerfer auf dem Kotflügel) und als Modell u (Modell 53 u) mit 4,5 PS bei 78 kg und einer Steigfähigkeit von 22 Prozent (hier ist der Scheinwerfer am Lenker angebracht, die Motorenverkleidung nach unten offen).

Nachdem Hoffmann in Deutschland gegen den Willen Piaggios eine eigene, stärkere Motorenkonstruktion mit 5 PS entwickelt hat, die sogenannte Hoffmann Königin, brachte Piaggio in Italien eine 150-ccm-Version heraus, die bis 1979 auf dem Markt blieb und mit 1.187.342 zugeteilten Seriennummern zu einem der Erfolgsmodelle von Pontedera avancierte. In Deutschland wird dieser Roller ab 1955 von der Firma Messerschmitt in Nachfolge Hoffmanns zunächst unverändert als Modell T/1 montiert und dann später mit Teilen aus deutscher Produktion bestückt — das war das Modell T/2.

1954 werden gemäß Werksunterlagen für diese 150er Modelle in Italien Seriennummern mit dem Prefix VL1T für die Nummern 1001 bis 8173 vergeben; die Produktion in größerem Stil setzt erst 1955 ein. Äußerlich ist das Modell 150 eine Mischung aus den beiden Modellvarianten der 125er. Die Beleuchtung ist am Lenker angebracht (die Lampenform wird erst 1957 wieder geändert), die Vorderradaufhängung abgedeckt, der rechte hintere Kotflügel hat waagerechte Lüftungsschlitze. Dieses Design der Motorabdeckung bleibt bis 1958/59 unverändert.

Erstmalig ist die Vespa serienmäßig mit einem Kilometerzähler ausgestattet. Die vordere Beleuchtung kann, wie schon bisher, dreifach geschaltet werden: Fern-

Oben: Die italienische Vespa 150 als Ausstellungsfahrzeug mit aufgeschnittener Karosserie (entsprach der Messerschmitt-Vespa T/1).

Links: Drahtseilakt einer weiteren Ausstellungs-Vespa, verblüffend für die Betrachter.

Vespa 150 1954/55

Motor		1 Zyl. Zweitakt
Hubraum	ccm	145,45
B x H	mm	57 x 57
PS/min		5,5
Kraftstoff		1:20
Zündung		Schwungrad-Magnet
Anlasser		Kickstarter
Getriebe		3-Gang
Länge	mm	1655
Breite (Lenker)	mm	790
Höhe Bodenblech	mm	200
Radstand	mm	1160
Kurvenradius	mm	1500
Leergewicht	kg	90
Bereifung		3,5 x 8 "
Tankinhalt	l	6,25
max. km/h		75
Verbrauch l/100 km		ca. 2,2
Anmerkungen		Serienmäßig mit Tachometer versehen. Die Motorabdeckung weist waagerechte Lüftungsschlitze auf. Wahlweise ein oder zwei Sättel oder ein Sitzkissen für den Sozius.

licht, Abblendlicht und Standlicht, der Schalter ist mit dem Hupenknopf integriert. Der 150-ccm-Motor mit den Zylindermaßen 57 x 57 mm leistet 5,5 PS und ist gut für eine Höchstgeschwindigkeit von 75 km/h, er verbraucht 2,2 Liter Zweitaktgemisch auf 100 Kilometer.

Wie die 125er kann man die 150er mit einem Motorradsitz plus Gepäckständer (wahlweise mit einem Sozius-Sitzkissen) oder mit zwei Sätteln bekommen. Auch die Montage eines Beiwagens ist — wie bisher — bei jedem Vespa-Modell ohne weiteres möglich.

Wie schon in den Jahren zuvor, treffen sich Vespa-Fahrer aus aller Welt zu zahlreichen Rallies und Veranstaltungen. Herausragendes Ereignis dieses Jahres ist die Folklorerallye von Paris, die am 10. Mai 1954 startet. Hauptattraktion sind spezialkarossierte Roller als Mondfahrzeuge. In Turin formen 625 Teilnehmer aus Piemont am 19. März 1954 auf einer Straßenfläche von 4200 Quadratmetern das Piaggio-Zeichen.

1955

Unverändert werden die Modelle 125 und 150 produziert. Für die 150er von der Serie VL1T vergibt Pontedera noch die Seriennummern 8174 bis 17000, ab Nr. 17001 bis 64970 lautet das Prefix VL2T. Mit der 150 GS startet die erfolgreiche GS Baureihe: erstmals eine Vespa mit 10-Zoll-Rädern. Bis zur Ablösung

Vespa 150 GS 1956

Motor		1 Zyl. Zweitakt
Hubraum	ccm	145,45
B x H	mm	57 x 57
PS/min		8/7500
Kraftstoff		1:20
Zündung		Schwungrad-Magnet
Anlasser		Kickstarter
Getriebe		4-Gang
Länge	mm	1790
Breite (Lenker)	mm	710
Höhe	mm	1050
Höhe Bodenblech	mm	160
Radstand	mm	1180
Kurvenradius	mm	1400
Leergewicht	kg	100 - 104
Bereifung		3,5 x 10 "
Tankinhalt	l	9,5
Steigfähigkeit %	1.	30
	2.	20
	3.	12
	4.	8
max. km/h		100
Verbrauch l/100 km		ca. 4,2
Anmerkungen		Bowdenzüge verlaufen innerhalb der Lenkerverkleidung. Dieses Modell entspricht der bei Messerschmitt gebauten Vespa 150 GS/1.

durch die 160 GS lauten die Seriennummern der 150 GS VS1T 001001 bis 00127350. Sie ist an einer durchgehenden Sitzbank anstelle der einzelnen oder doppelten Motorradsitze zu erkennen. In Deutschland wird sie – bei Messerschmitt gebaut – als GS/1 in Weiß und als GS/2 in Silbergrau ausgeliefert. Ab 1962 wird das GS-Modell dann durch das Modell 160 GS abgelöst, das sich durch geschwungene Chromleisten an den Kotflügeln erkennen läßt.

Nach der Trennung Hoffmanns von Piaggio hat die Vespa Messerschmitt GmbH ab 1955 die deutsche Lizenz-Produktion übernommen; für den Verkauf wurde in Augsburg die Vespa Vertriebs-GmbH gegründet. Nicht mehr in Deutsch-

Rechts: In München aufgenommene Vespa 150 GS. Im Hintergrund die Frauenkirche.

Unten: Vespa 150 GS Baujahr 1955 ohne Motorverkleidung, jetzt mit Sitzbank und einer wahlweise erhältlichen Vorrichtung zur Unterbringung des Reserverades.

land angeboten wird die Vespa 125. Messerschmitt baut zunächst die 150 aus italienischen Originalteilen (T/1) und später mit Teilen aus deutscher Fertigung (T/2) sowie die 150 GS (GS/1). Hinzu kommt die Anfertigung von Ersatzteilen für die Hoffmann-Vespa. Das Werksgelände umfaßt eine Million Quadratmeter mit zwei großen Hallen, der Tagesausstoß beträgt 50 bis 55 Vespa-Roller, etwa ein Viertel davon sind GS-Modelle.

Erstmalig erscheint in Deutschland die Zeitschrift *Vespa-Tip* (Schutzgebühr 30 Pfennig!), gemeinsam herausgegeben vom Vespa-Club von Deutschland und der Vespa-Messerschmitt GmbH.

Am 14. und 15. Januar treffen sich in Paris Mitglieder des Vespa Club Europa, Dachverband der Länderclubs von Italien, Frankreich, Dänemark, Großbritannien, Schweden, Österreich, Spanien und Belgien, um einen internationalen Veranstaltungskalender festzulegen. Deutschland ist nicht mit von der Partie, denn der Vespa-Club von Deutschland, Dachorganisation für die vielen, bereits seit langem bestehenden Regionalclubs, wird erst im nächsten Jahr Mitglied.

1956

Dieses Jahr wird zu einem besonderen Jubiläumsjahr für Pontedera und die Vespa-Welt: Am 26. April 1956 läuft die millionste Vespa vom Band. In Deutschland feiert man dieses Jubiläum mit einer Werbekampagne, bei der eine Vespa an einem Ballon am Himmel schwebt.

Die Vespa 125 — äußerlich weiterhin an ihrem Scheinwerfer auf dem vorderen Kotflügel erkennbar — erfährt in Italien für das Jahr 1956 einige Verbesserungen hinsichtlich Leistung und Fahrkomfort, dabei werden Detailmodifikationen von der Vespa 150 übernommen, so ein größerer Tank mit einem Fassungsvermögen von 8,2 statt bisher 6,25 Liter sowie eine Verbesserung der Fahrwerte durch aerodynamisch günstigere, flachere Seitenverkleidungen und ein strömungsgünstigeres Vorderschild. Auch die Kühlung des Motors hat man verbessert, und zwar

Wenn sich Vespa-Fahrer zu ihren großen Meetings trafen, kam es auch schon einmal zu solchen Straßenkunstwerken. Ein Foto aus dem Jahre 1955.

durch einen Ventilator mit verringertem Umfang und erhöhter Leistung sowie durch eine optimierte Ausformung der Kühlrippen am Zylinderkopf. Erstmals gibt es einen Choke sowie eine Stellschraube zur Höhenregulierung am Scheinwerfer, mit der sich Gewichtsunterschiede ausgleichen lassen. Den Fahrkomfort hat man durch einen geänderten Sattel nachhaltig verbessert, der zusätzlich eine vordere Abfederung erhält.

In Pontedera läuft die millionste Vespa vom Band

Vergleichbare Modellverbesserungen erfährt auch die Vespa 150. Neu ist zum Beispiel die Beleuchtung des Kilometerzählers für Nachtfahrten, ein abschließbares Werkzeugfach, mehr Stauraum im linken Hinterkotflügel durch kleinere Batterien und verbesserte Bremswirkung durch Aluminium-Bremstrommeln. Der 5,5-PS-Motor schafft bei einem Fahrzeuggewicht von 92 kg eine Spitzengeschwindigkeit von 80 km/h, bei einem Durchschnittsverbrauch von 2,2 Liter auf 100 Kilometer.

Pontedera ist nach wie vor Anziehungspunkt für Händler und Service-Mitarbeiter aus aller Welt, die sich im Mutterwerk über Produktionsmethoden und Neuheiten informieren. In diesem Jahr sind es auch 48 Händler aus Deutschland sowie Angehörige des Messerschmitt-Vespa-Werkes, die Piaggio einen Besuch abstatten. Höhepunkt dieses Besuches sind artistische Vorführungen, mit denen die Vielseitigkeit, Zuverlässigkeit und Sportlichkeit der Vespa verdeutlicht werden.

Internationalität und weitreichende Clubaktivitäten kennzeichnen die Vespa-Bewegung. Es kommt 1956 zum Beitritt des Vespa-Clubs von Deutschland, dem sechs Landesvereine mit ihren Regionalclubs angeschlossen sind, zum VCE. Das jährliche Europatreffen findet dieses Jahr in München statt. Die Vespa-

Motor und Fahrwerk im Röntgenblick: Eine Vespa 125 von 1956, bei der man einige Details des 150-ccm-Modells übernommen hatte.

Unten: Elektrisches Kabelschema der 150er Vespa von 1956. Die bei Messerschmitt gebaute 150 Touren bekam das verbesserte GS-Fahrwerk.

Gegenüberliegende Seite: Vespa-Demonstration anläßlich einer Händlertagung im Piaggio-Werk.

Fahrer können zwischen 23 verschiedenen internationalen Veranstaltungen wählen, in Österreich, Portugal, Italien, Spanien, Deutschland, Frankreich, Belgien, Dänemark, Holland und der Schweiz.

Bei Messerschmitt werden die Modelle für 1956 ebenfalls überarbeitet. Die Vespa 150 Touren (T/2) hat jetzt das verbesserte Fahrgestell der Vespa GS und damit auch die größeren 10-Zoll-Räder. Das Reserverad wandert vom Heck hinter das Knieschutzblech, bei der GS sitzt es in Längsrichtung zwischen den Beinen des Fahrers. Die Bedienungshebel für Benzinhahn und Starterzug (Choke) wurden nach außen verlegt, der Lenker hat eine organische Verkleidung bekommen, die sich vom Scheinwerfergehäuse bis zu den Lenkergriffen erstreckt, und im Scheinwerfergehäuse gibt es erstmals ein Zündschloß mit abziehbarem Schlüssel: ein zusätzlicher Sicherheitsfaktor, den auch die Versicherungen begrüßen. Die 150 GS erhält eine bequemere Denfeld-Sitzbank anstelle der italienischen. Gut für die Sozia, die ab 1. Mai 1956 nicht mehr im Damensitz mitfahren darf. In Frankreich baut A.C.M.A. eine eigene 150 GL, die einzige Vespa mit 9"-Rädern. In Abweichung zur italienischen 150er wird hier der 125-ccm-Motor durch eine größere Bohrung von 54 auf 58,5 mm auf 145 ccm gebracht.

Als letztes europäisches Lizenz-Produktionsland kommt Belgien hinzu. Allerdings werden bei der Moto Industry S.A. keine eigenen Teile hergestellt; man Montage von Originalteilen aus Pontedera.

Vespa 150 mit dem Reserverad innerhalb des Frontschildes.

1957

Unverändert ist in Italien die Vespa 125 im Programm, ein Bestseller, der aus dem Straßenbild nicht mehr fortzudenken ist. Das Modell 150 hat erstmals die fast bis zu den Lenkergriffen reichende Lampenverkleidung. Der 5,5-PS-Motor sorgt für eine Höchstgeschwindigkeit von 80 km/h und verbraucht 2,2 Liter auf 100 Kilometer. Nachdem die zu Anfang des Jahres gebauten Modelle noch die Seriennummern VB1T 130694 bis 132737 tragen, beginnen sie anschließend mit 1001 bis 55375 Ende 1957.

Neu im italienischen Angebot ist die Vespa 150 GL (Grand Luxe), eine neue 150er, die von Anfang 1957 bis 1965 gebaut wird und danach als Vespa Sprint noch bis 1974 im Programm bleibt. Ihre Seriennummern beginnen 1957 und 1958 mit VGL1T; in den Modelljahren 1959, 1960 und 1961 mit VGLA1T, ab 1962 mit VGLB1T und dann bis 1965 mit VLA1T. In den ersten sechs Jahren wurden knapp 64.000 Seriennummern zugeteilt (was aber nicht immer mit der Zahl der produzierten Maschinen identisch sein muß). Im Vergleich zu ihren Vorgängermodellen hat die GL eine neue, unverwechselbare Linie erhalten: Den Lenker hat man mit einem Scheinwerfer versehen, dessen Trapezform dem stilistischen Trend entspricht; elegante Chromleisten und eine Doppelsitzbank sind ihre weiteren Merkmale. Die Viergangschaltung und ein neues Übersetzungsverhältnis erlauben ein Befahren von Steigungen bis zu 35 Prozent. Als Spitzengeschwindigkeit gibt das Werk 88 km/h an; mit einem Liter zweiprozentigen Gemischs (also 1 zu 50) kann man 47 Kilometer fahren. Die Formen dieses Rollers sind schlanker geworden: er ist 1770 mm lang und 675 mm breit.

Die russische Wjatka: Vespa-Plagiat ohne offiziellen Segen

Auch eine weitere »neue« Vespa macht von sich reden: die Wjatka. Ein Ebenbild der Vespa 150 — allerdings ohne offizielle Lizenz als Plagiat in der UdSSR auf den Markt gebracht. Nach einem Nebenfluß der Wolga benannt, hat die Wjatka einen 150-ccm-Motor und ein Tankvolumen, das für etwa 430 Kilometer reichen soll. Federung und die hydraulischen Stoßdämpfer hat man den Erfordernissen der russischen Straßen angepaßt. Im Rahmen einer Landwirtschaftsausstellung wird dieser Roller erstmals in

Vespa 150 GL 1957

Motor		1 Zyl. Zweitakt
Hubraum	ccm	145,45
B x H	mm	57 x 57
PS/min		5,7/5000
Kraftstoff		1:20
Zündung		Schwungrad-Magnet
Anlasser		Kickstarter
Getriebe		4-Gang
Länge	mm	1770
Breite (Lenker)	mm	675
Höhe	mm	1020
Höhe Bodenblech	mm	150
Radstand	mm	1180
Kurvenradius	mm	1500
Leergewicht	kg	95
Bereifung		3,5 x 10 "
Tankinhalt	l	7,7
Steigfähigkeit %	1.	35
	2.	22
	3.	14
	4.	9
max. km/h		88
Verbrauch l/100 km		ca. 2,2
Anmerkungen		Neue Scheinwerferform, Chromzierleisten, Doppelsitzbank. Die Kühlschlitze in der Motorabdeckung waagerecht in Trapezform.

Moskau vorgestellt, und im Januar 1957 taucht über ihn eine erste Pressemeldung in Deutschland auf. Auch die Werkszeitung *Piaggio* vermeldet dieses Ereignis, ohne daß man im Werk daran großen Anstoß zu nehmen scheint. Man meldet eine vorgesehene Stückzahl von 50.000 Exemplaren, die innerhalb des ersten Fünfjahresplanes der Sowjetunion gebaut werden sollen.

Die Firma Douglas beendet ihre Motorradproduktion im Jahr 1957. Bis Ende 1960 werden noch Roller produziert und montiert. Danach bleibt Douglas als Generalimporteur mit Piaggio jedoch weiterhin im Geschäft .

In Frankreich wird der Vespa-Kleinwagen 400 auf dem Pariser Salon vorgestellt. Im Folgejahr beginnt die Serienproduktion.

Besonders reizvoll lesen sich immer wieder abenteuerliche Reisen mit einer Vespa. Im Dezember 1956 gestartet, fährt der Schwede Guy Ebert über Dakar, Gambia, Senegal, Guinea zurück über Las Palmas, Sevilla und Stockholm. Insgesamt absolvierte er über 11.000 Kilometer ohne größere Pannen, davon 3000 Kilometer auf für Motorfahrzeuge normalerweise fast unpassierbaren Routen.

In Deutschland werden 1957 nur zwei Grundmodelle angeboten, die Vespa Touren Export und die Vespa Grand Sport, beides 150er. In diesem Jahr steigt Messerschmitt aus dem Vespa-Geschäft aus. Bis 1963 bezeichnet man alle 150er, die anschließend von der Vespa GmbH in Augsburg noch bis Oktober gefertigt werden, als T/4.

Oben: Blick auf den Motor einer Vespa 150 GL.

Links: Die 150 GL mit ihrem organisch gestalteten Lenker samt Scheinwerfer und Tacho. Innerhalb des Frontschildes erkennt man den Aufkleber mit den Einfahrhinweisen.

Rechts: Variationen der Vespa 150 mit einem und zwei herkömmlichen Motorradsätteln.

Links: Das große Abenteuer — Afrika-Tour zweier Globetrotter mit einer Vespa 150 GS von 1957.

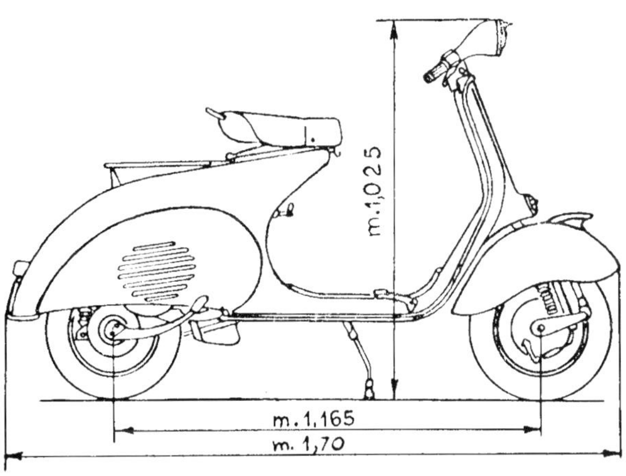

Das 1957er Modell der Vespa 150 mit seinen Abmessungen. Das Homologationsblatt vermerkte eine Spitzengeschwindigkeit von 82,9 km/h.

Oben: Vespa 150 GL mit dem trapezförmigen Scheinwerfer, Doppelsitzbank und eleganten Chromleisten.

Rechts: Vespa 150 von 1957 mit Seitenwagen, wie stets in der »englischen« Art auf der linken Fahrzeugseite angebracht.

1958

In diesem Jahr ist nach längerer Zeit erstmals eine Verjüngungskur für die betagte 125er angesagt. Mit ihrem Motorradsitz und dem Gepäckträger sieht sie zwar noch immer wie bei ihrer Geburt aus, doch das Facelifting zeigt sich in erster Linie an dem neuen Lenker, der endlich — wie bei der 150er — die Beleuchtung vom vorderen Kotflügel an den Lenker wandern läßt. Auch die hinteren Kotflügel-Abdeckungen haben eine neue, weniger rundliche Form angenommen. Das wirkt sich auch auf das Gewicht des Rollers aus: Gegenüber dem Vorjahr hat die Vespa von 86 auf 81 Kilogramm abgespeckt. Der Tank faßt allerdings nur noch 7,7 anstelle von 8,2 Liter Kraftstoff; mit einem Liter kommt man im Schnitt 55 Kilometer weit. Die angegebene Höchstgeschwindigkeit des 4,5-PS-Modells bleibt bei 75 km/h. In der Werbung wird besonders der niedrige Geräuschpegel des Rollers herausgestellt: Er beträgt nur 81 Phon.

Auch gibt es neue Seriennummern. Seit Aufnahme der Produktion ist es das fünfte Mal, daß sie wieder neu beginnen: Im Jahr 1958 tragen die Modelle die Kombination VNA1T 01001 bis 068031. Die Werksaufzeichnungen nennen insgesamt 67.031 Stück. Unverändert beließ man die Vespa 150 sowie das Modell GS. Ins Augsburger Programm aufgenommen wurde eine Neuauflage der 125er, die sich wieder zunehmender Beliebtheit erfreute.

Besonders stolz ist Piaggio auf seine Produktions- und Montagebetriebe im Ausland, in Frankreich, England, Spanien, Deutschland, Brasilien und Belgien sowie auf seine Exportentwicklung. In der Hauszeitschrift *Piaggio* finden sich in der Ausgabe 49 hierzu ausführliche Angaben: Von der Gesamtproduktion wurden 216.597 Fahrzeuge ins Ausland verkauft, davon 132.906 nach Europa, 38.593 nach Nordamerika, 16.699 nach Südamerika, 11.103 nach Afrika, 3861 in den vorderen Orient, 9652 nach Asien und 3783 nach Australien. Zu recht kann Piaggio behaupten: Millionen auf der ganzen Welt fahren Vespa.

Röntgenansicht vom technischen Aufbau einer Vespa 125 von 1958.

Rechts: Hans Stuck, der ehemalige Grand-Prix-Fahrer, war als langjähriger Präsident des Vespa-Clubs von Deutschland eine beliebte und sehr aktive Persönlichkeit. Hier eine Aufnahme von 1961.

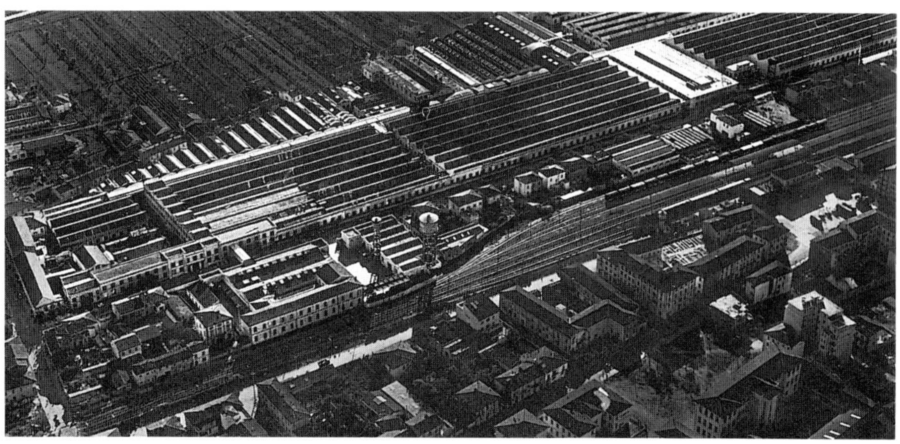

Unten: Luftaufnahme des Piaggio-Werkes in Pontedera aus den späten fünfziger Jahren.

Vespa und Camping: Begriffe, die zusammenpaßten!

In Deutschland wählt man beim Bundestreffen im September den Rennfahrer Hans Stuck zum Präsidenten des Vespa-Clubs Deutschland. Eine neue Ära beginnt. Amüsant liest sich in diesem Zusammenhang die Beschreibung der Clubkleidung bei festlichen Anlässen: Blau-oder rotschwarz gestreiftes Sakko, dunkle Hose, weißes Hemd, dunkle Schleife oder Krawatte.

1959

Nach den Modellverbesserungen an der Vespa 125 im Vorjahr ist in diesem Jahr eine überarbeitete Vespa 150 im Programm. Die für die Werbung wichtigste Aussage lautet »zwei Prozent« — damit ist gemeint, daß der Motor mit einer zweiprozentigen Ölbeimischung zum Kraftstoff betrieben werden kann, also einem Verhältnis von 1:50 im Gegensatz zu den früheren 1:20. Als Höchstgeschwindigkeit der 150er wird 85 km/h genannt. Neu für die 150 ist das Viergang-Schaltgetriebe (das gab es bisher nur bei der GS), ferner ein beleuchteter, leicht ablesbarer ovaler Kilometerzähler, eine Zierleiste um das vordere Schutzblech, eine Dauerstromhupe zur Gewährleistung einer besseren Klangwirkung bei niedrigen Tourenzahlen sowie ein neues Stoplicht. Das Gewicht des Rollers beträgt 85 kg.

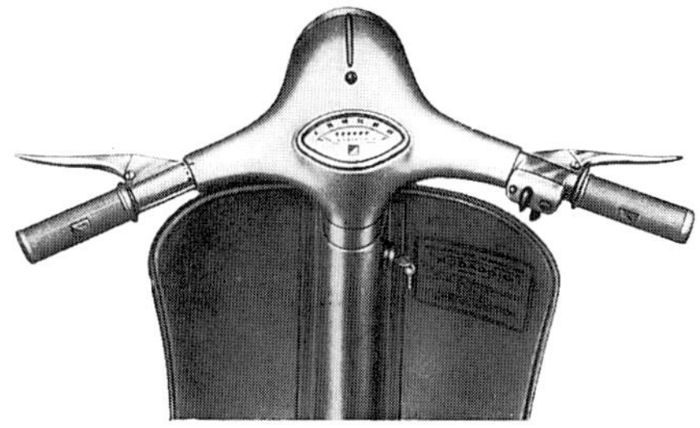

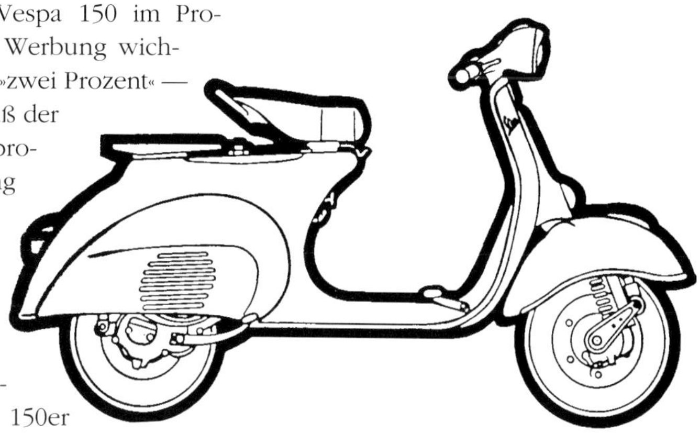

Markante Silhouette: Mit mehr Eleganz und einem leiseren Motor wartete die 1959er Vespa 150 auf. Auch das Tourenmodell hatte jetzt ein Vierganggetriebe. Ganz oben: Volant der Vespa 150.

Auffällige Flugzeug-Werbung, wie sie 1960 am Himmel zu sehen war.

Neu sind die deutlich erkennbaren Vertiefungen am vorderen und an den hinteren Kotflügeln, die ähnlich wie die Chromleisten bei der GL gestaltet sind. Verändert haben sich die Form der Rückleuchten, die Verzierung auf dem vorderen Kotflügel sowie die Gestalt des Scheinwerfers und des Trittbretts. Geblieben ist der traditionelle Motorradsitz.

Das GS-Modell hat Reifen der Größe 3,50 x 10", einen Benzintank von 9,5 Liter

Fassungsvermögen, eine Motorleistung von 8 PS und eine Höchstgeschwindigkeit von 100 km/h. Bei einem Gewicht von 104 kg wird der Normverbrauch mit 3 Liter pro 100 Kilometer angegeben.

In Deutschland sind in diesem Jahr drei Grundmodelle auf dem Markt, darunter wieder die Vespa 125; es gibt sie in Standardausführung und als de-Luxe-Modell. Dann die Vespa 150 in Normalausführung

Links: Das 150-ccm-Modell des Jahrgangs 1959. Nur geringe Details wie die Lampen- und Lenkergestaltung lassen die Unterschiede erkennen.

Rechts: Vespa 125 Modell 1959, die karosseriemäßig an das Modell 150 angepaßt worden war, vor dem Werk in Pontedera.

und ebenfalls in einer de-Luxe-Version (erkennbar an ihrer Sitzbank) und schließlich die GS alias Grand Sport. Mit diesem Programm vermag die Firma Vespa in Deutschland ihren Marktanteil im Rollergeschäft auf 30 Prozent zu steigern und beginnt den Marktführer Heinkel mit seinem Viertaktroller von seinem ersten Platz zu verdrängen.

Das große Vespa-Europatreffen findet in diesem Jahr während der Olympischen Sommerspiele in Rom statt und bekommt dadurch zusätzlich eine internationale Note.

1960

Wieder gibt es bei den Modellen 125 und 150 einige Veränderungen. Wie bei der Vespa 150 erhält jetzt auch die 125er einen Motor mit Drehschiebersteuerung, der ebenfalls mit einem zweiprozentigen Gemisch zu fahren ist. Durch die technischen Verbesserungen konnte auf einen vierten Gang verzichtet werden, was dem Wunsch nach einer einfacheren Bedienung entgegenkommt. Auf Bestellung erhält der Kunde die 125er dennoch mit einem Vierganggetriebe (ab Seriennummer-Prefix VNB). Äußerlich wurde die Karosserie jener der Vespa 150 angepaßt, und in Frankreich wird die 125er sogar mit Chromleisten am Heck angeboten.

In diesem Jahr erreicht Vespa die Traumgrenze von zwei Millionen verkauften Fahrzeugen. Der Vespa-Club Deutschland und die Zeitschrift *Vespa-Tip* feiern ebenso ihr zehnjähriges Jubiläum wie Firma Vespa in Augsburg die zehnjährige Vespa-Präsenz in Deutschland — ein ganz besonderer Anlaß, zu welchem Enrico Piaggio in die Bundesrepublik kommt.

In Deutschland wird die Blinkerpflicht bei Krafträdern und mithin auch bei Motorrollern eingeführt, ein Kriterium, das bei der Identifizierung von Modellbaujahr und Herkunftsland hilfreich ist.

1961

In Deutschland werden die gleichen Grundmodelle 125, 150 und 150 GS wie im Vorjahr angeboten, allerdings entfällt bei der 150er die Standardversion.

Das herausragende sportliche Ereignis dieses Jahres ist die 3. Vespa-Europameisterschaft auf dem Nürburgring, an der Fahrer aus zwölf Ländern teilnehmen. Berthold Schmidt siegt um Haaresbreite vor dem Italiener Gianfranco Fiora.

Vorbei ist indes die große Zeit der kleinen Autos. Auch der in Frankreich bei A.C.M.A. hergestellte Vespa-Kleinwagen 400, seit 1958 auf dem Markt, wird aus der Produktion genommen. Dieses Fahrzeug, so zweckmäßig es in seiner Konzeption war, hatte sich gegen den zunehmenden Trend zum Mittelklassewagen durch eine starke Konkurrenz nicht durchsetzen können.In der Schweiz und in Frankreich gibt es das Rollermodell 150 mit einem 125-ccm-Motor.

1962

Auf Kundenwunsch werden dieses Jahr sowohl die 125er als auch die 150er Modelle wahlweise mit den herkömmlichen Motorradsitzen oder mit der durchgehenden Sitzbank ausgeliefert, was einen Aufpreis von 2000 Lire ausmacht.

Neu ist dagegen im Programm die GS mit 160-ccm-Motor, die das Vorgängermodell von 150 ccm ablöst. Diese Modelle, bis 1964 angeboten, tragen die Seriennummern VSB1T von 001001 bis 0061000.

Die wichtigsten Änderungen bei der GS 160 sind ein stabileres Fahrwerk, eine geänderte Vorderradführung, ein abschließbares Fach hinter der Sitzbank. Der alte GS-Motor ist ziviler geworden und bringt bei 6500 Umdrehungen seine 8,5 PS Leistung. Diese GS 160 wurde bis 1964 gebaut und dann durch die 180 Super Sport ersetzt. Ihr folgte dann 1968 die 180

Rechts: 1961 war das letzte Jahr der Fertigung des Vespa 400 bei der A.C.M.A. Das Bild symbolisiert (sicher ungewollt) den Abschied vom Vespa-Auto...

Unten: Madame und ihr Vespa-Scooter vor einer berühmten Kulisse: Es ist das Hotel Schmied von Kochel am Kochelsee in Oberbayern.

Vespa 160 GS 1962

Motor		1 Zyl. Zweitakt
Hubraum	ccm	158,53
B x H	mm	58 x 60
PS/min		8,5/6500
Kraftstoff		1:20
Zündung		Schwungrad-Magnet
Anlasser		Kickstarter
Getriebe		4-Gang
Länge	mm	1795
Breite (Lenker)	mm	710
Höhe	mm	1045
Höhe Bodenblech	mm	160
Radstand	mm	1220
Kurvenradius	mm	1500
Leergewicht	kg	110
Bereifung		3,5 x 10 "
Tankinhalt	l	9
Steigfähigkeit %	1.	32
	2.	22
	3.	13
	4.	8
max. km/h		89
Verbrauch l/100 km		ca. 3
Anmerkungen		Abschließbares Fach hinter dem Soziussitz. Ab Seriennummer V5B1T beträgt die Fahrzeuglänge 1775 mm.

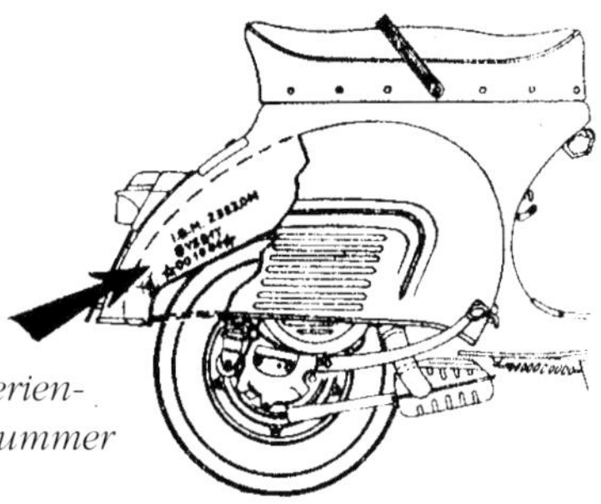

Seriennummer

Rechts: Maßzeichnung aus dem Homologationsblatt für die 160 GS von 1962.

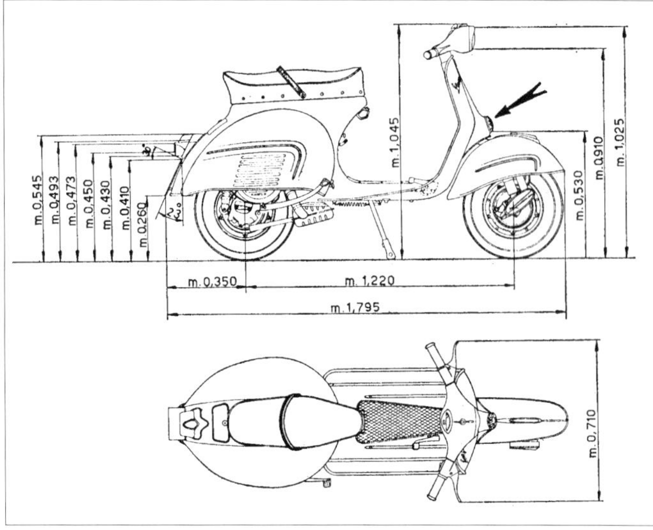

Unten: Die deutsche Version der Vespa 160 GS mit ihren seitlichen Blinkern.

Oben: Deutsche Vespa-Vertreter bei einem Werksbesuch 1962 in Pontedera.

Oben: Die deutsche GS 160 in der Draufsicht. Auffällig das abschließbare Fach im Frontschild und die Blinker.

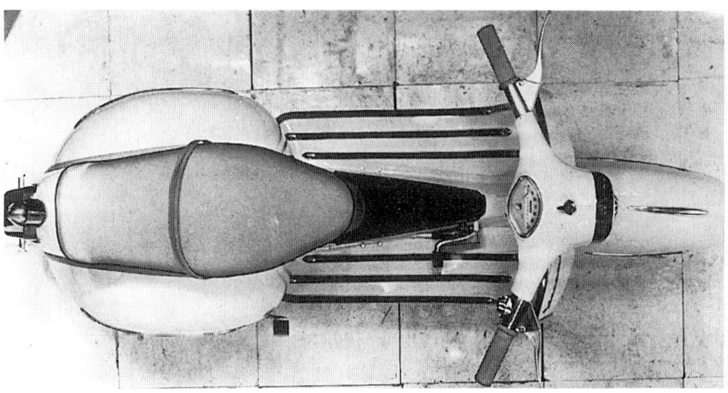

Die Vespa 160 GS für den italienischen Markt aus zwei Perspektiven. Der Blick von oben läßt einige Unterschiede zu der deutschen Version erkennen.

Rally, die erst 1973 wieder aus dem Programm genommen wurde.

Diese Vespa GS wurde auch in Deutschland bis 1963 produziert (GS/4), ferner die Vespa 150 Touren (T/4). Beide Modelle werden im September 1962 auf der IFMA in Frankfurt vorgestellt.

In diesem Jahr läuft die Vespa-Produktion in Indien an: Am 27. September 1962 zelebriert die Bajaj Auto Ltd. bereits die 10.000. Vespa 150 als »Rolls of the Line« nach bewährter Vespa-Tradition. Doch während in Europa und Amerika der Begriff Vespa und Vespa-Fahren identisch mit Lebensfreude, Geselligkeit und Clubleben sind, hat die Einführung der Vespa im Orient die Aufgabe, die Industrialisierung zu fördern und gleichzeitig das Bedürfnis nach Mobilität zu geringen Kosten zu ermöglichen, so wie es in Italien kurz nach dem Kriege auch der Fall war.

Überschaubar in der Produktpalette, aber kometenhaft in den Stückzahlen und in der Verbreitung, hat sich Piaggio mit seinen Vespa-Modellen in der Zeit von 1950 bis 1962 eine führende Stellung auf dem Rollermarkt gesichert. Wo immer vom Roller die Rede war, konnte nur die Vespa gemeint sein — zumindest beherrschte sie das Thema, bei aller Wertschätzung der lieben Konkurrenz.

Gasthof zum
Vespa

KAPITEL 4

Die Vespa kommt nach Deutschland

Der von Hoffmann gebaute Roller war die erste außerhalb Italiens produzierte Vespa.
Gegenüberliegende Seite: Die Schauspielerin Erika Remberg im Film »Drei weiße Birken«, gedreht 1961.

Die Italiener waren sich darüber durchaus im Klaren, daß die Vespa auch auf dem deutschen Markt gute Chancen haben würde. Ihre eigenen Produktionskapazitäten hätten zum damaligen Zeitpunkt aber nicht ausgereicht, ein so großes Marktpotential abzudecken; es galt also, in Deutschland, wo schließlich auch das klassische Motorrad seit jeher einen hohen Stellenwert genoß, einen Lizenzpartner zu finden. Der sich auch bald einstellte – in der Person des rheinischen Industriellen J.O. Hoffmann. Seine Nachfolge trat 1955 der Flugzeugbauer Willy Messerschmitt an., in dessen Augsburger Werk die deutsche Lizenzvespa bis Ende 1957 gefertigt wurde; anschließend war es die Vespa GmbH in Augsburg, die bis zum Oktober 1963 als Hersteller aktiv war. Danach wurde die Vespa nur noch als Importprodukt auf den Markt gebracht.

Hoffmann-Vespa: Italienisches Kind mit rheinischem Schmiß

In einem modernen Industriebetrieb in Lintorf bei Düsseldorf stand die Wiege der ersten Vespa made in Germany. Die Hoffmann-Werke nahmen dort im März 1950 die Lizenzfertigung jenes italienischen Rollers auf, dessen Erscheinen von einem ungeduldigen Publikum bereits sehnlichst erwartet wurde.

Dem Fahrradproduzenten Jakob Oswald Hoffmann waren zu Beginn des Jahres 1949 Pressefotos von einem in Italien hergestellten Fahrzeug auf den Tisch gekommen, das ihn faszinierte: Ein motorradähnliches Zweirad, dennoch von grundsätzlich anderer Beschaffenheit, vor allem mit recht kleinen, nur achtzölligen Rädern. Und was hatte man sich unter der Bezeichnung Vespa vorzustellen? Hoffmanns Neugierde war geweckt. Auf der Frankfurter Frühjahrsausstellung hatte er die Gelegenheit, die Vespa näher in Augenschein zu nehmen. »Das Ding bau' ich!« soll Hoffmann kurzerhand gesagt haben.

Noch im gleichen Jahr bewarb sich der damals 53jährige Unternehmer in Pontedera um eine Lizenz für den deutschen Markt. Piaggio kam Hoffmanns Anfrage sehr gelegen, denn die Italiener hatten kurz vorher der Auto Union in Ingolstadt die Nachbaurechte angeboten, aber eine Absage erhalten. Unter der Auflage, die Vespa ohne Veränderungen auf den Markt zu bringen, bekam Hoffmann von der Firma Piaggio positiven Bescheid. Und er schaffte es, in seinem Lintorfer Betrieb binnen kurzem die Produktion des Motorrollers in Gang zu bringen.

Der »Vater der deutschen Vespa« hatte damals bereits eine bewegte Karriere hinter sich. Als Sohn eines Düsseldorfer Konditors hatte er zunächst das Bankfach gelernt, sich 1919 an einer Tabakwaren-Großhandlung beteiligt und anschließend in Köln eine Fahrradgroßhandlung gegründet. Im Oktober 1938, als dieses Unternehmen schon lange bankrott war, beteiligte er sich als Gesellschafter an einer Fahrradfabrik in Solingen. 1944 stellte auch diese Firma ihre Produktion ein — Bombenschäden zwangen dazu.

Hoffmann fand alsbald zu seinem Betätigungsfeld zurück und erwarb nach Kriegsende von den Mannesmann-Röhrenwerken ein 60.000 Quadratmeter großes

Vespa 125 Hoffmann 1950

Motor		1 Zyl. Zweitakt
Hubraum	ccm	124,8
B x H	mm	49,8 x 56,5
PS/min		4,5/4800
Kraftstoff		1:20
Zündung		Schwungrad-Magnet
Anlasser		Kickstarter
Getriebe		3-Gang
Länge	mm	1655
Breite (Lenker)	mm	790
Höhe	mm	950
Höhe Bodenblech	mm	150
Radstand	mm	1130
Kurvenradius	mm	1500
Leergewicht	kg	94
Bereifung		3,5 x 8 "
Tankinhalt	l	7
max. km/h		70
Verbrauch l/100 km		ca. 2,4
Anmerkungen		Anfänglich mit 4 PS Leistung bei 4000/min angegeben. Bei Seitenwagenbetrieb zulässiges Gesamtgewicht 280 kg. Ab 1954 Modell A benannt.

Betriebsgrundstück mit einer Halle, die einst eine Schaufelfabrik beherbergt hatte. Mit finanzieller Unterstützung eines Hamburger Kaufmanns namens Behrens entstand hier eine neue Betriebsstätte der Solinger Fahrradfabrik J. O. Hoffmann.

Fahrräder erfreuten sich in jener schwierigen Nachkriegszeit, als es vielen Menschen am Nötigsten fehlte, einer besonders großen Nachfrage. In bescheidenem Umfang nahm Hoffmann Ende 1945 die Produktion auf. Es mangelte sowohl an Facharbeitern als auch an Maschinen. Die ersten Räder, die Hoffmann verkaufte, waren alles andere als Luxusartikel, doch sie galten als stabil und solide. 1000 Stück betrug die monatliche Produktion.

In Italien und in der Schweiz hatte der Scooter bereits sein Publikum gefunden

Hoffmanns Zielstrebigkeit und Geschäftssinn ließen aus der alten »Schippenfabrik« einen Betrieb werden, der bald zu den modernsten der Zweiradbranche zählte. Man baute eine zweite Halle und stellte zusätzliches Personal ein. Am 1. Juli 1945 hatte die Belegschaft 63 Mitarbeiter gezählt, am 1. Juli 1948 waren es bereits 357. Auch die Piaggio-Vertreter waren beeindruckt von der modernen Fahrradfertigung an der Autostraße zum Düsseldorfer Industriegebiet. Bis auf Sattel, Kette und Speichen ließ Hoffmann alles im eigenen Betrieb herstellen. Am Fließband durchwanderten alle Einzelteile das vollautomatische, mit Gas beheizte Lackier-Tauchbad; auch Galvanisierungsarbeiten erledigte man in eigener Regie. Die Produktionskapazität pro Tag hatte sich inzwischen auf 500 Fahrräder gesteigert.

Aber es waren nur 250, die täglich das Lintorfer Werk verließen — trotz kräftig steigender Nachfrage. Rückschläge bei geschäftlichen Zielsetzungen hatten den Unternehmer vorsichtig werden lassen; Produktion und Zahlungsfähigkeit seiner Firma mußten in Einklang stehen. Als Hoffmann mit Piaggio verhandelte, war er übrigens auf dem Motor-Zweiradsektor kein Neuling mehr, denn er hatte bereits 1948 die Fertigung von 100- und 125-ccm-Motorrädern aufgenommen. Wahlweise konnte man sie mit Sachs- oder Ilo-Motor bekommen. Die Produktion nahm zwar nur geringe Ausmaße an, aber für das Vespa-Geschäft stellte sie eine gute Grundlage dar

J. Oswald Hoffmann, wie er seine Briefe zu unterzeichnen pflegte, nahm also die Rollerfertigung auf, von der er sich sehr viel versprach. In Italien und auch in Frankreich hatte der Scooter sein begeistertes Publikum längst gefunden, als Hoffmann mit diesem Fahrzeug einen Anfang wagte — und es war in der Tat ein Wagnis: Hierzulande schien die Sache für viele zu spekulativ und voller Risiken zu sein. Es dürfte sicher nicht leicht gewesen sein, sich nur ein Jahr nach der Währungsreform eine ausreichende Marktübersicht zu verschaffen; noch war ja auch völlig offen, welche Entwicklung sich beim Auto und Motorrad abzeichnen würde und wieviel Raum der Gattung Motorroller bliebe. Die Trends auf den ausländischen Märkten ließen nur sehr bedingt eine Schlußfolgerung zu, denn dort lagen die Verhältnisse in jeder Hinsicht anders.

Anfang September 1949 war der Vertrag zwischen Piaggio und Hoffmann unterschriftsreif. Demnach hatte Hoffmann für Deutschland eine Exklusivlizenz zur Produktion sowie das Vertriebsrecht, den

Oben: Jakob Oswald Hoffmann, der sich gern »Vater der deutschen Vespa« nennen ließ.

Rechts: Die regionale Aufteilung beim Vertrieb der Vespa. Für das nördliche Bundesgebiet war der Hersteller Hoffmann zuständig, für den Süden die Vespa Vertriebs-GmbH in Frankfurt am Main, wo sie in der Zeppelinallee ihren Sitz hatte.

originalgetreu hergestellten Vespa-Roller im Norden Deutschlands (also in der »Britischen Zone«) zu verkaufen sowie in nordwesteuropäische Länder zu exportieren, etwa nach Holland, Belgien und Dänemark. Die Vertriebsrechte in der südlichen Hälfte Westdeutschlands wurden der ebenfalls 1950 gegründeten Vespa Vertriebs-GmbH in Frankfurt am Main eingeräumt. Optimistisch äußerte sich Hoffmann, daß die Vespa »die Vorherrschaft des Fahrrades als Massenverkehrsmittel brechen« werde. In der Tat stieg das Interesse an der Vespa in Deutschland wie in den Nachbarstaaten sehr schnell. Zahlreiche Aufträge gingen ein, noch bevor man in Lintorf im März 1950 die ersten Roller aus deutscher Produktion ausliefern konnte.

Am 18. Oktober hatten die Bauarbeiten für eine neue, 7000 Quadratmeter große Fertigungshalle begonnen, die auch ein Konstruktionsbüro und eine Versuchswerkstatt beherbergen sollte. Schon ein halbes Jahr später konnte die zweistöckige Halle ihrer Bestimmung übergeben werden. Im Untergeschoß waren die Maschinenräume für die mechanische Bearbeitung der einzelnen Fahrzeugteile untergebracht, in der Montagehalle befand sich ein im Boden eingelassenes Laufband, das der Hoffmann-Ingenieur Kneer eigens hierfür entwickelt hatte. Den Firmennamen »Solinger Fahrradfabrik« hatte das Unternehmen abgelegt; jetzt waren die Hoffmann-Werke schließlich ein Betrieb der Kraftfahrzeugbranche.

Als besonders modern galt die Lackieranlage, eingerichtet von der Firma Hager & Weitmann aus Bergisch-Gladbach. Durch Infrarot-Dunkelstrahlung war die üblicherweise einige Stunden dauernde Trocknung der Lacke einschließlich der Metallgrundfüllungen auf acht bis zehn Minuten verkürzt worden.

Für die Serienproduktion bedeutete dies eine enorme Zeitersparnis, die sich letztlich auch auf den Preis der deutschen Vespa auswirkte. Sie kostete soviel wie ein 125-ccm-Motorrad, nämlich 1220 Mark.

Das Piaggio-Markenemblem am Frontschild hatte Hoffmann geschickt in eines mit seinem Signet abgewandelt, denn dem Original-Vespa-Schriftzug durfte keine weitere Herstellerbezeichnung beigefügt werden.

Bereits vor Auslieferung des ersten Rollers hatte Hoffmann durch geschickte Werbung eine so große Nachfrage erzeugt, daß die Jahresproduktion für 1950 im vorhinein verkauft war. Überall erregte die Vespa Aufsehen — wo immer sie auftauchte, gab es bald eine Ansammlung Schaulustiger. Doktoren, Rechtsanwälte, Angestellte in höheren Positionen waren die ersten Käufer. Ein Auto konnten sich viele noch nicht leisten. Man muß aber wissen, daß ein Vespa-Besitzer in den fünfziger Jahren auf seinen Roller ebenso stolz war wie heute ein Audi-Besitzer auf seinen Quattro.

Um 1951 war Hoffmann in Lintorf zu einem Begriff in der deutschen Zweiradindustrie geworden. Hier produzierten 850 Mitarbeiter pro Jahr 12.000 Vespa-Roller. Gern hätte man die Fertigung weiter ausgedehnt, doch es herrschten weltweit Energie- und Rohstoffmangel — nicht zuletzt eine Folge des Korea-Krieges. Aber auch qualifizierte Facharbeiter gab es nicht in unbegrenzter Zahl, denn im Raum Düsseldorf war die Kfz-Branche bislang kaum vertreten gewesen. Pendler aus Mülheim, Essen, Duisburg, Velbert und Ratingen wurden beschäftigt.

Bis zum Herbst wurden 23.000 Hoffmann-Roller hergestellt. Damit waren die hohen Erwartungen des Firmenchefs 1949 voll bestätigt worden. In den einzelnen Verkaufsgebieten Westdeutschlands betrug der Anteil an Hoffmann-Vespa-Rollern zwischen 35 und 59 Prozent am Gesamtvolumen. Auch das Nachziehen zahlreicher weiterer Hersteller, die nun mit eigenen Rollerkonstruktionen erschienen, ließ sich auf die Aktivitäten Hoffmanns zurückführen, der als Pionier einen Markt geöffnet hatte.

Die Vespa setzte sich in Deutschland durch. Zuerst in der Großstadt, dann auch auf dem Lande. Die anfangs geäußerte Ansicht, ein Roller tauge nicht fürs Gelände, wurde widerlegt: Selbst Eifelförster

Der Radwechsel ging bei der Vespa leicht vonstatten. Genau in die Felge des Reserverades passend gab es einen kleinen Kraftstoffkanister. Die Plazierung des Ersatzrades wechselte in der Vespa-Geschichte mehrfach — je nach Modell vom Heck zum Frontschild, dann unter die linke Heckverkleidung, schließlich konnte man das Rad auch aufrecht aufs Bodenblech setzen.

fuhren auf der Vespa zu den Holzschlägern im Revier. Skeptiker wurden überzeugt: Der Roller hatte eine Steigfähigkeit von 25 Prozent, ließ sich ruhig und sicher beherrschen, bot sogar die Möglichkeit, einen Seitenwagen anzuschließen. Hoffmann-Pressechef Hans F. Tiedtke: »Die Vespa ist die einzige 125-ccm-Maschine, die vollkommen beiwagenfest ist!«. Für den Gespannbetrieb fertigte die Firma Hoffmann eigene Seitenwagen und eine besondere Endübersetzung an.

In der Presse wurde die Hoffmann-Vespa sehr gelobt und als ausgereifte Konstruktion bezeichnet. So erschien bereits im März 1950 im Düsseldorfer *Handelsblatt* ein Beitrag über die »Invasion der Motorroller« und führte aus, daß die Vespa der geglückte Versuch sei, das Motorrad »damenfähig zu machen«. Vor allem sei die Leistung des 125-ccm-Fahrzeugs erstaunlich, wie vier Weltrekorde bewiesen, die kürzlich mit einem frisierten Exemplar aufgestellt worden seien.

»Die Vespa ist die einzige 125-ccm-Maschine, die beiwagenfest ist«

»Wird der motorisierte Straßenverkehr in Deutschland durch den Roller revolutioniert?« fragte das Hamburger Abendblatt am 27. März 1953. »Tausende, die im Heiligen Jahr nach Rom pilgern, bringen von dort den Eindruck einer Roller-Invasion mit... Der Roller ist bequemer als das Motorrad und vor allem schmutz- und schutzsicherer, dazu ist er wirtschaftlich in Anschaffung und Betrieb.«

Daß die Vespa kein Spielzeug, sondern eine ernstzunehmende Konstruktion darstellte, hatte Hoffmann innerhalb von drei Jahren hinlänglich bewiesen. Sie war frei von Kinderkrankheiten und versprach weiterhin besten Absatz. Das Geschäft übertraf Hoffmanns Erwartungen, so daß er in eine neue 450-Tonnen-Blechpresse investierte, wie sie bisher nur das Wolfsburger Volkswagenwerk hatte. Hoffmann, der 1948 schon einmal zehntausend DKW-Motorradrahmen für die Auto Union im Lohnauftrag hergestellt hatte, erwog zeitweilig sogar die Einrichtung einer eigenen Motorenstraße, bevor er herausfand, daß die Pinneberger Motorenfabrik Ilo billiger produzieren konnte. So kam es, daß diese später in Unterlizenz den Piaggio-Motor bauten.

In der amerikanischen Zeitschrift *Life* verglich man den Wirtschaftswunder-Exponenten in Lintorf bereits mit Krupp, als Hoffmann erste Anzeichen von Nervosität zu zeigen begann. Denn bei allem Rollerglück stand seine Firma auf unsicherem Fundament. Statt Reserven zu bilden, hatten die Hoffmann-Werke ständig expandiert. Die geringste Krise, so war zu befürchten, konnte das unterkapitalisierte Unternehmen in ernste Bedrängnis bringen. Als NSU mit der deutschen Lambretta und die Firma Glas mit dem Goggo-Roller auf den Markt drängten und Hoffmann überdies mit seinem ehrgeizigen Motorrad-Programm, das noch immer parallel zum Rollergeschäft lief, große Einbußen hinnehmen mußte, standen die Zeichen auf Sturm.

Vor allem das seit 1951 gebaute Hoffmann-Motorrad »Gouverneur« mit einem 250-ccm-Boxermotor — später auch mit 300 ccm lieferbar — ließ sich nur schwer verkaufen. Seine Entwicklung und Herstellung hatte viel Geld verschlungen. Aber die Konstruktion war nicht ausgereift, und Garantieschäden und Nachbesserungen belasteten Hoffmanns Kasse noch zusätzlich. Als sich 1954 in der gesamten Zweiradbranche Deutschlands Absatzschwierigkeiten abzuzeichnen begannen, gehörten die Hoffmann-Werke zu den ersten, die das schmerzhaft zu spüren bekamen.

Denn auch das Vespa-Geschäft war von der Flaute betroffen. Produzierte und verkaufte man noch im Sommer 1953 monatlich 1850 Roller, so war ein Jahr später der Absatz auf weniger als die Hälfte gesunken. Dies hatte einen speziellen Grund: Die Roller der Konkurrenz waren stärker motorisiert. Verzweifelt wandte sich der Lintorfer Wirtschaftskapitän an die Piaggio-Manager und regte die Herstellung eines größeren Motors an. »Wir wissen schon, was für die Vespa

richtig ist,« beschieden sie ihn und ließen den Mann aus Deutschland stehen.

Entgegen der Vertragsregelung beschloß darauf Hoffmann, in eigener Regie ein stärkeres Triebwerk von 5 statt bisher 4,5 PS Leistung zu entwickeln. Auch optisch unterschied sich diese Hoffmann-Vespa von dem bisherigen Modell durch auffälligen Chromschmuck auf den seitlichen »Backen« und am vorderen Schutzblech sowie einen zusätzlichen Scheinwerfer am Lenker; die Lampe unten auf dem vorderen Kotflügel erklärte man zum Nebelscheinwerfer. Die Edelwespe mit der Bezeichnung Modell 54 wurde zur »Königin« gekrönt und gab ihr Debüt auf der IFMA im Herbst des Jahres 1953. Der Standard-Roller wurde von jetzt an Modell A genannt. Der *Spiegel* berichtete, die Modifikationen hätten Hoffmann eine halbe Million Mark gekostet — und seinen Kontrakt mit Piaggio obendrein.

Auch die Düsseldorfer Stadtpolizei bezog von den Hoffmann-Werken Vespa-Roller. Einige weitere Gemeinden in Nordrhein-Westfalen zogen nach; insgesamt kamen 110 Roller zur Auslieferung.

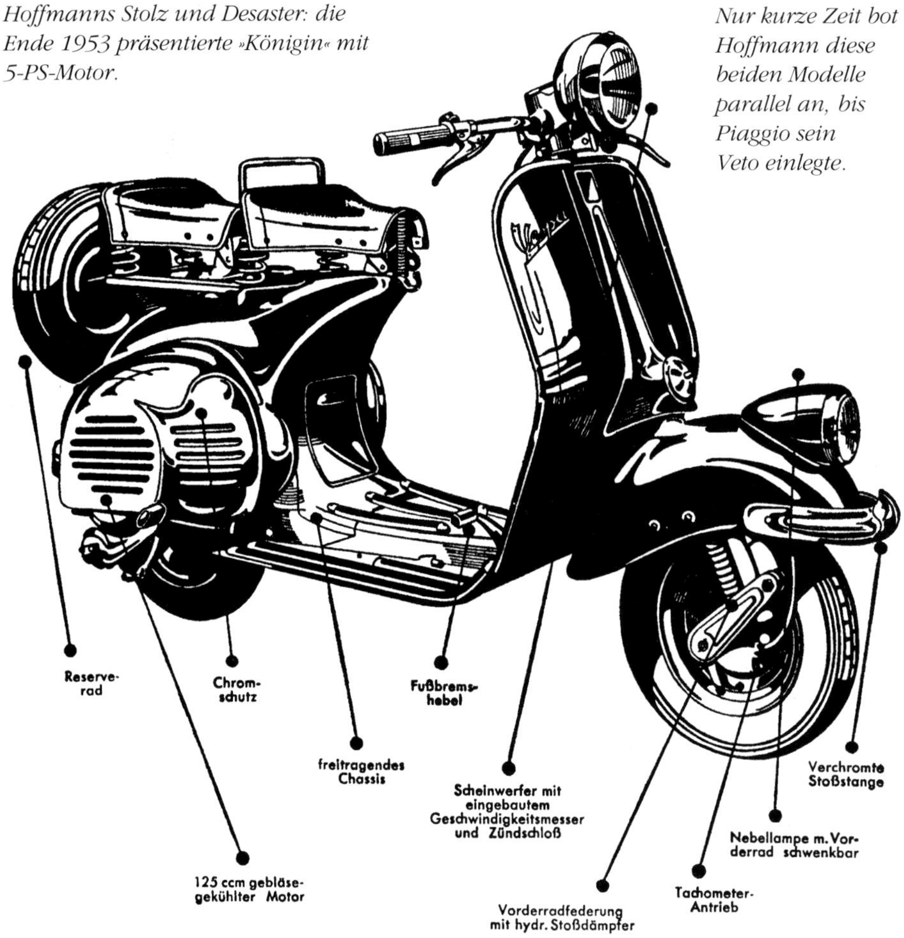

Hoffmanns Stolz und Desaster: die Ende 1953 präsentierte »Königin« mit 5-PS-Motor.

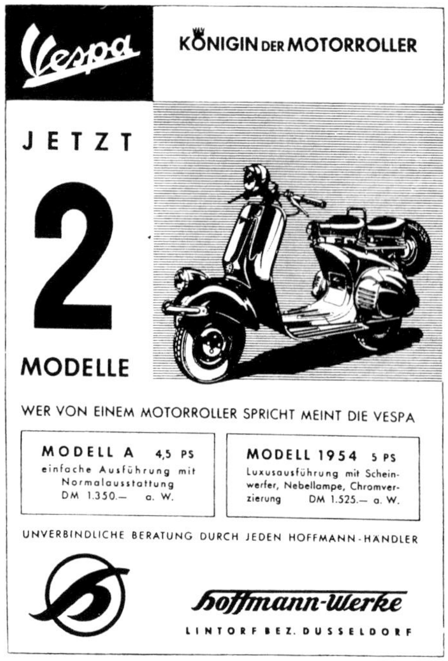

Nur kurze Zeit bot Hoffmann diese beiden Modelle parallel an, bis Piaggio sein Veto einlegte.

Denn die Italiener erkannten auf Vertragsbruch und kündigten zum 17. September 1954 die Zusammenarbeit auf.

Zunächst schien Hoffmann das kalt zu lassen. Würde ein halbes Mehr-PS und ein bißchen Chromschmuck ihm zum Verhängnis werden können? Er hatte zudem ein anderes Eisen im Feuer — die Hoffmann-Kabine. Doch dieser zweiplätzige Kleinstwagen wurde von BMW-Advokaten als Plagiat der Isetta bezeichnet, und die Bayern strengten einen Prozeß an, um Hoffmann am Bau seines Fahrzeugs zu hindern. In der Folge sperrte Hoffmanns Hausbank ihm einen bereits zugesagten 500.000-Mark-Kredit. Und da die Hoffmann-Werke der Rheinisch-Westfälischen Bank AG ohnedies 4,5 Millionen Mark schuldeten und Verbindlichkeiten in etwa gleicher Höhe bei diversen Zulieferern bestanden, war der Zusammenbruch vorprogrammiert. Zu allem Übel hatte Hoffmann seine Banker nicht von der Vertragsauflösung mit Piaggio informiert. Als sie davon aus anderer Quelle erfuhren, war das Desaster perfekt.

So mußte Hoffmann am 25. November 1954 den Vergleich anmelden. Die ersten Prototypen der Hoffmann-Kabine auf deutschen Straßen hatten ihre Testkilometer vergeblich absolviert, die bereits vorliegenden 800 Bestellungen konnten nicht ausgeführt werden. In einer Pressekonferenz machte Hoffmann für sein Schicksal in erster Linie die Banken und vor allem Piaggio verantwortlich, nicht zuletzt aber auch den verregneten Sommer 1954.

Über Nacht wurden die Werkshallen von Justizbeamten besetzt, die im Interesse der Hoffmann-Gläubiger Maschinen, fertige und halbfertige Motorroller, Kabinen und Motorräder plombierten. Mit sämtlichen Ersatzteilen und allem Zubehör verfuhr man ebenso. 25 Mannschaftswagen der Polizei sperrten das Gelände ab, denn es war seitens einiger Arbeiter, die sich betrogen fühlten, zu handgreiflichen Auseinandersetzungen gekommen. Sie hatten versucht, halbfertige Roller oder auch Maschinenteile in ihren Besitz zu bringen als Ausgleich für den Lohnausfall. Ein Dreher oder Schweißer verdiente damals nicht mehr als 70 bis 80 Mark in der Woche! Dramatische Szenen spielten sich ab. Einen Monat vor Weihnachten eine scheinbar sichere Stellung zu verlieren und den letztfälligen Lohn nicht zu erhalten, war bitter. Aber die meisten Männer und Frauen der Hoffmann-Belegschaft fanden schnell neue Arbeit, denn in Düsseldorf und Umgebung gab es genügend Jobs. Die Pleite der Hoffmann-Werke aber wurde in westdeutschen Wirtschaftskreisen als ein klassisches Beispiel für die »blinde Wundergläubigkeit vieler Industrieller« gewertet, obwohl man anerkennen mußte, daß Hoffmann eines der modernsten und fortschrittlichsten Unternehmen der Branche geschaffen hatte.

Erstaunlich gut verkraftete Hoffmann diesen Schlag und bereitete alsbald ein Comeback vor. In den alten Hallen, wo der Konkursverwalter durch einen kleinen Stamm von Facharbeitern bis zum März 1955 aus vorhandenen Teilen noch knapp 2000 Roller sowohl des A- als auch des (aus italienischer Sicht illegalen!) Königin-Modells zusammenschrauben ließ, zog der jetzt sechzigjährige J. Oswald Hoffmann eine Zulieferfertigung für die Karosseriefabrik Karmann auf. Und schon bald erwirtschaftete er wieder ein Plus.

Über 40.000 Roller hatte Hoffmann produziert. Noch in der Phase der Liquidation kämpfte »der Fisch, dem man plötzlich das Wasser abgelassen hat« (wie er einem *Spiegel*-Redakteur erklärte) gegen die Kündigung seines Vertrages durch Piaggio und machte vor dem Landgericht einen Rechtsstreit anhängig, bei welchem er jedoch chancenlos dastand. Das Aktenzeichen 4-O-4/54 konnte alsbald abgehakt werden.

»Wie ein Fisch, dem man plötzlich das Wasser abgelassen hat«

Besser sah es mit der Befriedigung der Gläubiger aus. Die Mindestabfindung in Höhe von 35 Prozent der Schuldensumme war gewährleistet. Die betroffenen Vespa- und Gouverneur-Händler erhielten sogar 70 Prozent ihrer Forderungen, und kleinere Gläubiger wurden voll entschädigt. Allein aus der Produktion heraus war eine Befriedigung der Ansprüche möglich; wäre der Betrieb abrupt stillgelegt worden, hätte der Maschinenpark des Werkes höchstens den zehnten Teil seines Wertes erbracht.

Gegen eine Weiterführung der Produktion sprach sich der Vertreter der Reifenfirma Englebert aus sowie die Gemeinde Lintorf, bei der Hoffmann mit 101.000 Mark Grund- und Gewerbesteuern in der Kreide stand. Der Piaggio-Vertreter hatte sich der Stimme enthalten.

Vespa-Roller bauten die Hoffmann-Werke nie wieder. Doch der Betrieb überlebte als Zulieferfirma noch bis 1991 und machte erst endgültig dicht, als die weltweite Abrüstungswelle für eine neuerliche, anhaltende Auftragsflaute sorgte. Letzter Eigentümer des Lintorfer Werkes am Breitscheider Weg war der Nürnberger Diehl-Konzern, der im Bundeswehr-Auftrag Übungsmunition, Munitionsbehälter und Kartuschen produzierte.

In den frühen fünfziger Jahren galten die Hoffmann-Werke in Lintorf bei Düsseldorf als einer der modernsten Industriebetriebe der Region.

Hoffmann-Vespa Königin 1953

Motor		1 Zyl. Zweitakt
Hubraum	ccm	125
B x H	mm	49,8 x 56,5
PS/min		5/5000
Kraftstoff		1:20
Zündung		Schwungrad-Magnet
Anlasser		Kickstarter
Getriebe		3-Gang
Länge	mm	1655
Breite (Lenker)	mm	790
Höhe	mm	950
Höhe Bodenblech	mm	150
Radstand	mm	1130
Kurvenradius	mm	1500
Leergewicht	kg	95
Bereifung		3,5 x 8 "
Tankinhalt	l	7
Steigfähigkeit %	1.	25
	2.	20
	3.	13
max. km/h		75
Verbrauch l/100 km		ca. 2,5
Anmerkungen		Auffallend viel Chromschmuck; Hauptscheinwerfer mit Tachometer und Zündschloß am Lenker, unterer Scheinwerfer als Nebelleuchte, neue Auspuffanlage. Serienmäßig zwei einzelne Motorradsättel und hinten montiertes Ersatzrad.

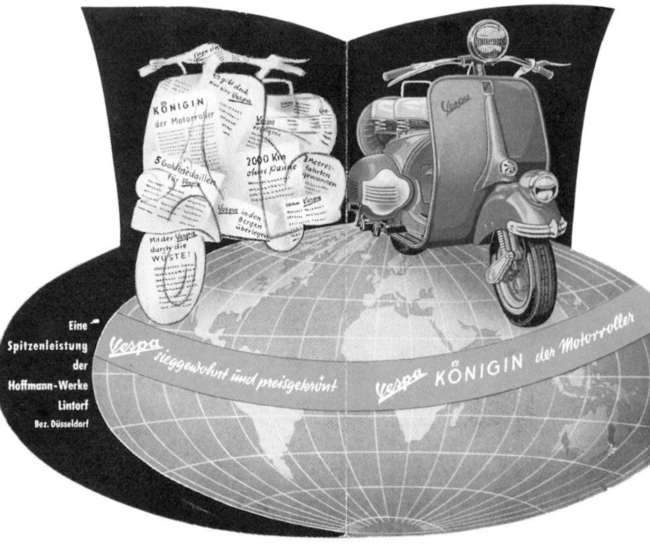

In puncto Einfallsreichtum stand Hoffmann den italienischen Vespa-Werbeleuten in nichts nach!

Links: Die moderne Lackieranlage bei Hoffmann.

Eine Umstellung auf die Fertigung ziviler Güter schien nicht möglich zu sein; so schloß der Betrieb endgültig seine Tore.

Messerschmitt-Vespa: Die Wespe aus der Flugzeugfabrik

Als die Kündigung des Vertrages zwischen Piaggio und Hoffmann, das Desaster um die Iso-Kabinen-Kopie und in dessen Folge die Pleite der Firma in Lintorf bekannt wurden, fürchteten die meisten Vespa-Händler in Deutschland um ihre Existenz. Mit der Vespa hatten sich viele von ihnen eine geschäftliche Grundlage geschaffen, die ernsthaft gefährdet schien: »Wenn jetzt auch die Ersatzteilversorgung aussetzt, geht mancher von uns kaputt!«

Eine vespalose Zeit sollte es in der Bundesrepublik jedoch nicht geben. Es wäre auch undenkbar gewesen, hätte Piaggio sich die offensichtlich bestehenden Marktchancen nördlich der Alpen entgehen lassen. Es war die Flugzeugfirma Messerschmitt mit Stammsitz in Regensburg, die das Geschäft fortführte und nunmehr einen höheren Bonus genoß als die Hoffmann-Werke, die ihren Lizenzzahlungen nicht mehr nachkommen konnten.

Am 18. Januar 1955 wurde die Vespa-Messerschmitt GmbH gegründet, die durch einen Lizenzvertrag mit Piaggio die Herstellung und den Alleinvertrieb des Vespa-Rollers in Deutschland übernahm. Kapitalmäßig waren die Messerschmitt AG und die Firma Piaggio zu je 50 Prozent beteiligt. Da in der Nähe von Augsburg ein Fabrikgelände zur Verfügung stand, konnte unverzüglich mit der Arbeit begonnen werden.

Das Programm in groben Umrissen lautete zunächst: Zusammenbau aus Italien kommender Originalteile zur Vespa 150 — der Vespa »Touren« mit Dreiganggetriebe und 5,5 PS-Motor — und zur Vespa Grand Sport, auch GS genannt, einem mit einem Vierganggetriebe und einem leistungsstärkeren und sportlicheren 8 PS Motor ausgestatteten 150er Modell. Darüberhinaus galt es, den Vertrieb von Ersatzteilen für alle älteren Hoffmann-Vespa-Roller zu organisieren, die bereits auf Deutschlands Straßen liefen.

Schon im Frühjahr 1955 rollte eine erste Vespa aus Messerschmitt-Montage auf der Landebahn des Augsburger Zweigwerkes (genannt Werk IV) an. Zum Produktionsbeginn sagte Professor Dr.-Ing. Willy Messerschmitt in einem Gruß an die deutschen Vespa-Fahrer: »Die Ursache, daß Dr. Piaggio, Erfinder der italienischen Vespa — und der heutige Roller ist eine echte Erfindung, nicht die Weiterentwicklung eines motorisierten Zweirades — die neue Lizenz gerade an das Messerschmitt-Werk gab, liegt wohl außer an der günstigen Werkskapazität in der Hauptsache an der jahrelangen Verbindung zwischen dem italienischen und dem deutschen Flugzeugbauer begründet. Unsere alte fliegerische Verbundenheit dürfte die Grundlage und das Vertrauen zu dieser fruchtbaren Zusammenarbeit geschaffen haben.« Messerschmitts Optimismus sollte jedoch alsbald verhaltenere Formen annehmen.

Im Kraftfahrzeugbau verfügte Willy Messerschmitt bereits über einige Erfahrungen. Als nämlich dem Professor wegen seiner Rolle als Rüstungsfabrikant und Konstrukteur des Jagdflugzeugs Me Bf 109 sowie des Strahljägers Me 262 durch die Alliierten 1945 ein Produktionsverbot für Flugzeuge auferlegt worden war, hatte er sein Interesse der Mobilität auf der Straße zugewendet. Im Januar 1952 war es zu einem Vertrag mit dem Rosenheimer Diplomingenieur Fritz Fend gekommen, der früher ebenfalls in der Luftfahrt gearbeitet und Fahrwerke für Düsenjäger konstruiert hatte. Messerschmitt war von Fends Dreirad-Motorfahrzeugen angetan und produzierte diese seit 1953 in seinem Regensburger Werk.

Der Fend-Flitzer, als Messerschmitt-Kabinenroller mit seiner Plexiglas-Kanzel und den zwei Tandemsitzen weltberühmt geworden, war als Dreirad- und später auch als Vierradfahrzeug erhältlich. Dieses Vehikel, im Volksmund »Düsenjäger des klei-

Die ersten bei Messerschmitt hergestellten Vespa-Roller gingen nicht so schnell weg wie erwartet — Anfang 1955 war noch der preisgünstigere Hoffmann-Roller im Handel.

Vespa 150 Messerschmitt GS/1 1955

Motor		1 Zyl. Zweitakt
Hubraum	ccm	145,6
B x H	mm	57 x 57
PS/min		8/7500
Kraftstoff		1:20
Zündung		Schwungrad-Magnet
Anlasser		Kickstarter
Getriebe		4-Gang
Länge	mm	1700
Breite (Lenker)	mm	700
Höhe	mm	1050
Höhe Bodenblech	mm	150
Radstand	mm	1180
Kurvenradius	mm	1500
Leergewicht	kg	95
Bereifung		3,5 x 10 "
Tankinhalt	l	9,5
Steigfähigkeit %	1.	22
	2.	13
	3.	6
max. km/h		100
Verbrauch l/100 km		ca. 2,9
Anmerkungen		Wie die italienische Vespa 150 GS (Grand Sport). In einigen Details der Hoffmann-Vespa Königin entsprechend.

nen Mannes« genannt, fiel nicht nur durch seine ungewöhnliche Konzeption auf, sondern stellte auch das preiswerteste geschlossene Mobil auf Deutschlands Straßen dar. Es kostete 2470 Mark, während das Fuldamobil 3000, der winzige Champion 4050, ein VW Standard 4400 Mark kosteten. Die Motorkabinen von Heinkel, BMW und Zündapp waren damals noch nicht auf dem Markt.

Der Kabinenroller, kurz KaRo, integrierte schnell ins alltägliche Straßenbild. Seine Konstruktion war eine Pionierleistung, vergleichbar mit der des Hauses Piaggio. Das Kriterium der ungewohnten Form vermochte der Kabinenroller eben-

Oben: Messerschmitt-Kabinenroller KR 200 von 1959, ungewöhnlich und preiswert.

Links: Auch bei schlechtesten Wetterverhältnissen war der Kabinenroller zu fahren.

so erfolgreich zu überwinden wie der Vespa-Motorroller.

Als Messerschmitt in der Nachfolge Hoffmanns die Vespa-Lizenz bekam, sah sich der italienische Roller schon einer weitaus größeren Konkurrenz gegenübergestellt, als dies 1950 der Fall gewesen war. Auf dem Markt waren 35 verschiedene Modelle von 16 Herstellern. Allein neun deutsche Motorradproduzenten hatten Ende 1954, als Messerschmitt mit Piaggio ins Gespräch kam, die Roller-Herstellung aufgenommen, wobei die 125-ccm-Klasse nur mehr gering vertreten war. Die meisten Motoren hatten 150 oder 175 ccm Hubraum.

Eine leistungsstärkere Vespa, um den Hoffmann in Pontedera vergeblich gekämpft hatte, hatte man in Italien bereits 1954 mit dem Modell 150 entwickelt. Dieser 150-ccm-Motor mit 5,5 PS trieb nun auch die Vespa an, als sie in Augsburg zu neuem Leben erweckt wurde. Eine Vespa 125 wie in Italien baute man bei Messerschmitt nicht, sie wurde erst wieder ab 1958 von der Vespa GmbH in Augsburg ins Programm aufgenommen. Die Vespa-Messerschmitt GmbH (die in einigen Inseraten mit »Vespa-Messerschmittwerk Regensburg« warb, in anderen als »Vespa Messerschmitt Augsburg« firmierte) hatte sich vorgenommen, jährlich 8000 Einheiten herzustellen; später war von einer monatlichen Mindestproduktion in Höhe von 1250 Rollern die Rede. Wertmäßig sollte der Messerschmitt AG etwa die Hälfte der Erträge aus dem Vespa-Geschäft zufließen. Überdies war ein gemeinsamer Vertrieb der Vespa-Messerschmitt GmbH (Roller) und der Firma RSM (KaRo) geplant.

Als Messerschmitt den Rollerbau aufnahm, gab es 35 Modelle von 16 Herstellern

Im gesamten Jahr 1955 verließen nach werksinternen Unterlagen 2218 Roller das Band, davon 2017 des Modells 150 und nur 201 des GS-Modells. 1956 waren es nach Einführung der neuen Modelle immerhin 8536 Exemplare, davon entfielen 6253 Stück auf das Modell 150 und 2213 auf das GS-Modell. Aber im dritten Produktionsjahr sanken die Zahlen um etwa 20 Prozent, es wurden nur noch 5168 150er und 1756 GS-Modelle produziert. Damit addiert sich die Gesamtzahl der bei Messerschitt produzierten Roller auf 17.678 Einheiten.

Die bei Vertragsabschluß angestrebten Stückzahlen erwiesen sich von Anfang an als zu hoch angesetzt. Denn nur einen geringen Teil ihrer Produktion konnte die Vespa-Messerschmitt GmbH im ersten Jahr absetzen, da die bisherige Vertragsfirma Hoffmann die Erlaubnis bekommen hatte, im Rahmen eines Vergleichs bis zum September 1955 noch 2000 Roller zu verkaufen — jene nämlich, die nach dem Zusammenbruch der Firma aus Restbeständen montiert worden waren. Die meisten Exemplare gehörten zu einer bereits verbesserten Ausführung mit dem Hauptscheinwerfer in der Lenkermitte, »Luxus-Tachometer«, zwei Sätteln und 5 PS Motorleistung, der Hoffmann-Königin. Ebenfalls im Lieferprogramm war der Hoffmann-Seitenwagen, samt Spritzdecke und Windschutzscheibe, für nur 520 Mark.

Noch im Februar 1955 teilten die Hoffmann-Werke (in Liquidation) ihren bisherigen Vertragshändlern sowie der Motorpresse mit, daß der Piaggio-Vertrag eigentlich erst am 31. Dezember 1959 hätte enden sollen und daß in dem von ihnen angestrengten Prozeß noch keine Entscheidung gefallen sei. Solange eine

Oben: Karosseriebau in Augsburg; eine Aufnahme von 1956.

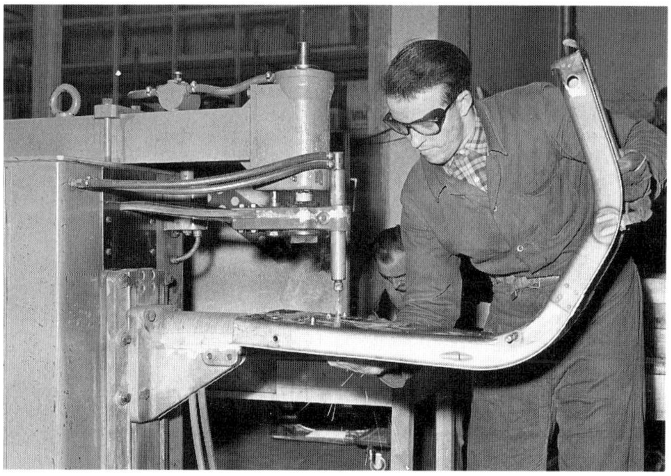

Rechts: Punktschweißen des Bodenblechs.

solche Entscheidung ausstünde, fehle es der Vespa-Messerschmitt GmbH an der Voraussetzung, ihre Lizenzrechte ausüben zu dürfen.

Hoffmann beabsichtigte, auch im Interesse seiner Zulieferer, die Produktion »sanft« auslaufen zu lassen: »Eine Unterlassung dieses Auslaufs der Fertigung würde unsere Zulieferer um mehr als zwei Millionen Mark schädigen und damit auch eine Erhöhung der Schadenersatzforderungen die gesamten Vergleichsgläubiger in gleicher Weise beeinträchtigen. Außerdem wäre eine solche sinnlose Vernichtung von Millionenwerten, die letzten Endes Bestand des deutschen Nationalvermögens sind, nicht zu verantworten.«

Man bestand auf einer Erfüllung der Abschlußverträge von 1954/55 und blokkierte somit fürs erste die Aktivitäten Messerschmitts. Die letzte Hoffmann-Vespa wurde zu 1395 Mark angeboten und lag damit ein gutes Stück unter dem Preis des in Augsburg hergestellten Rollers, der 1575 Mark kostete. Dies bewog so manchen Händler, seine Bestellung lieber nach Lintorf zu geben, solange man von dort noch Roller erhalten konnte. Zur Unterstützung ihrer Verkaufsbemühungen stellten die Hoffmann-Werke sogar noch Werbematerial zur Verfügung.

1955 war also ein Jahr, in der es die Vespa aus zwei deutschen Montagefabriken gab. Mit großem Unbehagen mußten die Messerschmitt-Manager mit ansehen, wie der preisgünstigere Hoffmann-Roller ihnen — zunächst noch — einen Strich durch die Rechnung machte. Aber sie setzten auf die Zukunft und bauten ein neues Werk an der Ausfallstraße von Augsburg nach Landsberg auf einem Grundstück von einer Million Quadratmetern Fläche. Zwei Hallen von 2000 und 5000 Quadratmetern waren für die Vespa-Fertigung vorgesehen, für den Kundendienst entstand eine kleinere Halle von 600 Quadratmetern.

Die Vespa-Produktion vollzog sich in einem fließbandähnlichen Vorgang: Die Roller standen auf Böcken, auf denen sie von einer Bearbeitungsstelle zur nächsten bewegt wurden. Nach modernsten Gesichtspunkten war auch die Lackiererei mit Infrarot-Trocknung eingerichtet.

Im Sommer 1955 konnten etwa 50 bis 55 Vespa-Roller pro Arbeitstag gefertigt werden. Diese wurden auch als Vespa 150 des Typs T/1 bezeichnet, oder einfach als Vespa 55 nach dem Baujahr. Zehn Prozent gehörten zum neuen, etwas stärkeren und nobler ausgestatteten GS-Typ.

An dieser Stelle sei ein Abstecher in die Vespa-Typologie und Seriennummernsystematik gestattet, die aus der Sicht der Augsburger Produktion — das heißt sowohl Messerschmitt als auch Vespa Augsburg — sehr differenziert ist.

Bei den Modellen Vespa 150 Touren unterscheiden wir die Bauserien T/1, T/2, T/3 und T/4. Das 1955 bei Messerschmitt hergestellte Modell in italienischer Ori-

Vespa 150 Messerschmitt T/2 1956

Motor		1 Zyl. Zweitakt
Hubraum	ccm	145,6
B x H	mm	57 x 57
PS/min		5,5/5000
Kraftstoff		1:20
Zündung		Schwungrad-Magnet
Anlasser		Kickstarter
Getriebe		3-Gang
Länge	mm	1700
Breite (Lenker)	mm	700
Höhe	mm	1050
Höhe Bodenblech	mm	160
Radstand	mm	1180
Kurvenradius	mm	1500
Leergewicht	kg	100
Bereifung		3,5 x 10 "
Tankinhalt	l	9,5
Steigfähigkeit %	1.	28
	2.	18
	3.	9
max. km/h		70
Verbrauch l/100 km		ca. 2,2
Anmerkungen		Lenker mit integriertem Scheinwerfer und Tachometer, eine Chromzierleiste über dem runden Kühlluft-Ausschnitt in der Motorabdeckung.

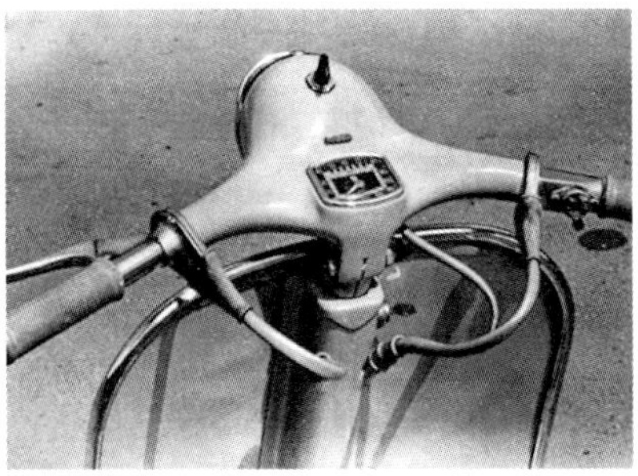

ginalausführung gilt als T/1. Unterscheidungsmerkmale zur italienischen Schwester sind die Messerschmitt-Plakette am Bug und ein Rücklicht und Tacho aus deutscher Produktion. Die Fahrgestellnummern sind identisch mit der italienischen Bezeichnung, das heißt sie beginnen mit der Kombination VL1T, die Motoren mit VL1M.

Daran anschließend folgt 1956 das Modell T/2, das sich gegenüber seinem Vorgänger durch einen um 20 mm verlängerten Radstand (jetzt 1180 mm) erkennen läßt sowie an einigen Modifikationen hinsichtlich Bereifung und Lenkergestaltung. Vom GS-Modell wurde das Fahrgestell und damit auch die 10-Zoll-Bereifung ebenso wie der formschönere Lenker übernommen, der mit einem VDO-Tacho bestückt ist. Die Kabelstränge sind noch außerhalb in einem großen Bogen verlegt. An den Leistungsdaten des Motors hat sich nichts geändert. Abweichend von dem T/1-Modell werden hier erstmals nicht italienische Seriennummern verwendet, sondern eigene deutsche Nummern. In den Werksunterlagen spricht man von der Vespa T 150/2 Typ 82, denen der Nummernkreis VD1T 1001 bis 7000 zugeteilt wurde.

Das Modell T/3, von 1957 bis 1959 gebaut, unterscheidet sich äußerlich von den Vorgängern durch einen neuen Lenker, bei dem erstmals die Kabelstränge innerhalb des Lenkergehäuses verlegt wurden. 1958 wird auch das viereckige Hella-Rücklicht nach Übernahme der Produktion durch die Vespa Augsburg GmbH durch ein ovales Schwanenhalsrücklicht ersetzt. Dieses Modell T 150/3 Typ 122 ist an dem Nummernkreis VD2T 7001 bis 13800 zu erkennen.

Das Folgemodell T/4 — von Vespa Augsburg von 1959 bis 1963 gebaut — ist

Rollenprüfstand in Augsburg. Im Scooterbau gab es eine solche Einrichtung noch nicht überall!

nach italienischer Modelltypologie kein 150er Modell, sondern das GL-Modell mit 150 ccm, erkennbar an den Seriennummern, die mit VGL beginnen. Die Werksunterlagen bezeichnen es als Vespa 150 T/4 Typ 332. Die Seriennummern lauten VGLA1T 314388 bis 315388 und VGLB1T ab 315489.

Parallel zu den T-Modellen ist die GS-Typologie aufgebaut. Bei den als GS/1 bekannten Modellen handelt es sich um die bei Messerschmit im ersten Jahr 1955 hergestellten Modelle, die noch zu 100 % aus italienischen Bauteilen montiert sind. Sie sind noch mit Magnetzündung anstelle der späteren Batteriezündung ausgestattet. Deren Seriennummern beginnen — ebenso wie die der italienischen Modelle — mit dem Kürzel VS1T. Das GS/2-Modell erhält erstmals die deutsche Denfeld-Sitzbank, die Bowdenzüge verlaufen noch außerhalb des Lenkers. Die Werksunterlagen bezeichnen diese Modelle mit den Seriennummern VD1TS 1001 bis 7000 als GS/2 Typ 62.

Bis 1955 war der Vespa-Motor eine Million Mal gebaut worden

Die GS/3, bis 1961 von Vespa Augsburg produziert, erhält dann die Bowdenzüge im Lenker. Als GS 150/3 Typ 112 trägt sie die Seriennummern VD2TS 70001 bis 10480 und als Typ 162 die Nummern VD2TS 10481 bis 13300. Nach einem Motorenwechsel gibt es eine dritte Variante, den Typ 212 TS, dessen Seriennummern von VD2TS 13301 bis 35177 laufen.

Bei der ab 1962 gebauten GS/4 handelt es sich um das stärkere 8,5 PS Modell mit 158 ccm Hubraum, das in Italien als 160 GS mit dem gleichen Seriennummernkürzel beginnt wie in Deutschland, nämlich mit VSB1T. Lediglich die Nummernfolge verrät, ob es sich um ein deutsches oder italienisches Fabrikat handelt. In Italien enden die Seriennummern bei 0061000, in Deutschland beginnen sie ab 500001.

Nach diesem Exkurs wieder zurück zum Thema Messerschmitt.

Hatte Hoffmann fast sämtliche Bestandteile seiner Vespa in Eigenfertigung hergestellt, so bezog Messerschmitt den überwiegenden Teil aus Italien. Nur in geringem Umfang bediente man sich bundesdeutscher Lieferanten, etwa bei der elektrischen Anlage von Bosch (ausgenommen die Zündanlage, die zum Motor gehörte). Ferner waren Reifen, Sättel und Tachometer deutscher Herkunft, wodurch man zumindest für diese Teile Einfuhrzoll sparte.

So wurde in Augsburg auch der Originalmotor von Piaggio eingebaut — Hoffmann hatte mit seinem bei Ilo hergestellten Triebwerk eine Eigenentwicklung, wenn auch nach fest umrissenen italienischen Vorgaben, zur Verfügung gehabt. Aber der Piaggio-Motor, bis 1955 gut eine Million Mal gebaut, kam aus einer so perfekt eingespielten Produktion, wie sie wirtschaftlicher und technisch ausgereifter kaum denkbar gewesen wäre. Qualität und Lebensdauer der Aggregate aus Pontedera ließen nichts zu wünschen übrig.

Umfangreiche Pläne, die Werksanlagen in Augsburg auszubauen und die Arbeit gleichzeitig weiter zu rationalisieren, wurden durch Probleme in Frage gestellt, die nicht bei der Firma Messerschmitt lagen. Als ein großes Handicap erwies sich zum Beispiel die Forderung Piaggios nach einer Änderung des Lizenzvertrages. Danach wäre Messerschmitt nur noch ein Prozent das Umsatzes als Prämie für die Namensrechte geblieben. Auch bestanden die Italiener darauf, daß die Messerschmitt AG sich mit zehn Prozent an der Fertigungsfinanzierung der Vespa-Messerschmitt GmbH beteiligen sollte, was der Vorstand aber ablehnte. So kam es Ende 1955 zu einer Verminderung der bisher paritätischen Beteiligung der Messerschmitt AG an der GmbH auf zehn Prozent; die freigewordenen 40 Prozent übernahm die schweizerische Firma Industrielle Martial Frène.

Ungeachtet dieser Verschiebung von Beteiligungsverhältnissen gingen die Arbeiten in Produktion und Vertrieb emsig weiter. Vor allem wurde das Kundendienstnetz ausgebaut, das künftig

Vespa 150 Messerschmitt GS/2 1955

Motor		1 Zyl. Zweitakt
Hubraum	ccm	145,6
B x H	mm	57 x 57
PS/min		8/7500
Kraftstoff		1:15
Zündung		Schwungrad-Magnet
Anlasser		Kickstarter
Getriebe		4-Gang
Länge	mm	1700
Breite (Lenker)	mm	700
Höhe	mm	1050
Höhe Bodenblech	mm	150
Radstand	mm	1180
Kurvenradius	mm	1400
Leergewicht	kg	102
Bereifung		3,5 x 10 "
Tankinhalt	l	9,5
max. km/h		100
Verbrauch l/100 km		ca. 2,9
Anmerkungen		Deutsche Denfeld-Sitzbank; auch Reifen und Tachometer kommen aus deutscher Fertigung. Die Bowdenzüge verlaufen noch außerhalb der Lenkerverkleidung.

Oben: Das Augsburger Messerschmitt-Werk, von Westen aus aufgenommen.

auch die Besitzer der Hoffmann-Roller betreuen sollte. Denn hier lag einiges im Argen: Viele der bisherigen Hoffmann-Repräsentanten hatten sich nach dem Debakel von Lintorf mit anderen Herstellern liiert, etwa mit Glas oder Heinkel, und ihr Vespa-Ersatzteillager aufgelöst. Monatelang gab es keinen Teilenachschub; Besitzer einer defekten Vespa waren immobil und ratlos. Bei Messerschmitt war man noch nicht soweit, die Hoffmann-Vorräte, so sagte man ihnen, seien aufgebraucht; Lieferschwierigkeiten mit Original-Ersatzteilen aus Italien trugen zur weiteren Verärgerung aller Beteiligten bei. Allenfalls die Zentralwerkstatt der Vespa-Messerschmitt GmbH war imstande, Reparaturen an älteren Modellen fachmännisch vorzunehmen; der Händler an der Ecke — sofern es ihn noch gab — konnte erst ab Sommer 1955 sein Ersatzteillager wieder auffüllen, wobei sich zum Kummer seiner Kunden die Preise nach oben bewegt hatten.

Unter dem Zeichen der Olympia-Ringe: Vespa-Fahrer bei einem Treffen in Innsbruck.

Mit Spannung erwartete die verbliebene Händlerschaft die neuen Modelle für 1956, für die etliche Verbesserungen angekündigt worden waren. Man warb mit dem Slogan: »Nicht lange probieren — Vespazieren«. Zwei verschiedene Ausführungen standen zur Wahl, die Touren-Vespa T 56 und die Vespa Grand Sport, kurz GS, beides 150er Modelle.

Die Touren-Vespa T 56 (T/2) hatte den bewährten 150 ccm-Einzylinder-Zweitaktmotor mit 5,5 PS Leistung bei 5000/min des Vorgängermodells behalten. Neu war das verbesserte Fahrgestell des Grand-Sport-Modells (GS), damit war die Radgröße auf ebenfalls 10 Zoll angehoben worden. Das Vorderrad wies eine gezogene Schwinghebelfederung auf; als Federungselemente dienten eine Schraubenfeder und ein doppelt wirkender hydraulischer Stoßdämpfer. Die Hinterradfederung war eine Triebsatzschwinge, ebenfalls mit Schraubenfeder und einem doppelt wirkenden Stoßdämpfer versehen. Es gab noch weitere Verbesserungen, so einen auf 9,5 Liter vergrößerten Kraftstofftank und nach außen an die Karosserie verlegte Bedienungshebel für Benzinhahn und Starterzug, wodurch sie erreichbar waren, ohne daß der Fahrer absteigen mußte. Der Lenker hatte eine organische Verkleidung erhalten, die das Scheinwerfergehäuse samt darin befindlichem Zündschloß einbezog und bis zu den Griffen reichte. Das Reserverad hatte seinen Platz vom Heck des Fahrzeugs hinter das Knieschutzblech gewechselt. Geblieben waren das Dreiganggetriebe mit der Ölbad-Mehrscheibenkupplung, das Gewicht von etwa 100 Kilogramm, ein Kraftstoff-Normverbrauch von 2,2 Liter Gemisch auf 100 Kilometer und die Höchstgeschwindigkleit von 80 km/h. Statt einer Sitzbank à la GS hatte die Touren-Vespa zwei Einzelsättel, deren Federungshärte sich verstellen ließ.

Ganz ohne Zweifel hatte die Vespa durch das neue Fahrwerk und die größeren Räder eine bessere Straßenlage aufzuweisen, was vor allem beim Befahren schlechter Wegstrecken von Vorteil war. Der größere Kraftstofftank ermöglichte die Erweiterung des Aktionsradius auf rund 400 Kilometer. Und daß man zum Umschalten auf Reserve jetzt nicht mehr anhalten und absteigen mußte, wurde ebenfalls als angenehm vermerkt. Auch war das Zündschloß mit abziehbarem Schlüssel ein Fortschritt — zuvor hatten auch Unbefugte die Vespa per Kickstarter anwerfen können.

Die Verlegung des 10-Zoll-Reserverades an das Knieschutzblech war ebenfalls von Vorteil, denn nun konnte man am Heck mehr Gepäck unterbringen und mußte es nicht abladen, um im Falle einer Reifenpanne ans Ersatzrad zu kommen. Und da der Stromkreis für Hupe und Standlicht auf Gleichstrom geschaltet war, konnte man jetzt die sogenannte Schnarre gegen ein richtiges Signalhorn auswechseln, auch ließ sich das Standlicht bei abgestelltem Motor einschalten. Von einander unabhängig waren nach wie vor Zündstrom und Scheinwerfer-Hauptlicht, da sie direkt aus der Wechselstrom erzeugenden Lichtmaschine gespeist wurden. Last not least hatte man die GS-Bremsen für das 1956er Vespa-Normalmodell übernommen.

Die 150 GS war mit dem gleichen Motor wie das Tourenmodell ausgestattet, hatte aber 8 PS Leistung bei 7500/min und ein Vierganggetriebe. Die Höchstgeschwindigkeit betrug 100 km/h, der Kraftstoffverbrauch 2,9 Liter, die Höchststeigfähigkeit 23 Prozent bei einem Eigengewicht von 102 kg. Durch die Verwendung eines einheitlichen Fahrgestells für das Tourenmodell und die GS entfiel bei letztgenanntem Modell der höckerartige Aufbau des Benzintanks, der jetzt nicht mehr 12 Liter wie beim GS-Modell von 1955 faßte, sondern nur noch 9,5 Liter. Ferner hatte sich die Linienführung der Karosserie im Übergang zum Knieschutzblech und zur Bodenplatte etwas verändert, was eine bequemere Beinhaltung ermöglichte.

Dr. Enrico Piaggio besuchte Anfang 1956 die Vespa-Messerschmitt-Werke in Augsburg. Mit der Qualität der 150 GS scheint er zufrieden zu sein.

Ab 1. Mai 1956 war der »Damensitz« in Deutschland nicht mehr erlaubt

Die italienische Sitzbank hatte man durch eine aus deutscher Fertigung ersetzt. Diese Denfeld-Bank fügte sich gut in die Linie des Rollers ein, wies eine etwas breitere Sitzfläche auf und war weicher. Was vor allem die Sozia als angenehm empfunden haben dürfte.

Apropos Sozia: Auch wenn sie noch so hübsche Beine hatte, durfte sie ab 1. Mai 1956 nicht mehr im »Damensitz« mitfahren. In der neuen Fassung des Paragraphen 34 der StVO hieß es nämlich: »Begleitpersonen von Krafträdern und Kraftrollern müssen in gleicher Weise wie der Fahrzeugführer auf dem Fahrzeug Platz nehmen« — was der Fahrsicherheit nur zugute kommen konnte.

Die heraufziehende Zweiradkrise in Deutschland bekam auch die Vespa-Messerschmitt GmbH zu spüren. Zumal der Rollermarkt jetzt eine starke Überbesetzung aufwies und nur noch wenige Hersteller auf rentable Stückzahlen kamen. Der Kampf um Marktanteile war voll entbrannt, und in seiner Folge gab es Konkurse, Vergleiche, Kurzarbeit, Entlassungen. Ohne langfristige Planungen und Alternativkonzepte , gestützt auf sorgfältige Marktanalysen, war auf Dauer kein Geschäft mehr zu machen. Messerschmitt geriet zwar nicht in eine existenzbedrohende Situation, konnte die Vespa-Produktion auch rentabel halten, vermochte die Fertigung aber nicht auszudehnen, wie es geplant war. Die Zuwachsraten fielen bescheiden aus, die Händler klagten über Lagerbestände, die nur langsam abflossen.

War der Kulminationspunkt in der Rollerentwicklung erreicht oder gar schon überschritten? Fast sah es so aus. Es war offensichtlich, daß sich jetzt viele Roller-

Sportliches Quartett: Vier Fahrer auf Vespa 150 GS, ein Foto von 1958.

Unten: Luftaufnahme des Augsburger Werks.

fahrer in der Lage sahen, einen Kleinwagen zu kaufen, denn das Auto rangierte nun einmal an vorderster Stelle aller Anschaffungen, egal, wie hoch die Teilzahlungsraten für den Kühlschrank oder den Fernseher das Budget bereits belasteten. Mehr und mehr wurden die Rollermobile und Kleinstwagen nach Art des KaRo, der Isetta oder des Goggomobils zum Rivalen für den Motorroller.

Die Vespa-Fertigung in der ehemaligen Flugzeugfabrik war nicht nur mit hohen Anlaufschwierigkeiten belastet, sondern langfristig für die Messerschmitt AG auch wenig rentabel. Da auch der Modellwechsel 1956 unterm Strich keine Verbesserung der Ertragslage gebracht hatte, stieg die Messerschmitt AG Ende 1957 aus dem Vespa-Geschäft aus. Ab Januar 1958 warb die Vespa GmbH Augsburg in der vom Vespa-Club von Deutschland herausgegebenen Zeitschrift *Vespa Tip* erstmals unter eigenem Namen für die beiden berühmten Geschwister, die Vespa Touren Export und die Vespa Grand Sport, die zunächst noch das Messerschmitt-Emblem auf dem Vorderbau trugen.

Vespa Augsburg

Der Rückzug der Messerschmitt AG aus der Vespa-Messerschmitt GmbH vollzog sich, wie bereits geschildert, in mehreren Schritten. Am 30. Dezember 1957 wurde die Bindung dann vollends gelöst. Im Rahmen einer Kapitalerhöhung auf 3 Millionen DM verteilte man die Gesellschafteranteile neu: Die Industrielle Martial Frène erhielten 80 Prozent, die Piaggio & Co. 20 Prozent. Gleichzeitig wurde die Gesellschaft in Vespa GmbH umfirmiert; alle Vereinbarungen mit der Messerschmitt AG erloschen. Die Eintragung ins Handelsregister erfolgte am 6. Februar 1958.

Ungeachtet dieser Vorgänge lief der Produktionsbetrieb in Augsburg reibungslos weiter. Bei Vespa galt die Formel: produzierte Maschinen gleich verkaufte Maschinen. Dies zeigte sich auch an der Entwicklung der Marktanteile. Bereits 1958 konnte Vespa in Deutschland einen Anteil von 30 Prozent erringen, 1959 stand der Vespa-Roller in einigen Gebieten Deutschlands an erster Stelle, insbesondere in Süddeutschland.

Nach ihrer Firmengründung expandierte die Vespa GmbH in Augsburg. Eine neue Glashalle für die Materialanlieferung entstand; man entwickelte verbesserte Verfahren zur Materialkontrolle, bei der Montage und bei der Endkontrolle. Neu war zum Beispiel das Einfahren der Maschinen in der Halle auf Walzenpaaren, so daß sich nicht das Fahrzeug bewegte, sondern die Straße. Solche Rollenprüfstände waren damals durchaus eine Novität. Im Ersatzteillager hielt das Werk alle Teile bereit, und zwar nicht nur für Fahrzeuge der laufenden Produktion, sondern auch für alle älteren in Deutschland gefertigten Vespa-Roller.

Im Januar und Februar 1958 wurden die beiden von Messerschmitt übernommenen Grundmodelle 150 Touren Export (5,5 PS bei 5500/min, Steigfähigkeit 28 Prozent, Eigengewicht ca. 102 kg, Dreiganggetriebe) und Vespa Grand Sport (8 PS bei 7500/min, Steigfähigkeit 32 Prozent, Eigengewicht ca. 102 kg, Vierganggetriebe) in einer besonderen Werbeaktion herausgestellt. Im Laufe des Jahres folgte dann eine neue 125er, womit die berühmte Fahrzeugfamilie Vespa komplett war, die nun aus den drei Grundmodellen Vespa 125, Vespa GS und Vespa 150 sowie dem Vespa Lastenroller Ape und der Wasser-Vespa »Moscone«, einem 3,3-PS-Außenbordmotor, bestand.

Geringeres Gewicht durch eine neue Karosseriebauweise

Die Vespa 125 gab es 1958 in zwei unterschiedlichen Ausführungen. Als Typ 152 — in der Farbe Pastellblau — trug sie die Seriennummern von VNA1T 1250001 bis 126800 und war mit dem kleineren 4,5-PS-Motor und serienmäßig mit 8-Zoll-Reifen versehen. Als Vespa 125/1 Typ 222 wies das neuere Modell einen 4,6-PS-Motor und 8-Zoll-Reifen auf, so wie es auch in den Werbeprospekten und Anzeigen beschrieben wird.

Nach der Produktionsstatistik wurden von dem Modell 125 mit 8-Zoll-Reifen im Jahre 1958 1102 Stück und 698 Exemplare im Jahr 1959 produziert. Für das Jahr 1958 vermerken die Werksunterlagen noch 2110 Exemplare des Modells GLE. Hierbei handelt es sich um eine kleine Serie aus der Baureihe Typ 152 mit 10-Zoll-Reifen, die wie eine GL aussieht (also eine GL-Exportversion, denn die italienische GL wurde nie exportiert) und dennoch eine 125er ist. So wurden auch in Belgien ab 1957 normale 125er mit den größeren Rädern angeboten. Die Franzosen gingen ihren eigenen Weg, indem sie sich für die Montage von 9-Zoll-Reifen entschieden.

Bei der 125er Vespa (in der obigen Terminologie die Vespa 125/1 Typ 222) mit Dreiganggetriebe und 8-Zoll-Reifen handelte es sich um das neue Modell, das im gleichen Jahr auch in Italien vorgestellt wurde. Nach drei Jahren Pause war damit erstmals wieder eine Vespa dieser Hubraumklasse auf dem deutschen Markt.

Gegenüber der Ur-Vespa von Hoffmann gab es wichtige Verbesserungen. Erstmals wurde die Karosserie des Rollers in Schalenbauweise hergestellt, wodurch einige Karosserienähte verschwanden; das Gewicht verminderte sich zugleich von 86 auf 81 kg, die Motorleistung stieg auf 4,6 PS. Das Beinschutzschild war schmaler geworden, die Motorverklei-

Vespa 125 Typ 152 1958

Motor		1 Zyl. Zweitakt
Hubraum	ccm	123,6
B x H	mm	54 x 54
PS/min		4,6/5100
Kraftstoff		1:20
Zündung		Schwungrad-Magnet
Anlasser		Kickstarter
Getriebe		3-Gang
Länge	mm	1635
Breite (Lenker)	mm	655
Höhe	mm	985
Radstand	mm	1180
Kurvenradius	mm	1500
Leergewicht	kg	81
Bereifung		3,5 x 8 "
Tankinhalt	l	7,7
max. km/h		75
Verbrauch l/100 km		ca. 2,2
Anmerkungen		Serienmäßig mit Motorradsätteln, in der de-Luxe-Ausführung mit Denfeld-Sitzbank. Keine Klappe mehr vorn unter dem Sitz.

Die 1958er Vespa GS in Produktion. Im Scheinwerfergehäuse erkennt man Tacho und Zündschloß.

Oben: Eine Anzahl Vespa 150 GS im Lager.

Unten: im Augsburger Werk produzierte Vespa 150 GS. Die Blinker geben dem Roller ein markantes Aussehen.

Rechts: Vespa GS, noch ohne seitliche Blinker.

dung und der Ablagekasten schlanker. Die Klappe unter dem Vordersitz war entfallen, Luftfilter und Ansaugstutzen saßen jetzt dichter am Motor. Äußerlich waren jetzt keine großen Unterschiede mehr zum GS-Modell erkennbar, denn auch der Scheinwerfer war vom Kotflügel zum Lenker gewandert. In der »de Luxe«-Version konnte man gegen einen Aufpreis von 60 Mark (der Grundpreis betrug 1280 Mark) den Motorradsattel mit einer Sitzbank von Denfeld tauschen. Außerdem schmückten Chromverzierungen die seitlichen Verkleidungen und das Beinschild.

Die Reaktionen seitens der Käufer und der Motorpresse waren sehr positiv. Die beiden Motorjournalisten Dr. Paul Simsa und J. F. Drkosch fanden lobende Worte in der Fachzeitschrift *Roller Mobil Kleinwagen*: »Die Vespa ist seit langem allgemein sehr leise, die Vespa 125 ist noch leiser! Die selbsttragende, absolut klapper- und dröhnfreie Karosserie zusammen mit erstklassiger Schalldämpfung und elastischer Motoraufhängung zeigt, wie man dem Lärmproblem konstruktiv wirklich zu Leibe rücken muß.«

Die Vespa 125 war bewußt einfach angelegt. Es gab keinen Elektro-, sondern nur einen einfachen Kickstarter. Auch für die Zündung war keine Batterie im Spiel. Die einfachste Art der Magnetzündung — nur der Unterbrecher mußte gewartet werden — kam zum Einsatz, eine 6-Volt-Anlage versorgte die 25/25-Watt-Biluxbirne im Scheinwerfer. Wegen der Magnetzündung gab es Licht nur bei laufendem Motor und kein Parklicht. Auch fehlte die Tachobeleuchtung. Im Gegensatz zum GS-Modell gab es auch keinen Einsteckschlüssel. Als Diebstahlsicherung diente ein Lenkerschloß, welches den Lenker bei vollem Linkseinschlag arretierte. *Roller Mobil Kleinwagen* monierte: »Bei jedem Abschließen muß man unbedingt den Lenker auch einrasten lassen, sonst fährt man ahnungslos, bis man voll links einschlägt, der Lenker blockiert und man sich auf dem Hosenboden wiederfindet.«

Unter Absatzschwierigkeiten hatte das bewährte Modell 150 T/3 im Jahr 1958 zu leiden: Anstelle der angestrebten 5000 Stück wurden nur etwa 1100 produziert. Denn dieses 150-ccm-Modell mit einer Motorleistung von 5,5 PS verlor Kunden an die schwächere Vespa 125 und an die GS, deren Produktion in diesem Jahr beinahe eine Verdoppelung erlebte. Gleichwohl handelte es sich bei der Vespa 150 um ein ausgereiftes Modell, das mit einigen Verbesserungen noch bis 1962 in der Augsburger Produktion bleiben sollte. Neben guten Fahreigenschaften, so zum Beispiel eine Höchststeigfähigkeit von knapp 30 Prozent im ersten Gang, schätzten die Besitzer vor allem den günstigen Benzinverbrauch. Selbst bei Vollgasfahrt war es nicht möglich, die 3,5 Liter-Grenze zu erreichen, und es bedurfte schon schärfster Fahrweise, um überhaupt einen Verbrauch von 3 Liter auf 100 Kilometer zu übersteigen. Nachteilig war das Mischungsverhältnis von 1:25, das erst beim Folgemodell eine Änderung erfuhr. Werksintern wurde dieses Modell als T 150/3 Typ 122 bezeichnet und ist an den Fahrgestellnummern VD2T 7001 bis 13800 zu erkennen. Die Farben ab Werk waren Bordeauxrot, Cortinagrau und Silbergrau.

Schließlich gab es als drittes Modell die Vespa 150 GS Grand Sport mit einem schärferen 8-PS-Motor und Vierganggetriebe, die heute in Oldtimerkreisen als eines der attraktivsten Vespa-Modelle überhaupt gilt. 1955 eingeführt, wurden in der Zeit von 1958 bis 1962 an diesem Prestigeroller praktisch keinerlei Veränderungen vorgenommen. Den sportlichen GS-Fahrern bereitete es Spaß, den Motor wie eine Turbine in höchste Höhe bis zu 7500/min zu drehen und ohne aufwendige Tuningmaßnahmen auf der Autobahn bei 95 bis 100 km/h auch einmal mit einem VW Käfer gleichzuziehen. Für 1650 Mark bekam man »viel Fahrzeug fürs Geld«, wenn auch einige kritisierten, der Ölverbrauch sei zu hoch und der Motor im Vergleich zum Fahrwerk zu potent.

Wie bereits im Messerschmitt-Kapitel geschildert, gab es bei der GS/3, die von der Vespa GmbH Augsburg bis 1961 unverändert gebaut wurde, in diesen Jahren drei Varianten, die sich je nach Baujahr durch differenzierte Bezeichnungen der Fahrgestell-Nummern unterscheiden. Als Typ 112 tragen sie die Seriennummern VD2TS 7001 bis 10480, als Typ 162 die Nummern VD2TS 10481 bis 13300 und als Typ 212 die Nummern VD2TS 13301 bis 35177.

Die technischen Eckdaten für Motorleistung und Fahrgestell blieben unverändert. Vom Werk wurde die GS/3 in silbergrauer Lackierung angeboten.

Im Produktionsjahr 1959 blieb die Vespa 125 unverändert. Eine Frühjahrssensation stellte die neue Vespa 150 (T/4) dar: Äußerlich glich sie der zuvor überarbeiteten neuen Vespa 125 in Schalenbauweise, hatte allerdings 10-Zoll-Reifen bekommen. Die wichtigste Veränderung

So fröhlich waren die Swinging Fifties:

Vespa 150 T/4 — 1959

Motor		1 Zyl. Zweitakt
Hubraum	ccm	145,4
B x H	mm	57 x 57
PS/min		5,7/5000
Kraftstoff		1:50
Zündung		Schwungrad-Magnet
Anlasser		Kickstarter
Getriebe		4-Gang
Länge	mm	1635
Breite (Lenker)	mm	710
Höhe	mm	1020
Radstand	mm	1180
Kurvenradius	mm	1500
Leergewicht	kg	88
Bereifung		3,5 x 10 "
Tankinhalt	l	7,7
max. km/h		80
Verbrauch l/100 km		ca. 2,3
Anmerkungen		In der Luxusausführung mit Denfeld-Sitzbank. Wichtigstes Kriterium: Geringeres Motoröl-Mischungsverhältnis.

Vespa 150 de Luxe T/4 von 1959.

Vespa 160 GS/4 Typ 382 1962/63

Motor		1 Zyl. Zweitakt
Hubraum	ccm	158,53
B x H	mm	58 x 60
PS/min		8,5/6500
Kraftstoff		1:25
Zündung		Schwungrad-Magnet
Anlasser		Kickstarter
Getriebe		4-Gang
Länge	mm	1795
Breite (Lenker)	mm	710
Höhe	mm	1045
Radstand	mm	1180
Kurvenradius	mm	1400
Leergewicht	kg	110
Bereifung		3,5 x 10 "
Tankinhalt	l	9
max. km/h		100
Verbrauch l/100 km		ca. 3
Anmerkungen		Seitliche Blinker an den hinteren Verkleidungen, geschwungener Chromzierstreifen. Letztes Modell der Augsburger Produktion.

Charmante Verführung im Park: Vespa 160 GS/4 von 1962.

war die Reduktion des Mischungsverhältnisses von Öl zu Kraftstoff auf 1:50 — der Motor vertrug sogar noch 1:60. Stets war der hohe Ölverbrauch beim Zweitaktmotor kritisiert worden; doch dieses Mischungsverhältnis entsprach nun fast dem geringen Ölverbrauch eines Viertaktmotors. Damit war die Diskussion um einen nachteiligen Kostenfaktor vom Tisch.

Publikum und Fachwelt waren sich einig, daß Vespa mit dem neuen Modell wieder einen großartigen Roller geschaffen hatte. Vor allem wurde der neue Motor gepriesen. Der Unterschied zum Vorgänger bestand in der Verlagerung des Einströmkanals für die Gemischzufuhr vom Zylinder zum Kurbelgehäuse. Durch diese Veränderung ließen sich bessere Kühl- und Strömungseffekte erreichen. Wie bei der Grand Sport wurde ein Fallstromvergaser eingebaut. Auch hatte man durch die neue Bauweise das Gewicht von 105 auf 88 kg senken können, wodurch die Vespa 150 schneller und wendiger wurde. Bessere Bremsen sowie eine Funkentstörung der elektrischen Anlage sorgten für mehr Sicherheit und Komfort. Eine gute Nachricht für Vespa-Fahrer war auch die Heraufsetzung der vom Werk empfohlenen Wartungsdienst-Intervalle von 1500 auf 4000 Kilometer für den Schmierdienst und von 3000 auf 8000 Kilometer für den Wartungsdienst.

Der Erfolg des neuen Modells ließ sich auch an den Produktionszahlen ablesen. Während 1958 von der angegrauten 150er nicht mehr als 1177 Exemplare produziert wurden, stieg der Ausstoß 1959 auf 7391 Einheiten. Zur Auswahl standen statt der bisherigen Einheitsausführung eine Normalversion mit Schwingsätteln für 1425 Mark und die Luxusvariante mit Denfeld-Sitzbank und Chromverzierungen zum Preis von 1485 Mark.

Die werksinterne Bezeichnung für dieses Modell lautete zunächst Vespa 150 T/4 Typ 202. Wie aus den Seriennum-

Oben: Endmontage der Vespa GS; eine Aufnahme von 1962.
Rechts: Man feiert in Augsburg die Fertigstellung der 50.000 Vespa.

mern VGLA1T 300001 bis 314387 zu erkennen ist, handelt es sich nach italienischer Typologie um das GL-Modell 150, das aber in Deutschland als Fortführung der 150er Modellbaureihe interpretiert wird. Es folgte später ein neuer Typ 332 dieses T/4-Modells, zu identifizieren durch die Fahrgestellnummern VGLA1T 314388 bis 315488 und VGLB1T ab 315489.

Durch die Modellverbesserungen bei der 150er hatte sich im Jahr 1959 der Anteil der einzelnen Modelle an der Gesamtproduktion gegenüber dem Vorjahr deutlich verändert. Insgesamt stieg die Produktion auf 13.954 Motorroller an, hiervon entfielen auf die Vespa 125 nur mehr 5 Prozent, nämlich 698 Stück. Sieger war mit 52 Prozent (7321 Stück) die Vespa 150 vor der GS mit 43 Prozent (5935 Stück).

Derartig rasante Produktionssteigerungen konnte das Jahr 1960 allerdings nicht mehr bieten; dafür fanden zwei wichtige Jubiläen statt. Anläßlich des zehnjährigen Bestehens von Vespa in Deutschland und des Vespa Clubs von Deutschland (VCVD) reiste Dottore Enrico Piaggio am 12. April 1960 nach Augsburg, und im gleichen Jahr lief die 50.000. Vespa der Augsburger Produktion (also ab 1955) vom Band. Es handelt sich um eine GS, die in vespatypischem Zeremoniell unter Anwesenheit der Motorpresse in den Produktionshallen gefeiert wurde.

Parallel zur Einführung der Blinkerpflicht bei Krafträdern und Motorrollern, die es in Italien nicht gab, wurden alle drei Grundmodelle 125, 150 und GS optisch überarbeitet, ohne daß sie wesentliche technische Neuerungen erfuhren.

Die Vespa mit ihrem Motor, der einen Hubraum von 125 ccm hatte, trug die Bezeichnung Vespa 125 auf dem Schutzschild. Es handelte sich jetzt um das Modell 125/2 des Typs 282 mit den Seriennummern VNB1T 128895 bis 131513, dem 1962 der Typ 392 mit den Nummern VNB3T ab 131514 folgte. Die Standardfarbe war Bavariablau. 1960 überraschte das Vespa-Werk seine Kunden mit einer Preissenkung: Ab 5. März kosteten die Modelle Vespa 125 in Normalausführung 90 Mark weniger, also 1190 Mark, und die Vespa 125 »de Luxe« 1250 Mark, was einer Preissenkung um 30 Mark entsprach. Mit dieser Ermäßigung folgte die Fabrik der Empfehlung des Bundeswirtschaftsministeriums, »die aus der Mengenkonjunktur sich ergebenden Vorteile dem Verbraucher zugute kommen zu lassen.«

Mit großem Zeremoniell lief in Augsburg die 50000. Vespa vom Band

Die Produktionszahlen sprechen wieder eine deutliche Sprache. War es im Vorjahr die neue 150er, die das Spitzenmodell darstellte, so war es 1960 wieder das GS/3-Modell. 54 Prozent der Gesamtfertigung von 17.892 Stück entfielen auf dieses Modell (9600 Stück), 19 Prozent auf die Vespa 125 (3403 Stück) und nur noch 27 Prozent auf die 150er Vespa (4889 Stück). Damit war 1960 ein Spitzenjahr in der Augsburger Produktion — in den Folgejahren bis 1963 sollten sich diese Zahlen halbieren. Der Rollerboom ging seinem ersten Ende entgegen.

1961 straffte Vespa Augsburg das Produktionsprogramm und beschränkte sich bei der 150er auf die »de Luxe«-Ausführung, die zum Preis von 1525 Mark angeboten wurde. Der Preis für die Vespa 125 in Normalausführung hob man wieder geringfügig auf 1230 Mark an, die Luxusausführung kostete 1290 Mark. Unverändert war auch das GS-Modell mit 1690 Mark im Angebot. Es hatte seine Spitzenposition im Vespa-Programm ausgebaut: 66 Prozent der Fertigung entfielen auf dieses sportliche Modell (6400 Stück), während die - Modelle Vespa 125 (12 Prozent und 1133 Stück) und Vespa 150 (22 Prozent und

Links: Auf Testfahrt mit einer 150er Vespa im Gelände.

Oben: Zu Augsburger Vespa-Werkern kommt der Nikolaus.

2177 Stück) deutlich zurückgefallen waren.

1962 war das Ende der Augsburger Produktion abzusehen. Trotz Einführung eines neuen GS Modells, der GS/4 mit 160 ccm, der Produktion der GLE mit 90 Stück und der GSE mit 650 Stück liefen nur noch 5312 Roller vom Band. Von der betagten 125er waren es nur 717 Stück, im Folgejahr bis Oktober 1963 — dem Ende der Augsburger Produktion — nur noch 400. Ähnlich sah es bei der 150er aus, die letztmalig 1962 in Produktion war (mit 1900 Stück) und wahlweise mit Vier- oder Dreiganggetriebe zum Preis von 1525 bzw. 1490 Mark verkauft wurden.

Auf der IFMA in Frankfurt im September 1962 wurden die Viergang 150er und die neue GS 160 als Neuheiten vorgestellt. Das neue GS-Modell erbrachte bei einem Hubraum von 160 ccm eine Mehrleistung von einem halben PS, das heißt, seine Motorleistung betrug nunmehr 8,5 PS. Die Drehzahl hatte man senken können, höher als 6500 brauchte man nicht zu gehen. Anstelle des Fallstromvergasers gab es jetzt einen Autovergaser, die Reifengröße mit 10 Zoll und die Spitzengeschwindigkeit mit 100 km/h blieben unverändert. Damit präsentierte sich die GS 160 als ein etwas zivilisierteres Sportmodell als ihre Vorgängerin. Im Vordergrund der Modellentwicklung hatten Steigerung der Beschleunigung, Elastizität und allgemeiner Fahrkomfort gestanden. Das Drehmoment lag schon im unteren Drehzahlbereich höher, was auch in hügeligem Gelände ein zügiges Fahren bei weniger Schaltvorgängen ermöglichte. Unter anderem hatte man auch die Kurbelwellenlagerung verändert. Somit ergaben sich aus diesen Merkmalen die größere Motorelastizität, ein gesteigertes Anzugsvermögen, eine höhere Lebensdauer sowie geringere Wartungskosten bei

Von Augsburg in alle Winkel der Bundesrepublik: Täglich verließen einige Lkw-Ladungen Vespa-Roller das Werk.

gleichzeitiger Erhöhung der Intervalle für größere Inspektionen auf 8000 Kilometer. Die Vespa GS 160 war damit ein echter Gebrauchsroller mit sportlicher Note geworden. Elegant wirkte die neue Lackierung in »Alabaster«-Weiß. Der Preis ab Werk betrug 1750 Mark. Äußerliche Erkennungsmerkmale gegenüber der GS 150 waren die geschwungenen Chromleisten mit integrierten Blinkern an den »Backen«, ein eckiges und größeres Rücklicht, Chromstreifen auch an dem vorderen Kotflügel sowie ein dynamischer aussehender Frontscheinwerfer. Doch die Absatzmöglichkeiten waren begrenzt: Von der GS 160 wurden 1962 gerade einmal 1955 Exemplare gebaut, im folgenden Jahr bis Oktober 1963 nur noch 506.

Den Preis für die noch parallel angebotene GS 150 hatte die Vespa GmbH um 100 Mark reduziert: von 1690 auf 1590 Mark. Es handelte sich hierbei um Lagerbestände aus dem Jahr 1961; produziert wurde die GS 150 in diesem Jahr nicht mehr.

Im Oktober 1963 kam das Ende für die Augsburger Produktion. Die Rollerbaisse hatte auch Deutschland erreicht. Ein geändertes Käuferverhalten und gestiegene Produktionskosten bei geringerem Absatzvolumen ließen eine Fertigung außerhalb von Pontedera nicht mehr rentabel erscheinen. Insgesamt 74.771 Vespa-Roller hatten in der Zeit von 1955 bis 1963 die Bänder in Augsburg verlassen, davon waren 30.902 150er und 29.435 GS/3-Modelle. Die Produktionsblätter verzeichnen ferner noch den Pentarò Sattelzug, den Ape-Lastenroller in vier Varianten sowie das Vespa-Modell 50 N.

NSU
Lambretta

KAPITEL 5

Vespa-Konkurrenz

Motorroller aller Fabrikate auf dem Hof einer Gastwirtschaft.

Gegenüberliegende Seite: Keine Fehlassoziationen bitte — NSU hatte die Lambretta keineswegs in den Sand gesetzt!

Der Erfolg der Vespa zu Beginn der fünfziger Jahre rief bald die Konkurrenz auf den Plan. Zahlreiche Hersteller in Italien und anderen europäischen Ländern versuchten, auf der Scooterwelle mitzuschwimmen und Roller zu bauen, von denen sie sich ein profitables Geschäft erhofften. Sowohl Motorradproduzenten in Deutschland, England und Frankreich, die anfangs die Rolleridee als kurzlebige Modesache abgetan hatten, befanden sich darunter als auch branchenfremde Quereinsteiger wie in Deutschland der niederbayerische Landmaschinenfabrikant Hans Glas oder der Flugzeugbauer Ernst Heinkel.

Während es deutsche Rollerproduzenten auf recht beachtliche Stückzahlen brachten, blieben die Bemühungen der Briten ohne sichtbare Erfolge; ideenreicher war die Konkurrenz in Frankreich, wo man sich in Technik und Formgebung an italienischen Vorbildern orientierte. Auch die Österreicher hatten mit Puch und KTM heiße Eisen im Feuer. Stärkster Kontrahent der Vespa aber war auf allen europäischen Märkten lange Zeit ein Scooter, der ebenfalls aus Italien kam: die Lambretta aus dem Hause Innocenti. Zwar gab es auch zahlreiche andere Zweiradhersteller in Italien, doch als Vespa-Konkurrent trat der Lambretta-Roller am stärksten in Erscheinung, zumal er auch Lizenznehmer wie zum Beispiel die Firma NSU fand.

Lambretta, Guzzi & Co.

Zweifellos war und blieb die Vespa zunächst die Nummer Eins, doch die der Vespa nachgeborene Lambretta folgte ihr dichtauf, bevor sie zum Überholspurt ansetzte, in Italien wie bei uns in Deutschland. Der Name dieses Rollers leitete sich aus dem Fluß Lambro ab, »an dessen Ufer ein Fahrzeug das Licht erblickte, das bunt wie eine Blume war und ein Schmuckstück der Mechanik darstellt, das die Schönheiten der Natur, den Rhythmus der Technik und die Nüchternheit des Rechnens glücklich in sich vereinigte«, wie ein zeitgenössischer Werbetext es formulierte. Der Lambro schnitt das Lambretta-Werk wie auch die kleine Stadt Lambrate in zwei Teile. Heute ist sie längst in Groß-Mailand eingemeindet.

Die ersten Lambretta-Modelle, die der Vespa Paroli bieten konnten — im Motorsport lieferten sich beide Kontrahenten einen harten Kampf um Geschwindigkeitsrekorde und Weltmeisterschaften — waren der etwas spartanische Typ 125 c und der vollverkleidete »Autoroller« 125 lc.

Stets bildeten bei der Lambretta Motor, Getriebe und Hinterrad eine gemeinsame Baugruppe, angeordnet auf einem kräftigen Rohrstück im Fahrgestell. Das Hinterrad war drehstabgefedert, die Vorderradfederung besorgten Schraubenfedern und Schwingarme. Der Zweitakt-Einzylindermotor hatte 123 ccm Hubraum und leistete 5 PS; die Höchstgeschwindigkeit betrug 70 bis 75 km/h. Eine einseitige Gewichtsverteilung blieb der Lambretta — im Gegensatz zur Wespe — erspart.

Wie die Vespa, wurde auch die Lambretta zu einem Welterfolg. Fernandino

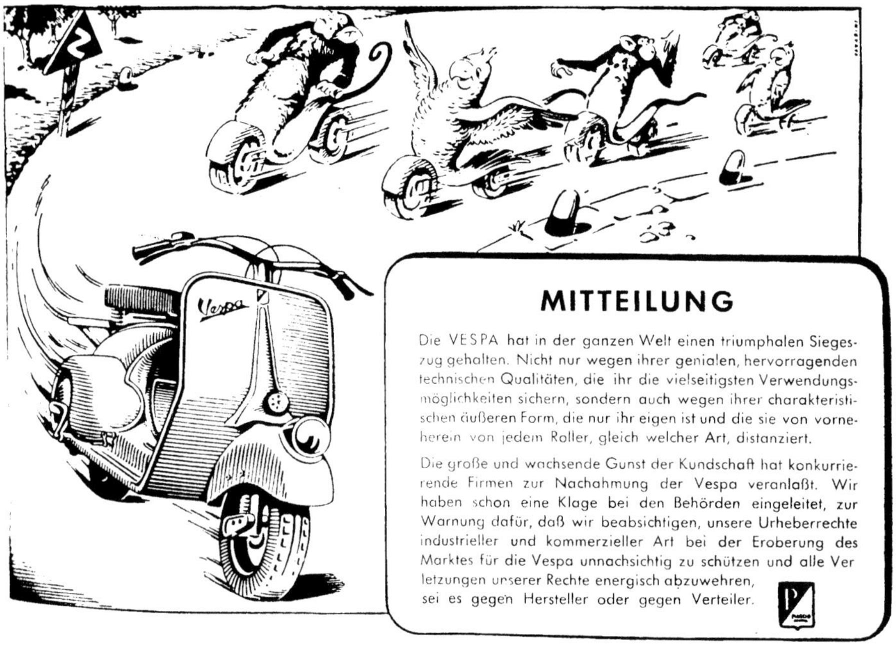

Oben: Aggressive Vespa-Werbung zu einer Zeit, als Hoffmann noch nicht Lizenznehmer war...

Rechts: Spartanisch mutete die Lambretta noch um 1949 an.

Unten: Der 125-ccm-Roller von Aermacchi war eigentlich ein verkleidetes Motorrad.

Innocentis Firma baute ein weites Verkaufs- und Servicenetz auf, das sich bald über ganz Westeuropa, aber auch nach Afrika und Asien ausdehnte. Lizenzen wurden vergeben, so auch 1950 an die Firma NSU in Neckarsulm.

Nach der Auflösung der Ehe mit NSU 1957 verschwand die Original-Lambretta fast gänzlich vom deutschen Markt. Nur kurzfristig war es 1959 dem Hamburger General-Importeur Schlote gelungen, Lambretta Roller wieder mit Erfolg in Deutschland abzusetzen. Neben einer 125er gab es die beiden anderen Grundmodelle 150 und 175. 1960 vertrieb dann die Zweirad Union AG in Nürnberg die Lambretta 150 li, die bei 148 ccm und einer Leistung von 7,3 PS eine Höchstgeschwindigkeit zwischen 80 und 85 km/h aufwies.

Innocenti gelang es nicht, in Deutschland den Vertrieb ohne den bisherigen Partner auf ein vergleichbares Niveau zu bringen, wenngleich Lambretta in anderen Ländern, zum Beispiel in Großbritannien, sehr viel Terrain zu Lasten der Vespa gutmachen konnte. Ende der sechziger Jahre verlor Innocenti schließlich die Lust am Rollerbau und konzentrierte sich auf die Lizenzfertigung britischer BMC-Autos wie den Mini. Wer in Italien weiterhin eine Lambretta kaufen wollte, erhielt sie dennoch — aus spanischer Produktion: Die Serveta Industrial S.A. in Eibar hatte die Herstellungseinrichtungen und auch -rechte übernommen.

Die übrigen Mitbewerber auf dem Rollermarkt in Italien konnten gegenüber Vespa und Lambretta bei weitem nicht so hohe Marktanteile erobern. Sie hatten eine Außenseiterposition, dennoch wurden einige von ihnen auch nördlich der Alpen angeboten.

Die Firma Aermacchi hatte ab 1951 eine 125er im Programm, die aber mit ihren 3.00 x 17 Zoll-Speichenrädern einem Motorrad ähnlicher war als einem Roller. Durch Verschieben des Werkzeugkastens ließ sie sich auch in ein Leichtmotorrad zurückverwandeln. Mit der Cavaliere 150 bot Aermacchi — ähnlich wie Vespa mit der Ape — ein Lastendreirad an, das bis zu 350 kg. Fracht befördern konnte.

Auch von Prina in Asti gab es neben Motorrädern zwei Roller, das Modell Utilitario 3 M mit 125 ccm und den Fuori Serie 4 M mit 175 ccm, letzteren mit eleganter, stromlinienförmiger Verkleidung. Von Laverda wurde ein Stadtroller mit 3 PS und 50-ccm-Viertakt-Motor offeriert, der in zwei Varianten als Typ 50 S und 50 N für die deutschen Führerscheinklassen 4 und 5 lieferbar war.

Von der Capri Meccanica Garelli S.p.A. in Mailand wurde ein Capri-Roller mit 50 ccm verkauft. In Italien war er mit einem 2 PS starken Garelli-Einzylinder-Zweitaktmotor ausgerüstet, gut für 40 km/h. In Deutschland kam er mit dem Sachs-Motor 50/3 L.K.H. in den Verkauf und wurde hier euphorisch als der sicherste 50-ccm-Motorroller der Welt umworben. Hersteller war die Firma Agrati in Mailand.

Auch so berühmte Motorradproduzenten wie Ducati, Gilera, Iso, Parilla, Moto Rumi, Laverda und Moto Guzzi hatten zeitweilig Scooter im Programm. Der

Von oben nach unten: Der von Prina in Asti gebaute Orix-Roller (175 ccm), der Capri von Garelli (50-ccm-Sachs-Motor) und der in Italien recht bekannte Galetto von Moto Guzzi (175 und 200 ccm).

Ducati Cruiser von 1953 hatte bereits ein automatisches Getriebe sowie einen elektrischen Anlasser für den 7,5 PS starken 175-ccm-Viertaktmotor. Der Galetto mit 150 ccm war 1950 die Antwort von Moto Guzzi auf den Scooter-Boom.

Die deutsche NSU-Lambretta

NSU, eine der ältsten und renommiertesten deutschen Motorradfabriken und zeitweilig auch im Autogeschäft aktiv, hatte das Roller-Phänomen schon früh erkannt und es für besser gehalten, sich dem Trend anzuschließen als sich ihm entgegenzustellen. Nach dem Krieg war sie zum bedeutendsten Zweiradhersteller des Landes avanciert und hatte bereits 1950 die italienischen Lambretta in Lizenz gebaut. Ein halbes Jahr später, im Januar 1951 begann bereits die Produktion des ersten deutschen NSU-Lambretta-Autorollers. Zusammen mit der gleichzeitig erscheinenden Vespa läuteten die Neckarsulmer mit ihrem Autoroller die große Rollerbewegung nördlich der Alpen ein. »Bügelfalten und Nylonstrümpfe werden beim NSU-Lambretta-Autoroller großgeschrieben... keine Schutzkleidung ist mehr erforderlich, um Anzug und Kleid sauberzuhalten... man fährt im Anzug zu einer Besprechung und im schönsten Kleid in die Stadt, man steigt aus wie aus einem schnittigen Kabriolett...« kündigten die Schwaben den Lizenzbau ihres Rollers an und sprachen zugleich vom »schönsten Autoroller, der wohl je gebaut wurde«.

Die Lambretta-Lizenznehmer in Neckarsulm waren die ersten, die ihr Gefährt nicht Motorroller, sondern Autoroller nannten, um innerhalb des Gattungsbegriffs »Roller« zumindest eine verbale

Anfang 1950 begann NSU in Neckarsulm mit der Lizenzherstellung des Lambretta-Autorollers, der seine spartanische Urform inzwischen abgelegt hatte.

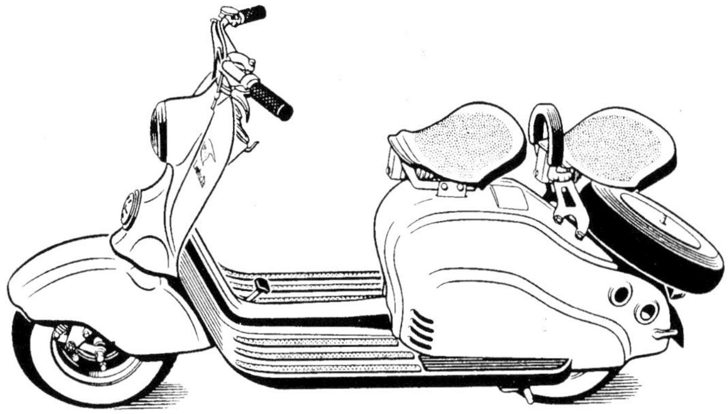

Der 125-ccm-Motor der NSU-Lambretta hatte eine Dauerleistung von 3,7 und eine Kurzleistung von 4,5 PS; er lief an die 72 km/h.

Links: Aus dem Familienalbum anno 1954.

Rechts: Wie auf Schienen, so hieß es in der Werbung, laufe die NSU Prima. Nachteil: Auf Schienen läßt sich die Konkurrenz nicht überholen — man kann nur hinterherfahren.

Alleinstellung beanspruchen zu können. Mitunter bezeichneten sie ihr Produkt auch als »Auto auf zwei Rädern«, doch diese Formulierung benutzte zeitweilig auch Piaggio für die Vespa, und der britische Lizenznehmer Douglas sprach ebenfalls von einem »little car on two wheels«.

Durch das deutsche Wettbewerbsgesetz ist das Apostrophieren einer Alleinstellung eingeschränkt und läßt es nur dort gelten, wo es nachgewiesenermaßen der Wahrheit entspricht. Zu Konflikten können Aussagen wie »...der wirklich einzige« allemal führen. Inserate des deutschen Vespa-Herstellers Hoffmann, in denen es wahrheitsgemäß hieß, es gebe »nur eine Vespa«, vermittelten eine durchaus korrekte Werbebotschaft, solange die ab 1955 in Augsburg montierte Parallel-Vespa noch nicht auf dem Markt war — aber sie forderte die Neckarsulmer Firma NSU dazu heraus, Anzeigen mit der Überschrift »Es gibt nur einen Autoroller!« zu veröffentlichen. Der feine Unterschied war's, den zu entdecken man dem Kunden und prospektiven Rollerkäufer überließ.

Das erste Modell hatte einen 123-ccm-Zweitaktmotor mit Bohrung und Hub von 52 mm x 58 mm und leistete wie die Hoffmann-Vespa 4,5 PS bei 4500/min.

Schon nach fünf Monaten hatte sich der Roller aus Neckarsulm an die Spitze der Produktions- und Zulassungsstatistik aller in Deutschland gebauten Roller gesetzt, somit auch die Vespa überrundet. »Deutschland fährt Roller!« freute sich der NSU-Pressechef Arthur Westrup und versprach, die auf sechs Monate angewachsenen Lieferfristen rasch zu verkürzen. Es gab Engpässe bei der Stahlblechbeschaffung, die erst im Sommer 1951 beseitigt werden konnten. Allein im Produktionsmonat August 1951 liefen 1100 NSU-Lambretta-Roller vom Band.

In mehreren Phasen erfuhr das Fahrzeug Verbesserungen. 1952 brachte man eine Luxusversion mit einer zweifarbigen Lackierung, einem verchromten vorderen Stoßfänger und Parkleuchten auf den Markt. Ab Ende 1954 konnte der Roller mit einem stärkeren Triebwerk von 150 ccm Hubraum und 6,1 PS Leistung beim NSU-Händler bestellt werden.

Von der NSU-Lambretta zur Prima

Im Februar 1956 erschien die Prima D — denn offiziell war sie jetzt keine Lambretta mehr. Der Vertrag mit Innocenti war abgelaufen, der Name Lambretta durfte nicht weiter benutzt werden. Als Prima bekam die NSU-Lambretta einen verkleideten Lenker, ein neues Armaturenbrett, Spritzwandeinfassung, eine andere Hornplazierung; auch die Seitenschlitze gaben dem Gefährt ein leicht modifiziertes Aussehen. »Das Original und das auf Grund der Lizenz entwickelte Fahrzeug (von

Ganz oben: NSU Prima III 1956. Darunter: Die italienische Lambretta im Schlote-Import.

Oben rechts: Autoroller-Produktion in Nackarsulm.

NSU) haben nur noch Grundform und Grundanlage gemeinsam; die NSU-Lambretta war schon seit langem in eigenen Bahnen entwickelt worden. Die neue Bezeichnung setzt nur einen Schlußpunkt darunter«, hieß es in einem Kommentar der Zeitschrift *Roller-Mobil-Kleinwagen*. Hierin unterschieden sich Lambretta und NSU Prima grundlegend von den deutschen Vespa-Versionen à la Hoffmann oder Messerschmitt, bei denen es sich um eng an das Original gebundene Lizenzkonstruktionen gehandelt hatte.

Es bekam der Lambretta ausgezeichnet, daß NSU sie in freier Entfaltung den deutschen Verhältnissen anpassen konnte. In ihrer letzten Ausführung wurde die Prima alias NSU-Lambretta bis 1958 gebaut; 186.000 Einheiten waren insgesamt hergestellt worden. Eine Stückzahl, die kein Nachfolgemodell erreichte.

Parallel zu diesem Modell D hatte NSU eine eigenständige Prima entwickelt, die als Prima V im August 1957 auf den Markt kam, gefolgt von der Prima III im Oktober des gleichen Jahres, einem 150-ccm-Modell. Im November 1958 kam die Prima III K mit Kickstarter anstelle des Elektrostarters auf den Markt. Als Sparmodell kostete sie nur noch 1380 Mark im Vergleich zu 1795 Mark für die Prima V. Mit umfangreichem Chromschmuck hieß sie dann Prima III K L und war zum Preis von 2446 Mark erhältlich.

Der 174-ccm-Motor der Prima V leistete 9,5 PS und brachte eine Spitzengeschwindigkeit von 90 km/h. Die Prima-Fünfstern bekam ein Viergang-Getriebe, das sich über eine Wippe bedienen ließ.

Zur Ausweitung des Programms importierten die Neckarsulmer gleichzeitig noch die Original-Lambretta 125 LD (auch 125 ld geschrieben), bis die Firma Schlote in Hamburg den Vertrieb des Innocenti-Rollers in eigener Regie übernahm.

Nicht nur NSU, sondern allen Motorradherstellern mit Ausnahme von Vespa blies inzwischen ein heftiger Wind entgegen — ihre Produkte galten als proletarisch, die Vespa hingegen als schick. So verlor NSU allmählich die Lust am Roller-

Oben: Der 9 PS starke Heinkel-Roller 150 von 1960.

Links: Heinkel Tourist, als Viertakt-Roller besonders erfolgreich.

Rechts: Heinkel-Prototyp mit 125-ccm-Motor, 1956.

bau. Die Produktion der Prima Modelle lief im November 1963 aus. Der letzte Roller-Prototyp Maxima — als Antwort auf den Heinkel Tourist — wurde kurz vor der Präsentation auf der IFMA 1960 zurückgezogen.

Heinkel, Maico und Zündapp

Unter den deutschen Rollerfabrikanten gab es echte Pioniere. Persönlichkeiten wie Gottfried Delius, Gustav Kroboth, Norbert Riedel und viele andere mögen im Rückblick mit Don Quichote zu vergleichen sein — in einem Film würde ihnen unsere ganze Sympathie gehören, die sich ja gern der Verlierer annimmt.

Doch das Geschäft blieb den anderen vorbehalten, die sich der Sache zwar mit gleichem Engagement annahmen, aber über ein stärkeres Fundament verfügten, wie es zum Beispiel der Lizenzvertrag darstellte, den ein Jakob Oswald Hoffmann mit dem Vespa-Hersteller Piaggio abschloß. Hans Glas besaß eine prosperierende Landmaschinenfabrik, die Auto Union verfügte ebenso wie Zündapp und NSU über wohlausgestattete Produktionsanlagen für Motorräder.

Neben NSU zählte die Firma Heinkel zu den großen deutschen Rollerproduzenten. Alleinunternehmer Ernst Heinkel, der während des Zweiten Weltkrieges Kampfflugzeuge, Nachtjäger und Langstrecken-Aufklärer gebaut hatte, sah sich 1945 — wie Messerschmitt — vor die Notwendigkeit gestellt, ein neues Betätigungsfeld zu finden. In der ersten Nachkriegszeit hatte er sein Geld vorwiegend als Zulieferer für Motoren verdient, so unter anderem für die Firmen Veritas, Saab und Tempo.

Zusammen mit seinem Konstrukteur Dr. Bentele hatte Heinkel einen leistungsfähigen Einzylindermotor entwickelt, der im Gegensatz zu den meisten Konkurrenzfabrikaten ein Viertaktmotor war und für den er eine hauseigene Verwertung suchte. Angesichts des in Deutschland und Europa herrschenden Rollerbooms entschloß sich der Flugzeugbauer Heinkel 1950, in die Rollerproduktion einzusteigen. Binnen drei Jahren entwickelte er den Heinkel-Roller Tourist, der zum Inbegriff des starken deutschen Rollers in der ganzen Welt werden sollte.

Von der ersten Serie des 101 A, noch mit einem 140-ccm-Motor von 7,2 PS ausgerüstet, verließen ab 1953 bis zum Juni 1954 6500 Stück das Heinkel-Werk in Stuttgart-Zuffenhausen. Die große Nachfrage ließ den Bau eines neuen Betriebes notwendig werden, der in Karlsruhe entstand. Die Ernst Heinkel Motorenbau KG übernahm hier ab August 1954 die komplette Fließbandfertigung mit einer Kapazität von 110 Einheiten pro Arbeitstag. Zum gleichen Zeitpunkt erhöhte Heinkel den Hubraum auf 175 ccm (102 A1); der Motor leistete jetzt 9 PS und speiste die Lichtanlage mit 12 Volt statt bisher mit 6 Volt. Gleichzeitig ersetzte man den Kickstarter durch einen Dynastarter. 1960 wurde der Tourist-Roller noch einmal optisch überarbeitet.

Links: Die Kommandozentrale des imposanten Maico-Mobil.

Rechts: Wahrlich ein Auto auf zwei Rädern. Die voluminöse Karosserie war natürlich auch ein Gewichtsfaktor, doch das Fahrzeug verfügte über einen richtigen Kofferraum (links unten).

Etwas im Schatten des Tourist-Rollers standen die weiteren Modellentwicklungen von Heinkel. 1956 wurde der Heinkel 112 mit einem Einzylinder-Viertakt-Motor mit 125 ccm und 6 PS vorgestellt, der aber ein Prototyp blieb und nur in fünf Exemplaren hergestellt wurde.

Erfolgreicher war das Modell 150, das von 1960 bis 1965 gebaut wurde und mit seinen 9 PS und 150 ccm Hubraum eine Höchstgeschwindigkeit von 85 km/h brachte. Im Gegensatz zum rundlichen Tourist-Blechkleid war das Karosseriedesign italienisch-schnittig; im Fahrverhalten war das Modell 150 dem Tourist-Roller ebenbürtig.

Mit mehr als hunderttausend Exemplaren wurde der Heinkel Tourist in seinen verschiedenen Modellvarianten, die hier nicht alle einzeln behandelt werden können, zum weltweit meistverkauften Viertakt-Roller. Dennoch entschloß sich das Herstellerwerk 1965, die Produktion auslaufen zu lassen.

Zu den schwereren deutschen Motorrollern zählte auch das Maico-Mobil, der »Straßenkreuzer auf zwei Rädern«. Seine Serienproduktion begann 1951 in Ammerbuch-Pfäffingen. Auffallend war sein voluminöses Blechkleid, unter welchem der konventionelle 150-ccm-Motor des Maico-Motorrades M 150 steckte. Ein Kühlgebläse hatte der Zweitakter nicht; die Luftzufuhr erfolgte durch die Fronthaube des Rollers. Die große Windschutzscheibe und ein Armaturenbrett samt Handschuhkasten verfehlten ihre Wirkung auf den Betrachter nicht, dennoch hielten sich die Verkaufszahlen in Grenzen. Vor allem wurde bemängelt, daß man diese »Maico-Lokomotive« wie ein Motorrad besteigen und sie beim Anhalten mit gespreizten Beinen stützen mußte.

In Italien fand das volumige Fahrzeug überraschenderweise einigen Anklang. In der Kundenzeitschrift *Maico-Dienst* wurde im Juni 1953 über den Ritt mit dem Maico-Mobil über die Alpen berichtet: »Während wir langsam über das holprige Pflaster schwingen, legen Straßenarbeiter die Pickel weg, und die Ragazzi, die kleinsten Bambini schreien vor Aufregung... eine tolle Angelegenheit! Wenn wir anhalten, schließt sich sofort ein Ring von Neugierigen. Wieviel Kubik? Velocita? Quanta costa? So beginnt unsere Fahrt die Küste entlang... Es ist nicht zu beschreiben, wie schön diese Reise ist. Unser gutes Mobil springt getreulich wieder und wieder an, geduldig und zuverlässig.«

1954 gab es eine stärkere Motorenversion mit 9 PS und 174 ccm, kurz danach — bis etwa 1958 — wies das Maico-Mobil einen 200-ccm-Motor mit 10 PS Leistung auf.

Es folgte dem bauchigen Maico-Mobil 1955 die Maicoletta, die bis 1966 im Programm blieb. Von der Form her war dies schon eher ein Roller in der klassischen Definition, vor allem freute man sich über den freien Durchstieg. Und mit dem 14 PS starken Zweitakt-Blockmotor war er einer der stärksten deutschen Roller, 105 km/h schnell.

Wie die NSU-Lambretta, so leitete sich auch die von Zündapp gebaute Bella von einem italienischen Vorbild ab, der Moto Parilla. Die Zündapp-Techniker hatten über die Moto Parilla nur Positives gehört, besorgten sich ein Exemplar und unterzogen es einer gründlichen Prüfung. Anschließend nahm Zündapp-Chef Hans-Dietrich Neumeyer Kontakt zu dem Hersteller auf und verhandelte über eine Lizenz. Doch die Gespräche führten nicht weit, es kam zu keiner Übereinstimmung.

Dennoch scheuten sich die Nürnberger nicht, die Parilla in ihrer äußeren Erscheinungsform zu kopieren, gaben ihr aber einen ganz anderen konstruktiven Unterbau. Entscheidend zum Erfolg der Zündapp Bella trug ihr elastischer, zuverlässiger Motor bei. Der Fachjournalist Dr. Günter Winkler schrieb: »Die Bella hat wie kaum ein anderer Rollertyp die Motorradfahrer angesprochen. In der deutschen Technikgeschichte darf man ihr wahrscheinlich eine führende Rolle als Totengräberin des Motorrades als Volksfahrzeug einräumen...« Die Bella-Produktion nahm im Jahre 1952 ihren Anfang, genau 30 Jahre nach dem Beginn der Fertigung des ersten Zündapp-Motorrades, der Z 22.

Die erste Bella, das Modell R 150, wurde von 1953 bis 1955 gebaut und fand sofort das Gefallen des Publikums. Der 150-ccm-Zweitaktmotor mit 7,3 PS war auf der Tradition der Zündapp-DB-Motoren aufgebaut und erbrachte hohe Dauerleistungen. Die gleiche Motorleistung hatten die Nachfolgemodelle R 151 mit Elektrostarter (1955), R 153 (1956), R 153 K — nur für die USA — (1956), R 154 (1956/57) und R 154 K — ebenfalls nur für die USA — (1956/57). Ein 200-ccm-Triebwerk wurde erstmalig 1954 in das Modell R 200 eingebaut. Die 10,7 PS Leistung ergaben eine Höchstgeschwindigkeit von 90 km/h. Folgemodelle in dieser Baureihe waren die Bella R 201 mit Elektrostarter (1955/56) und R 203 (1956). 1956 wurde bei allen Modellen die Vorderradfederung verbessert; anstelle der Teleskopgabel erhielten sie eine einseitige Vorderradschwinge. Die R 204, die

Oben: Auch Zündapp zählte zu den großen Konkurrenten der Vespa.

Links: Zündapp Bella mit Spezialaufbau im Dienst der Bundespost.

Unten: Zündapp R 153 Modell 1956. Die Nürnberger glänzten durch große Modellvielfalt.

Klassische Zündapp Bella, der allerdings der rollertypische Durchstieg fehlte.

Oben: Im Vergleich zu italienischen Rollern wirkte die Zündapp Bella sehr massiv.

Rechts: Der ab 1954 in Ingolstadt gebaute Hobby-Roller von DKW.

Links: Die elegante Diana von Dürkopp aus Bielefeld.

von 1958 bis 1959 in einer Stückzahl von 15.000 Exemplaren gebaut wurde, hatte das 12-PS-Triebwerk des Motorrades 200 S erhalten und brachte es damit auf eine Spitzengeschwindigkeit von 90 km/h. Letztes Modell war die bella 200 — jetzt kleingeschrieben —, die es in den drei letzten Produktionsjahre lediglich auf 2000 Stück brachte, obwohl der Motor eine Leistung von 13,4 PS aufwies, gut für eine Höchstgeschwindigkeit von 100 km/h.

Die Identifizierung der einzelnen Bella-Modelle ist für den Uneingeweihten nicht einfach, denn von den Grundmodellen gab es immer wieder Abweichungen. Allein die erste R 150 wurde in fünf Varianten gebaut, die R 201 in acht unterschiedlichen Modellen!

1962 wurde die Bella-Fertigung eingestellt; danach gab es ab 1964 im Zündapp-Programm nur noch die Mokick-Roller R 50 und RS 50 Super, die aber nicht mehr im Nürnberger Stammwerk, sondern im Münchner Zweigbetrieb hergestellt wurden. Im Sommer 1984 endete die wechselvolle Zündapp-Geschichte mit einem Konkurs, in dessen Folge die Produktionsanlagen von der Fahrradfabrik Tianjing in der Volksrepublik China übernommen wurden. Auch die portugiesische Firma Femal in Agueda baute den 50-ccm-Scooter nach Zündapp-Vorbild weiter.

DKW, Dürkopp und Glas

Wie bereits erwähnt, wäre auch der prominente deutsche Motorradhersteller DKW, 1932 bis 1945 dem Auto-Union-Konzern angehörend, beinahe Vespa-Lizenznehmer geworden. 1948 hatte Piaggio dem einst sächsischen, jetzt in Ingolstadt als Auto Union GmbH frisch angesiedelten Unternehmen eine Vespa-Lizenz offeriert. Diese sahen sich indessen außerstande, das Angebot zu akzeptieren, denn erst mußte die gesamte Organisationsstruktur neu aufgebaut werden, zudem war man der Überzeugung, daß nur DKW-eigene Schöpfungen über sie abzusetzen sein würden.

Es war eine Anregung des Ingenieurs E. Uher, die man aufgriff, um dennoch ins Rollergeschäft einzusteigen. Schon 1952/53 hatte es im Konstruktionsbüro der Auto Union Studien für einen Roller gegeben, mit 175- und mit 200-ccm-Motor, doch Uhers Entwurf kam erst Ende 1954 zur Realisierung. Als erster deutscher Roller wies der DKW Hobby ein stufenloses,

Links: Bei der Diana saß die Vorderradführung auf der linken Seite.

Goggo-Roller mit maßgeschneidertem Einspur-Anhänger auf einer Zweirad-Ausstellung.

Unten: Diana mit Frontscheibe und zusätzlichem Kindersitz; daneben ein Goggo-Gespann.

sozusagen automatisches Getriebe auf. »Nicht schalten — nur fahren!« lautete die Devise. Das Fahrzeug mit seinem gebläsegekühlten 75-ccm-Motor (traditionsgemäß ein Zweitakter) kostete nicht mehr als 950 Mark und wurde bis 1957 in 44.000 Exemplaren gebaut. Anschließend übernahm die französische Firma Manurhin in Mülhausen/Elsaß die Fertigung und setzte sie bis 1961 fort.

Die in Bielefeld ansässigen Dürkopp-Werke, Motorradproduzenten seit dem Jahre 1901, stellten von 1954 bis 1960 ebenfalls Motorroller her. Ihre Diana verband italienisches Flair mit der Leistung eines »deutschen Reiserollers«. Eine Fachzeitschrift bescheinigte der Diana Qualitäten, die sie auf die »deutsche Gründlichkeit« zurückführte; die »Vollkommenheit« des Dürkopp-Rollers stünde im Gegensatz zu dem »technischen Spielzeug«, das der Roller jenseits der Alpen sei. In Pontedera wird man über ein solches Urteil den Kopf geschüttelt haben.

Ohne Zweifel war der Dürkopp-Roller technisch und optisch aus einem Guß. Der 200-ccm-Zweitakter leistete 9,5 PS und galt als sehr robust. Als die Diana entwickelt wurde, kannte man in Deutschland nur die Vespa und die Lambretta, dann kam der bajuwarische Klotz namens Goggo. Mit Erfolg bemühten sich die Bielefelder Konstrukteure um eine ästhetischere Lösung, die ihnen auch bestens gelang.

Doch der Goggo-Roller, so häßlich er war, verkaufte sich gut. Die Hans Glas GmbH rückte mit ihm in die vorderste Reihe der deutschen Zweiradproduzenten vor. Die Idee, Roller herzustellen, war dem Juniorchef Andreas Glas anläßlich einer Landmaschinenausstellung in Verona gekommen, wo ihm die quirligen Vespa- und Lambretta-Scooter aufgefallen

Ganz oben ein Goggo-Roller; rechts ein Blick in die Goggo-Fertigung bei der Hans Glas GmbH. Das untere Foto zeigt die gute Zugänglichkeit des Ilo-Motors im Goggo.

waren. Gemeinsam mit dem Konstrukteur Karl Dompert machten sich Vater und Sohn Glas an den Entwurf eines Rollers, besorgten sich aber erst einmal eine Original-Lambretta. Dompert berichtete später: »Nachdem wir das Ding aus Italien hatten, fuhren wir es ausgiebig spazieren und studierten es gründlich. Da wir uns nicht die Investition eines neuen Motors leisten konnten, zog ich zu einschlägigen Automobilausstellungen und Firmen, die Motoren herstellten zu Rate und wurde nach vielen Absagen schließlich bei Ilo in Pinneberg fündig.« Dompert hatte sich schließlich für einen Zweitakt-Einzylinder von 120 ccm Hubraum mit Flachkolben und Schnürle-Umkehrspülung und mit einem Dreiganggetriebe entschieden. Diesem Erstling folgte dann ein Modell mit einem 125-ccm-Aggregat, kurz danach ein 150-ccm-Roller, der auch mit Seitenwagen der Hersteller Royal, Stolz und Steib geliefert wurde. Später kam der 200-ccm-Goggo hinzu und Ende 1954 schließlich noch eine Luxusversion, mit 10-Zoll-Rädern und Elektrostarter.

Von 1953 bis 1955 wurde auch — ähnlich wie die Ape von Vespa — ein dreirädriger Lastenroller gebaut, allerdings in nur einer Stückzahl von 458 Exemplaren. Sein Weiterbau scheiterte an einer nicht mehr verlängerten Betriebsgenehmigung.

Mit sieben unterschiedlichen Rollern gehörte Glas neben Vespa und Zündapp zu den drei bedeutendsten Rollerherstellern. Der Goggo erwies sich als ausgereiftes Gebrauchsfahrzeug, zwar weniger elegant als eine Vespa oder Lambretta, mit seiner Vollkarosserie aber bestens geeignet, den Fahrer vor Spritzwasser, Staub und Schmutz zu schützen. Etwa 46.000 Roller wurden bis Ende 1956 hergestellt, dann setzte der Kleinwagen Goggomobil bei Glas neue Prioritäten.

Rollerparade: Außenseiter und Exoten

Die Liste der Rollerfabrikate ist groß. Neben den oben behandelten Firmen gab es in Deutschland viele andere ausgereifte Konstruktionen, die hier kurz aufgezählt werden sollen. Denn erst die Fülle der auf dem Markt konkurrierenden Motorroller mit ihren oft skurrilen technischen Konstruktionen läßt im Rückblick auf die fünfziger Jahre die Faszination der Rollerbewegung erkennen. Und auch die kometenhafte Verbreitung der Vespa kann erst im Kontrast zu den Entwicklungen der Außenseiter gewürdigt werden.

Achilles

Die Achilles-Werke Weikert & Co. KG in Wilhelmshaven produzierten von 1953

Rechts: Originell und Lambretta-verwandt: Ferbedo 1953 mit Zündapp-Motor.

Links: Adler Junior mit 98-ccm-Motor und 14-Zoll-Rädern.

Links: Binz 1955 – halb Roller, halb Mofa.

Rechts: Der Bastert kostete fast 2000 Mark und gehörte schon in die Kategorie der Einspurautos.

bis 1957 den Achilles-Sport-Motorroller mit 150 und 175 ccm, ein Zwitter aus Motorroller und Motorrad, entstanden auf Basis des in der Schweiz gebauten Motorrollers Ami, der 1950 auf den Markt kam.

Adler
Mit dem ab 1955 gebauten Adler Junior, einem Roller mit 14-Zoll-Motorrad-Speichenrädern, hatten die Adlerwerke vorm. Heinrich Kleyer AG in Frankfurt/Main kaum Chancen gegenüber der wesentlich eleganteren Vespa, zumal auch der klassische Rollerdurchstieg fehlte. 1957 wurde nach zweijähriger Produktionszeit der Bau des Rollers, der mit einem 98-ccm-Einzylindermotor aus eigenem Hause (Adler 100) ausgestattet war, wieder eingestellt.

Bastert
Die Bastert-Werke Gustav Bastert in Bielefeld schufen mit ihrem Einspur-Auto von 1952 bis 1957 einen Roller in aufwendiger Handarbeit, der in seiner Ausstattung in der Tat sehr autoähnlich war. Als Triebwerk diente ein Ilo-Flachkolbenmotor von 173 ccm und 8 PS Leistung. Mit 1960 Mark war dieses ungewöhnliche Mobil das teuerste seiner Art auf dem deutschen Markt.

Binz
Ab 1954 brachte die Karosseriefirma Binz in Lorch einen Kleinroller mit 50 ccm Hubraum und 2,25 x 20 Zoll großen Reifen heraus, das wie ein elegant verkleidetes Fahrrad aussah.

Delius
Der Cityfix von Delius in Osnabrück war ein 1-PS-Miniflitzer, der von 1949 bis 1953 gebaut wurde; 1952/53 folgte ein 2,8-PS-Modell. Größere Markterfolge blieben den Delius-Rollern indessen versagt.

Faka
Die Fahrzeugwerke Kannenberg KG in Salzgitter präsentierten erstmals im Jahre 1953 ihren Faka, eine Weiterentwicklung des Walba de Luxe, der bis 1952 von der Reutlinger Firma Walba-Fahrzeugbau produziert worden war. Bis 1957 erfreuten sich diese Roller des Typs Tourist Commodore und 150 L gewisser Beliebtheit.

Ferol Bethäuser
In Sammlerkreisen ist der Markenname Ferbedo der Firma Ferol Bethäuser aus Nürnberg auch als Produzent von Kindertretautos bekannt. In der Zeit von 1953 bis 1954 boten sie einen primitiven Roller mit Zündapp-Einbaumotor (48 ccm, 1,5 PS) an. Doch schon nach wenigen Monaten verschwand dieses in einfachster Blech-Rohrrahmenbauart konzipierte Gefährt wieder vom Markt.

Friedrich
Als krasser Außenseiter stattete 1953 der Radiomechaniker Friedrich aus Berlin-

Oben: Aus einem Kinderroller entstand 1953 dieses 25-km/h-Fahrzeug von Friedrich. Rechts daneben: Aus dem Walba war 1953 der Faka-Roller geworden; hier eine Version als Lastendreirad.

Rechts: Als Rollerproduzent recht aktiv war von 1950 bis 1955 auch Gustav Kroboth.

Oben: Kreidler-Roller R 50, hergestellt von 1953 bis 1957, stark mopedverdächtig...

Unten: Der kleine Lutz-Roller gehörte ebenfalls zu den Außenseitern.

Kladow einen Kinderroller mit einem Fahrradmotor aus, der 25 Stundenkilometer schnell war und deshalb auch mit dem Führerschein 4 gefahren werden durfte.

Hercules
Von 1955 bis 1960 bauten die Nürnberger Hercules-Werke GmbH den R 100, einen starken Tourenroller, dem später ein Leichtroller der 50-ccm-Klasse folgte. Der 200-ccm-Einzylinder-Motor von Fichtel & Sachs leistete 10 PS und besaß einen elektrischen Anlasser.

Knappich
Als Zwerg unter den Motorrollern blieb das Gewicht des Servos unter 30 kg, er verzichtete auf jeglichen Karosserieluxus. Knappich & Co. KG in Augsburg brachte dieses Gefährt mit einem Victoria-Einzylindermotor etwa 1953 auf den Markt.

Kreidler
Die Kreidler Fahrzeug GmbH in Kornwestheim hatte in der Zeit von 1953 bis 1957 mit dem R 50 ein preisgünstiges und solides Modell auf dem Markt, das mit einem 50-ccm-Motor eigener Fertigung niedrige Betriebskosten hatte und steuerfrei mit dem Führerschein 4 ohne Fahrprüfung gefahren werden durfte.

Kroboth
Den Erfinder Gustav Kroboth hatte die Vespa zu einer eigenen Rollerkonstruktion angeregt. Er entwickelte 1950 einen Prototyp zum Anschieben, ohne Anlasser. Drei Modelle wurden in der Zeit von 1951 bis 1955 von der Maschinenfabrik G. Kroboth aus Seestall/Lech gebaut: ein 100-ccm-Modell, ein 150er Roller sowie der Kroboth Allwetterroller, der ein Cabrioverdeck und einen 174-ccm-Motor von Fichtel & Sachs mit 9 PS besaß.

Lutz
In der Zeitspanne von 1949 bis 1954 produzierte die Braunschweiger Einbaumotoren-Firma Lutz GmbH einen asketischen Roller mit 58 ccm Hubraum und 1 PS Leistung. Später kam der Autobahn-Motorroller R 175 mit 7 PS hinzu.

Meister
Ab 1955 boten die Meister-Fahrradwerke Doppelt in Bielefeld einen 50-ccm-Stadtroller gleich unter drei Markennamen an:

Rechts: Progress Strolch, eine solide Konstruktion aus dem Schwarzwald mit 150- oder 175-ccm-Motor.

Links: Der von Meister hergestellte Stadtroller war ein Leichtgewicht seiner Kategorie.

Links: Recht ungewöhnlich nahm sich der Pirol 200 ccm aus, der 1951 dem 143-ccm-Modell folgte.

Meister, Phänomen und Mammut. Das Fahrzeug war eine Mischung zwischen Motorroller und Moped.

Motorenwerke Varel
Die Motorenwerke Varel GmbH brachten 1951 einen einfachen Roller mit Einzylindermotor heraus, den FF, der 0,8 PS leistete und zum niedrigen Preis von nur 475 Mark angeboten wurde.

Panther
Die Panther Werke AG in Braunschweig schufen 1951 mit dem Karat einen voll verkleideten Motorroller ohne Durchstieg mit ungewöhnlicher Straßenlage.

Progress
Mit dem Strolch hatte das Progress Werk in Oberkirch/Baden 1954 einen 150-ccm-Roller auf den Markt gebracht, dem später eine 175-ccm-Version folgte. Auffällig war die Position der Lampe im Vorderbau. Als Roller-Motorrad hatte der Strolch alle guten Fahr- und Lenkeigenschaften eines Motorrades, aber formal mit seiner geschlossenen Verkleidung und dem freien Durchstieg die Grundeigenschaften eines Rollers. Der Progress 200 ergänzte von 1955 bis 1960 das Angebot.

Rabeneick
Der Roller R 50, baugleich mit der Hercules 50 und dem KTM Pony II, wurde 1964 von den Bielefelder Rabeneick-Werken auf den Markt gebracht. In einer Zeit, als der Roller-Boom bereits in den Rückwärtsgang geschaltet hatte, sollte er der Branche neue Käufer zuführen, was aber nicht gelang.

Röhr
Die Maschinenfabrik Erich Röhr in Landshut baute in der Zeit von 1952 bis 1957 ein formschönes 10-PS-Rollergefährt namens Roletta, dem trotz seiner gelungenen Gesamtkonzeption kein Markterfolg beschieden war. Mit einem 197-ccm-Ilo-Motor ausgestattet, wurde ihm eine gute Straßenlage zugeschrieben.

Schweppe-Mechanik
Der Pirol von der Firma Schweppe-Mechanik in Dortmund mit 143 ccm und 4,5 PS Leistung war einer der ersten deutschen Serienmotorroller. Das Nachfolgemodell war der Pirol 200 mit 6,5 PS.

Simson
Mit dem Roller Schwalbe KR 50 hatte das VEB Fahrzeug- und Gerätewerk Simson in Suhl Ende der fünfziger Jahre auf dem Gebiet der einstigen DDR einen ebenso bekannten Roller im Programm wie die Vespa in allen anderen Ländern Europas und der Welt. Ende der achtziger Jahre wurde seine Produktion eingestellt. Danach folgten neue Modelle mit 12-Zoll-Reifen. So ist Simson heute der letzte deutsche Rollerhersteller.

Triumph
Mit der Triumph Contessa, ausgerüstet mit einem 10 PS leistenden 200-ccm-Doppelkolbenmotor, und der Triumph Tessy in den Ausführungen Luxus und Super

Rechts: Er blieb ein Prototyp, der BMW-Roller, der mit 175-ccm-Viertaktmotor geplant war...

Links: Eine Reihe schöner und solide gebauter Roller kam aus dem Nürnberger Triumph-Werk.

Oben: Sehr dem Motorrad verwandt war die von Victoria gebaute Peggy mit 200-ccm-Motor (1956). Links daneben ein 1952er Walba mit ungewöhnlichen Stylingelementen.

(beide mit einem 125-ccm-Motor) hatten die Triumph Werke in Nürnberg in der Zeit von 1955 bis 1957 zwei Modelle auf dem Markt, die hohen Qualitätsansprüchen genügten.

Venus

In der Zeit von 1953 bis 1955 bot die Venus Fahrzeugbau GmbH in Donauwörth drei Roller an: Mit 98 ccm das Modell Venus DS 100, mit 147 ccm den MS 150 und mit 174 ccm den MS 175.

Victoria

Das mit vielen technischen Finessen ausgerüstete — unter anderem erstmals mit der sogenannten Swing-Electric-Schaltung — und seitenwagentaugliche Modell Peggy der Victoria-Werke AG Nürnberg wurde von 1955 bis 1957 mit einem 197-ccm-Aggregat angeboten, das 10 PS leistete. Daneben führte Victoria einen 48-ccm-Kleinroller namens Nicky ein (1954 bis 1957), gefolgt von der Preciosa, von 1958 bis 1961 auf dem Markt.

VMO

Das VMO-Werk in Lamspringe stellte von 1949 bis 1950 den Troll her, ein 1-PS-Motorroller, der wahlweise auch mit stärkeren Motoren bestückt werden konnte. Ungewöhnlich war der Antrieb: der Motor saß direkt über dem Vorderrad. Den Troll gab es auch als Dreirad mit Kastenaufbau zur Personen- oder Lastenbeförderung. 1951 übernahm Faka in Salzgitter diese Firma.

Walba

Der Walba-Fahrzeugbau in Reutlingen fertigte elegante, aber letztendlich zu teure Gefährte an, die in der Zeit von 1949 bis 1952 als Modelle Walba, Kurier, Tourist, De Luxe und Commodore auf den Markt kamen. In Technik und Design waren sie anspruchsvoll und ungewöhnlich, eine zu aufwendige Produktion führte indessen zu einer Einstellung der Rollerproduktion. 1952 übernahm die Fahrzeugfabrik Kannenberg die Firma.

Viele weitere Motorroller wurden in dieser Zeit entwickelt, die aber nie in Produktion gingen. So hatte zum Beispiel auch BMW einen Pfeil im Köcher, schoß ihn aber nicht ab. Die Bayern konzentrierten sich auf den Bau der Isetta (die ja auch auf einem italienischen Design beruhte) und legten ihren 175-ccm-Roller-Prototyp zu den Akten.

Vespa-Konkurrenz in Österreich

Auf den Straßen Europas tummelten sich in den fünfziger Jahren Exoten, Flops und unorthodoxe Konstruktionen, biedere Fahrmaschinen und zweirädrige Wüstenschiffe, was dem Erfolg der Vespa aus Italien keinen Abbruch tat: Von ihrer Attraktivität büßte sie weltweit nichts ein. In Österreich hatten ein halbes Dutzend Firmen den Rollerbau aufgenommen, unter ihnen die renommierten Lohner-Werke in Wien, wo einst Ferdinand Porsche seine Karriere begonnen hatte. Gegen die Monopolstellung des Puch-Rollers auf dem österreichischen Markt vermochte Lohner allerdings nicht zu bestehen.

Der erste Puch »Alpenroller« mit seinem 121-ccm-Zweitaktmotor ging 1952 in Serie. Schon 1953 konnte die Grazer Firma 13.000 verkaufte Exemplare melden. Einige der österreichischen, meist hellgrün lackierten Roller kamen auch nach Deutschland, um hierzulande — ohne großen Ersatzteil- oder Kundendienst — als Außenseiter ihre Liebhaber zu finden. Sehr gut erging es auch KTM aus Mattighofen, Oberösterreich. Das mittelständische Familienunternehmen (KTM bedeutet Kronreif & Trunkenpolz Mattighofen), in erster Linie als Hersteller von Cross-Maschinen bekannt, präsentierte 1956 seinen Roller namens Mirabell mit 150-ccm-Triebwerk. Ein Jahr später folgte der KTM Mecky, ein Mopedroller mit 49-ccm-Rotax-Motor, der sich innerhalb von zwei Jahren 8000mal verkaufen ließ. Anfang der sechziger Jahre avancierte dann der KTM Pony zum Renner, der über die Karlsruher Nähmaschinen- und Motorradfabrik Gritzner-Kayser auch nach Deutschland gelangte. 1974 wurde der 100.000 Pony-Roller ausgeliefert; als Super-4 de Luxe gab es das Gefährt noch bis Mitte der achtziger Jahre.

Fast nur Importfabrikate in England

Die Scooterwelle hatte schon früh die Gestade Großbritanniens erreicht. In dem klassischen Land des Motorrades begegnete man jedoch fast nur Importfabrikaten; die Eigenproduktion hielt sich in Grenzen, zumal sie im Export nicht gegen die kontinentalen Erzeugnisse anzutreten vermochte. Hinzu kam die starke Vormachtstellung der Vespa, die in England nicht importiert werden mußte, sondern direkt vom Lizenznehmer Douglas auf den Markt gebracht wurde.

Die zur damaligen Zeit als Motorradfabrik sehr berühmte Firma Excelsior vertrieb in England unter ihrem Namen den Heinkel Tourist. Die Firma Ambassador verkaufte die Zündapp Bella, der Renn- und Sportwagenhersteller Kieft importierte den Hercules-Roller. Ebenso vertreten waren die Roletta von Röhr, der Hobby von DKW und die Diana von Dürkopp, ferner Moto Parilla, Lambretta und Ducati aus Italien sowie Mobyluxe und Motobécane aus Frankreich.

Alle Anstrengungen der Briten, die Erfolge der Importroller zu erreichen oder gar zu überflügeln, schlugen fehl. Der erste britische Scooter erschien nicht vor 1954, es war der große und sehr

Links und rechts: Der Puch-Alpenroller.

Unten: Eine Mischung bewährter Konstruktionselemente wies der Roller von Lohner auf.

schnelle Albatross der Dayton Cycle Company Ltd. in London. Er hatte einen Zweitakt-Einzylinder von Villiers mit 225 ccm Hubraum, erinnerte etwas an die Zündapp Bella und lief 105 km/h.

BSA und Triumph wollten ihren gemeinsam entwickelten Tigress-Roller in 50.000 Exemplaren pro Jahr vom Stapel lassen. Ihr 1958 der Öffentlichkeit vorgestelltes Fahrzeug besaß einen Rohrrahmen und konnte wahlweise mit einem 175-ccm-Zweitakt- oder einem 250-ccm-Viertaktmotor geliefert werden, gegen Aufpreis auch mit einem elektrischen Anlasser. Doch trotz großer Anstrengungen fand dieser kraftvolle Roller mit seinen fließenden Linien nur wenige Freunde, womit es der Tigress nicht anders ging als ihrer Vorgängerin Beeza, die als 200-ccm-Roller vieles vereinte, was auch einen beliebten deutschen oder italienischen Roller ausmachte.

Alle Anstrengungen der Briten, die Erfolge der Importroller zu erreichen, schlugen fehl

Auch die Rollerhersteller Mercury, Phoenix, Piatti oder DMW wußten keine Antwort auf das Klopfen von draußen und vermochten die ausländische Invasion nicht zu bremsen. Der Piatti-Scooter nach Vespa-Vorbild mit tiefer Schwerpunktlage, 8-Zoll-Rädern und 125-ccm-Motor bewies zwar, daß man in England gelernt hatte, worauf es ankam, aber er war ein häßlicher Vogel, so daß *Roller und Mobil* 1956 höhnte: »Man hat in England nun einmal einen besonderen Geschmack, und schließlich muß es ja auch eine Möglichkeit geben, später einmal ein neues Modell herauszubringen...«

Erwähnt sei auch die Firma Carr Brothers Ltd. in Purley, Surrey, die 1956 den deutschen Progress Strolch in Lizenz baute und dieses mit seinen 16-Zoll-Reifen großrädrige Gefährt mit einem Villiers-Motor ausrüstete. Dann gab es den Oscar 200 von der Firma Projects & Development Ltd. in Blackburn mit Kunststoff-Verkleidung und 125-ccm-Villiers-Zweitaktmotor; wahlweise bekam man auch ein 175-ccm-Aggregat. Es wurden sogar deutschsprachige Prospekte für den Oscar gedruckt, obwohl der Export nur einen sehr geringen Umfang annahm.

Hellwache Konkurrenz in Frankreich

Die Vespa mußte in Frankreich gegen eine erheblich umfang- und ideenreichere Konkurrenz antreten als in Großbritannien. Schon 1952 hatte Piaggio zusammen mit französischen Partnern die Atéliers de Construction de Motocycles et d'Accessoires, kurz A.C.M.A., gegründet, die mit 700 Mitarbeitern in Fourchambault mit dem Lizenzbau der Vespa begann. Damit hatten sich die Italiener frühzeitig und auf breiter Front ein großes Stück vom Kuchen des französischen Rollermarktes gesichert.

Doch die Konkurrenz war hellwach. Bereits 1950 hatte der Bernardet-Scooter sein Debüt gegeben. Er kam aus der bedeutendsten Seitenwagenfabrik Frankreichs und lehnte sich nur ganz gering an die Vorbilder Vespa oder Lambretta an.

Oben: Ein Dürkopp-Roller in England mit einem der dort üblichen Cabriolet-Seitenwagen, natürlich links montiert.

Oben rechts: Der Oscar mit Villiers-Motor aus England. Darunter der Beeza von BSA, ein 200er mit elektrischem Anlasser, Fußschaltung und Kardanantrieb.

Oben: Nicht sehr elegant, aber solide gebaut war der französische Terrot 125.

Links: Der in Frankreich einst weit verbreitete Moby von Motobécane.

Oben ein Bernardet (im Texas-Look), darunter der vielgebaute Peugeot Scooter S.55 mit seiner Gepäckablage über dem Vorderrad.

Der Bernardet hatte einen Stahlrohrrahmen als tragendes Rückgrat; das Triebwerk war ein 125-ccm-Zweitakter von Ydral mit 5 PS Leistung. Für 1650 Mark wurde dieser Roller als »Idealfahrzeug für Ihren Einkauf in der Stadt, Ihre Fahrt in den Sonntag, zur Arbeit und zum Friseur« auch in Deutschland angeboten. Die luxuriöse Exportversion umfaßte eine Uhr mit einem Achttagelaufwerk, einen Tachometer, einen Zelluloid-Windschutz sowie Zweifarbenlackierung.

1954 kam der 50-ccm-Roller Cabri hinzu, dem hier allerdings die Zulassung versagt blieb. Fünf Jahre später erfolgte die Liquidation des Unternehmens, das seit 1955 unter der Kontrolle des Aggregate- und Kranbauers Le Poulain gestanden hatte.

Scootavia hieß ein anderer französischer Roller, hergestellt in Paris. Er war eine Schöpfung des Luftfahrt-Ingenieurs M. A. Morin und wurde hauptsächlich von Zweiradfans erworben, die frischen Wind schnuppern wollten, ohne auf Wohnzimmerkomfort zu verzichten. Die Besonderheit des Scootavia mit seinem 8 PS starken AMC-Viertaktmotor (175 ccm) war seine Länge von 2,15 m — eine Hoffmann-Vespa brachte es gerade auf 1,65. Diese Extravaganz hatte auch ihren Preis, denn mit 225.000 alten Francs kostete dieses Gefährt doppelt soviel wie eine A.C.M.A.-Vespa. Rund 500 Scootavia-Roller wurden 1952-53 insgesamt hergestellt.

Der Star der französischen Rollerszene war zweifellos der Peugeot

Stark an die Form der Lambretta erinnerte der Roller von Motobécane aus Paris-Pantin, dort seit 1951 gebaut. Es gab zahlreiche Modellvarianten sowohl mit Zweitakt- als auch mit Viertaktmotor. Die Fertigung lief 1960 aus. Auch der Motorradhersteller Terrot in Dijon stellte eine Zeit lang Roller her, sogar in Großserie. Die Geschwindigkeitsregelung erfolgte durch zwei Fußpedale, was Mademoiselle Denise Perrier offenbar nicht als Nachteil empfand, die als »Miss World« 1953 auf Prospektfotos für den zweisitzigen 125-ccm-Roller von Terrot warb.

Der Star der französischen Rollerszene war zweifellos Peugeot, deren erster Scooter 1953 der Presse vorgestellt wurde. Es handelte sich bei dem Typ S.55 um ein langstreckentaugliches Fahrzeug mit Gepäckablage über dem Vorderrad.

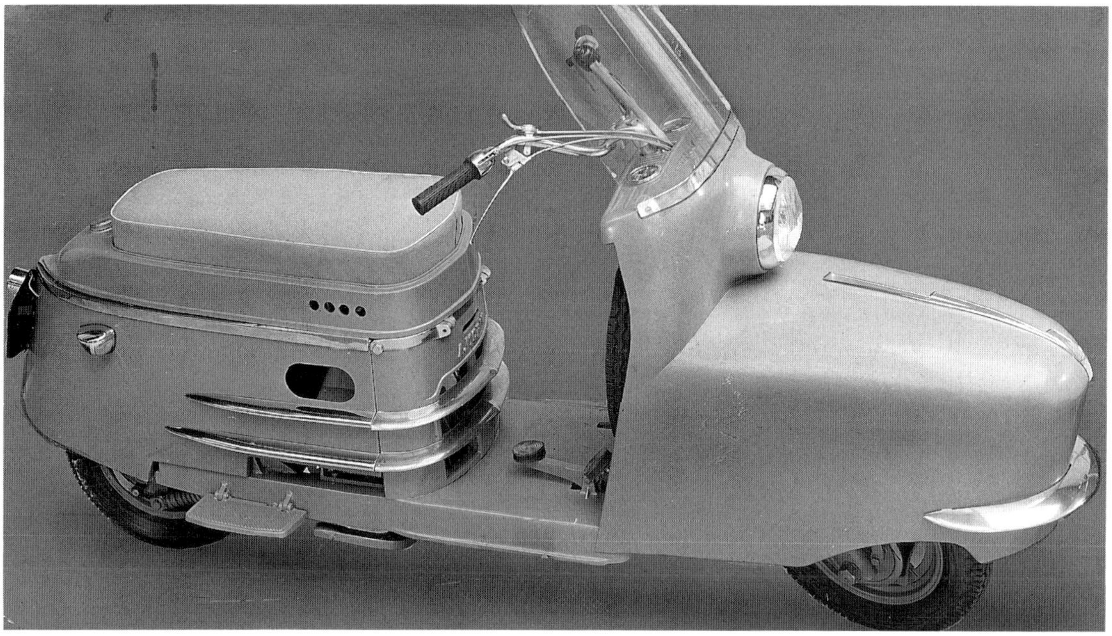

Links: Der von A. Morin 1959 in Paris vorgestellte Scootavia, stark stromformbetont.

Unten: Ein zusammenlegbarer Stadtroller, auf eine Minimalformel reduziert, war der französische Aeroscoot.

Rechts: Mors Speed 1954, herkömmlichen Baumustern schon ähnlicher als viele andere französische Roller.

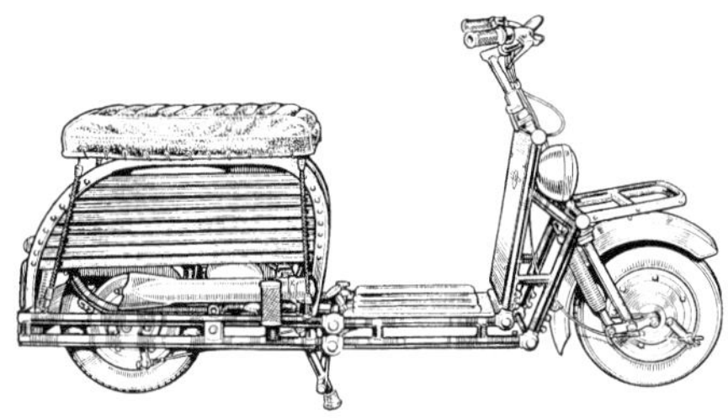

Rechts: In der Tschechoslowakei von der Motokov-Gruppe hergestellter Tatran S.125.

Unten: Ebenfalls tschechoslowakischer Herkunft war der von CZ hauptsächlich für den Export gebaute 175-ccm-Roller.

Angetrieben wurde das »kleine Auto auf zwei Rädern«, wie es in der Peugeot-Werbung hieß, durch einen 125-ccm-Motor. Aufsehen eregten zwei Männer der französischen Luftwaffe, die 1956 mit einem solchen Roller von Saigon (damals Französisch-Indochina) über Kambodscha, Siam (Thailand), Indien, Pakistan, Iran, Irak, Jordanien, Türkei, Jugoslawien und Italien nach Paris fuhren.

Es ließen sich noch zwei Dutzend weitere französische Roller-Hersteller aufführen, die zwar keine allzu große Marktbedeutung hatten, dennoch alle eine Konkurrenz zum Original aus Pontedera darstellten. Denn allein auf weiter Flur war die Vespa zu keiner Zeit.

Es würde den Rahmen dieser Ausführungen sprengen, auch auf die vielen weiteren Rollerfabrikate anderer europäischer Länder einzugehen. Interessante wie primitive kamen sowohl aus der Tschechoslowakei, aus Spanien oder Ungarn. Nicht zu vergessen die zahllosen Eigenbauten, die stets und überall in privater Regie entstanden und im Straßenbild auf ihre Weise für Abwechslung sorgten...

PARIS
PORTE
DE CHARENTO
Vespa 150

KAPITEL 6

Vespa-Produktion und Exporte

Ein amerikanischer Marinesoldat bringt seine Vespa an Bord, um sie mit nach USA zu nehmen.
Gegenüberliegende Seite: Frankreich war für deutsche Vespa-Touristen schon immer ein beliebtes Reiseland.

Bereits im Jahre 1950 hatte sich mit der Lintorfer Produktion durch die Firma Hoffmann eine erste Fertigungsstätte von Piaggio-Produkten außerhalb Italiens etabliert. Ihre Entwicklung wurde bereits weiter oben ausführlich geschildert.

Weitere wichtige Produktions- und Montageländer stellten darüberhinaus bis in die sechziger Jahre Frankreich, Großbritannien, Brasilien, Belgien und Spanien dar, wenn man von einigen Montageaktivitäten in Ländern der dritten Welt absieht.

Vespa-Produktion in Frankreich

Im Herbst 1950 wurde die Produktion der Vespa in Frankreich vorbereitet. Drei verschiedene Modelle des Typs 125 sowie das berühmte Weltrekordfahrzeug von Montlhéry fanden auf dem Pariser Salon gebührende Beachtung. Vom Frühjahr 1950 bis Februar 1951 wurden 1200 Vespa-Roller eingeführt.

Die im Herbst 1950 gegründete Importfirma Ateliers de Construction de Motocycles et d'Accessoires (A.C.M.A.) in Fourchambault war eine Nachfolgerin des ehemals staatlichen Rüstungsbetriebes Société Nationale de Constructions Aéronautiques du Centre (S.N.C.A.C.). Mit 300 Mitarbeitern ging man 1951 zu einer eigenständigen Herstellung über. Und bereits ein Jahr später setzte sich die A.C.M.A.-Vespa zu 100 Prozent aus in Frankreich hergestellten Komponenten zusammen. Die Zahl der Mitarbeiter war inzwischen auf 700 angestiegen.

8940 gefertigte Roller wies die Werksstatistik für das Jahr 1951 auf, 1952 waren es bereits 28.280 — mehr als die Hälfte der französischen Gesamtproduktion von 50.829 Motorrollern. Ohne Zweifel rangierte die A.C.M.A.-Vespa als Nummer Eins auf dem französischen Scootermarkt. An zweiter Stelle folgte mit einem einsitzigen Roller Terrot mit 7983 Exemplaren, an dritter Stelle lag Lambretta, die von diesem Jahr an in Troyes als Lizenzprodukt hergestellt wurde. An vierter Stelle stand der französische Rollerpionier Bernardet mit 4737 Stück, an fünfter Stelle Speed mit 1834, dann kam Motobécane mit 808 Exemplaren. Der Rest verteilte sich auf eine Vielzahl kleiner Fabrikate, von denen noch die Namen Vallée, AGF, Guiller, Ardent und Sterva erwähnenswert sind.

Für 1953 wies die A.C.M.A.-Produktionsstatistik die hohe Zahl von 40.800 Vespa-Rollern auf: Der Geschmack des französischen Publikums, so schien es, hatte sich noch mehr der italienischen Linie und dem 125-ccm-Roller zugewendet.

Am 2. Juni 1954 feierte man in Fourchambault die Fertigstellung der hunderttausendsten Lizenz-Vespa. Fürst de Beauveau-Craon, Präsident der A.C.M.A., sprach vor den 1400 Mitarbeitern von einem Siegeszug der Vespa in Frankreich, wie ihn anfangs kaum ein Branchenexeperte für möglich gehalten hatte. Innerhalb von nur drei Jahren hatte sich das Unternehmen von einem Außenseiter, der nicht mehr als 20 Roller pro Tag baute, zu einem angesehenen Großhersteller entwickelt, der jetzt täglich 200 Exemplare auslieferte und zudem ein umfangreiches Zubehörprogramm fabrizierte.

Das Werk verfügte über Hallen von 20.000 Quadratmetern Fläche; das ge-

Oben: Fließbandproduktion der Vespa in Fourchambault. Diesen Roller gab es bis 1956 auch auf deutschem Boden zu kaufen: im Saarland. Rechts eine Luftaufnahme des A.C.M.A.-Werkes.

samte Betriebsareal war 100.000 Quadratmeter groß und umfaßte auch eine Einfahr- und Testbahn von 250 Meter Länge in Form eines Rundkurses aus Beton, der direkt an die Produktionsstätten grenzte.

Die A.C.M.A. war nicht nur in Bezug auf ihre Fertigungstechnik ein Musterbetrieb; zeitweise handelte es sich um eines der modernsten Zweiradwerke Frankreichs überhaupt.

Eine beachtliche Zahl von A.C.M.A.-Fahrzeugen wurde auch auf deutschem Boden verkauft, nämlich im Saarland, das erst 1956 in die Bundesrepublik eingegliedert wurde und zuvor durch eine Wirtschafts- und Währungsunion mit Frankreich liiert war.

Ganz im Gegensatz zu ihren Kollegen in Großbritannien, Irland und anderen Ländern scheute sich die französische Gendarmerie, auf dem Sattel einer Vespa Platz zu nehmen. Dafür zeigte die Armee Interesse an den »Scooters militaires« und orderte 1955 für vergleichende Testfahrten einige Dutzend Bernardet-, Valmobile- und Vespa-Roller. Die A.C.M.A. produzierte zwei Modellvarianten, den T.A.P.56 und den Typ T.A.P.59. Der Motor hatte einen Hub von 54 und eine Bohrung von 58,5 mm. Da bei einem Fallschirmabwurf die Landung zumeist recht unsanft vor sich ging, hatte man das ausladend geformte Blechkleid der Vespa durch breite Sturzbügel geschützt. Statt einer Sitzbank verpaßte man der Armeeversion einen einzelnen Sattel mit einer verstärkten Halterung, auf der auch schweres militärisches Gepäck Platz finden konnte. Einsätze mit derart ausgerüsteten Vespa-Rollern fanden im Indochina- und später auch im Algerienkrieg statt.

Auf den ersten Blick schien sich die französische Vespa 125 überhaupt nicht von dem Original aus Pontedera zu unterscheiden. Bei näherem Hinsehen wurden jedoch einige Unterschiede im Detail deutlich. So gab es zum Beispiel Amac- anstelle der Dell'Orto-Vergaser (die zu erheblich größerem Durst neigten). Von Produktionsbeginn an — wenn man von den 1950 aus italienischen Teilen montierten Rollern absieht — war der Scheinwerfer vom Schutzblech an den Lenker gewandert, denn die französische Gesetzgebung verlangte bei Zweirädern, daß die Frontbeleuchtung mindestens 60 cm über dem Boden zu sitzen hatte.

Was die Modellpolitik des französischen Werkes betraf, so lehnte man sich eng an die des Herstellers in Pontedera an. So waren die ersten Roller mit dem bekannten 125-ccm-Motor von 4,5 PS bei 4500/min ausgestattet und besaßen 8-Zoll-Reifen. Das 1953 in Italien entwickelte 5 PS-Modell war in Frankreich erst ein Jahr später zu bekommen. Liefen 1955 von der 125er-Serie noch 57.591 Einheiten vom Band, so sank diese Zahl im folgenden Jahr auf 53.313 Roller. Diese Tendenz setzte sich in der Folgezeit fort: 38.311 Exemplare 1957, 17.471 im Jahr 1958. Schließlich produzierte die A.C.M.A. weitgehend auf Halde und sah sich eines Tages gezwungen, die Fließbänder anzuhalten. Kurzarbeit war angesagt — der Roller schien, wie auch in anderen Ländern, aus der Mode zu kommen.

Auch die französische Armee zeigte Interesse am »Scooter militaire«

Um der Lambretta 150 DL Paroli zu bieten, präsentierte die A.C.M.A 1956 eine eigenständige 150 GL — nicht mit der italienischen GL zu verwechseln, die erst 1957 eingeführt wurde. Dieser französische »Grand Routier«-Roller hatte das Fahrwerk der 125, aber mit 3,5 x 9-Zoll-Reifen. Der 145-ccm-Motor war eine Weiterentwicklung des 125er Triebwerks. Anstelle des quadratischen Maßes von 54 x54 mm wurde bei gleichem Hub die Bohrung auf 58,5 mm vergrößert und damit eine Motorleistung von 6,2 PS erreicht, gut für eine Höchstgeschwindigkeit von 85 km/h. Typisch für diese französische Variante waren ein Zenith-Vergaser, Weißwandreifen, gegenüber dem Modell 125 veränderte Bremsen, ein abschließbares Gepäckfach und zwei identische Motorradsättel. Die Bowdenzüge verliefen noch außerhalb des Lenkers. 4462 Exemplare entstanden nach französischen Aufzeichnungen 1956, 5916 im Jahre 1957, und nur noch 3705 waren es 1958.

Der in Frankreich hergestellte Vespa-Roller wich in einigen Details vom italienischen Original ab. Aus gesetzlichen Gründen mußte der Frontscheinwerfer an den Lenker wandern.

Dem Kleinwagen-Trend folgend, versuchte die A.C.M.A. die Zweirad-Rezession mit dem Bau des Vespa-Autos 400 aufzufangen, das im Oktober 1957 auf dem Pariser Automobil-Salon sein Debüt gab und ab 1958 gebaut wurde. Aber auch dieses Minimobil konnte die Krise nicht abwenden. In der Zeit von 1953 bis 1957 wurden in Fourchambault auch Ape-Dreiräder (»Tri-Ape«) hergestellt, insgesamt 5076 Stück.

1959 stellte die A.C.M.A. 15.664 Vespa-Roller des Typs 125 und 5683 Stück des Modelles 150 auf die Räder. 1959 ersetzte man die Vespa GL durch die Vespa 150 GS, die in Italien im Dezember 1954 erstmals präsentiert und ab 1955 gebaut worden war. 1961 betrug die gesamte Vespa-Rollerproduktion Frankreichs nur noch 13.500 Exemplare.

1962 gingen in Fourchambault endgültig die Lichter aus: Die Fertigung der Vespa wurde eingestellt. Fortan sorgte die neugegründete Firma Vespa-France für einen (gedrosselten) Nachschub an Fahrzeugen und vermochte erst in den siebziger Jahren wieder mit Ciao-Mopeds und Ape-Dreirädern neue Absatzmärkte zu erschließen. Mitte der siebziger Jahre liefen in Frankreich Hunderte von Ape-Transportern im Dienst der Postbehörden.

In den letzten Jahren hat auch in Frankreich die Zahl der Roller wieder zugenommen. Mit Peugeot besitzen die Franzosen einen starken nationalen Hersteller, aber auch die Vespa findet gerade bei Jugendlichen wieder zahlreiche Liebhaber. Den Vertrieb der Piaggio-Produkte besorgt heute die Vespa Diffusion S.A. mit Sitz in Pantin bei Paris. Sie stützt sich auf ein Händlernetz mit rund 600 Konzessionären, die das gesamte Zwei- und Dreiradprogramm aus Pontedera führen.

Bei Douglas hergestellte Vespa, fotografiert in London. Typisch ist das meist (aber nicht immer) gekrümmte, auf dem Kotflügel aufgemalte Kennzeichen.

Vespa-Produktion in Großbritannien

Der englische Zweiradmarkt wies stets seine besonderen Eigenheiten auf. Lange Zeit schienen sich die traditionsbewußten Angelsachsen dem Motorroller zu verschließen. Zwar gelangten 1949 die ersten Vespa-Fahrzeuge auf die Insel, aber ein anschließender Roller-Boom, wie ihn Westdeutschland erleben sollte, blieb aus. So war Großbritannien eines der wenigen europäischen Länder, in welchem keine namhafte Firma einen Roller baute — mit nur einer Ausnahme: Douglas Ltd. in Kingswood bei Bristol.

Dieses Unternehmen startete 1951 mit einer Lizenzfertigung der Vespa und hoffte, damit ihre angespannte wirtschaftliche Situation zu meistern. Der ersehnte Erfolg blieb indessen aus. Im Herbst 1953 schraubte Douglas gerade knapp 100 Exemplare pro Monat zusammen.

Es gab mehrere Ursachen für diese wenig zufriedenstellende Situation. Insbesondere war den Engländern der Roller nicht sportlich genug. Er schien auch die Damen nicht anzusprechen: Schon früher sah man dort Fahrerinnen auf leichten Motorrädern der 125-ccm-Klasse, selbst mit sportlichen 500-ccm-Maschinen trauten sie sich auf die Straße. Hinzu kam ein ungünstiges Preis-Leistungs-Verhältnis. Eine Vespa kostete 1953 einschließlich Kaufsteuer 149 Pfund Sterling (1 Pfund = DM 11,77), eine aus Italien eingeführte Lambretta zwischen 139 und 159 Pfund. Hingegen konnte man bereits für 88 Pfund ein 125-ccm-Motorrad von BSA oder für 130 Pfund eine obengesteuerte 250er erwerben. Selbst die 500-ccm-Norton kostete nur 165 Pfund. Hinzu kam, daß der Roller keine besonders günstige

Die Verkehrspolizei der englischen Universitätsstadt Cambridge hatte ebenfalls Vespa-Scooter im Fuhrpark. Die Windschutzscheibe zählte nicht nur bei den Briten zum beliebtesten Zubehör.

Versicherung oder Vorteile bei der Kfz-Steuer in Anspruch nehmen konnte, sondern wie jedes andere Zweirad eingestuft wurde. 1956 nahm man nach der 125er das Modell 150 mit Dreiganggetriebe sowie das GS-Modell mit vier Gängen in die Fertigung auf. Zu diesem Zeitpunkt paßte man auch die Plazierung des Schweinwerfers den kontinentalen Gepflogenheiten an und ließ ihn von der Mitte des Frontschildes hinauf an den Lenker wandern.

Mit der Firma Douglas hatte sich Piaggio ohne Zweifel ein prominentes Unternehmen als Partner für die »Wasp«-Expansion im Vereinigten Königreich gewählt, wenn diese Firma auch immer wieder in Schwierigkeiten gekommen war. Aus wirtschaftlichen Gründen war sie von 1907 an binnen eines halben Jahrhun-

Links: Hostess des Royal Automobile Club Great Britain.

Oben: Bei Douglas gab es ab 1951 eine Vespa-Lizenzfertigung. Hier ein Blick auf die Motorenmontage.

derts fünfmal neu gegründet worden. Während des Zweiten Weltkrieges gab es eine kurze Phase der Sanierung, als zeitweise 5000 Mitarbeiter mit der Produktion von Rüstungsgütern beschäftigt waren. In der Nachkriegszeit jedoch ließen sich die in Kingswood hergestellten Motorräder mit ihrem Zweizylinder-Boxermotor kaum mehr absetzen, weshalb es Douglas auch zum Rollergeschäft zog.

Die Probleme ließen sich damit jedoch nicht aus der Welt räumen. 1957 mußte Douglas seine Motorradproduktion einstellen; Vespa-Lizenzroller wurden noch bis Ende 1960 produziert. Danach blieb Douglas als Importeur und für den Service zuständige Firma dem Hause Piaggio dennoch weiterhin verbunden.

Wie viele ihrer Kollegen nutzten auch die englischen Bobbys die praktischen und wirtschaftlichen Vorteile der Vespa. Im Sattel ihrer Vespa-Scooter waren sie auch im dichtesten Verkehrsgewühl sprichwörtlich schnell. Für die Einwohner von Liverpool, Stafford und Cambridge war es jahrelang ein üblicher Anblick, wenn ihre Ordnungshüter auf der Vespa daherkamen.

Auch bei der irischen Polizei fiel 1958 bei der Suche nach

Betta Getta Vespa (schaff dir lieber eine Vespa an) — eine originelle Anzeige von 1959, als die Engländer dem Scooter noch höchste Zuneigung entgegenbrachten.

einem leichten, und gut zu handhabenden Zweirad die Wahl auf die Vespa. Die Iren befanden sich dabei in guter Gesellschaft mit Ordnungshütern in aller Welt. So verwendeten Einheiten der mexikanischen Forstpolizei als Nachfolger der berittenen Polizei die Vespa ebenso wie ihre Kollegen am Fuße der Akropolis in Athen und die Carabinieri Italiens.

Vespa-Produktion in Spanien

Die spanische Vespa-Story startete im August 1952 in Ciudad Lineal bei Madrid. In der Calle de Juliàn Camarillo wurde auf einem 13.000 Quadratmeter großen Gelände mit dem Bau einer modernen Werksanlage begonnen, und schon sechs Monate nach dem ersten Spatenstich liefen hier die ersten Vespa-Roller vom Band. Sie zählten bald zu den populärsten Motorfahrzeugen des Landes.

Während 1953 nicht mehr als vier Vespa-Roller pro Arbeitstag entstanden waren, betrug die Zahl bereits ein Jahr später 150 Roller und zehn Transportdreiräder nach Ape-Vorbild pro Tag. Bereits am 23. Juli 1957 lief die 50.000. Vespa vom Band.

Die ersten spanischen Vespa-Roller waren 125er Modelle mit der für jene Zeit typischen Lackierung in Grünmetallic. Konsequent folgte die Moto Vespa S.A. den Detailverbesserungen, die das italienische Mutterwerk vornahm und brachte die Lizenz-Vespa ebenfalls auf den neuesten Stand.

1959 kam das Modell »S« unter dem Werbeslogan »para turismo ràpido« auf den Markt: Der schnelle Reiseroller. Das S-Modell war identisch mit der überarbeiteten italienischen Vespa 125 des Jahres 1958. 1961 folgte das S-Modell mit 150-ccm-Motor. 1964 lief alle drei Minuten ein Fahrzeug vom Fließband. Von 100 in Spanien verkauften Motorrollern waren inzwischen 70 heimische Vespa-Modelle.

Mit der Verbreitung der Vespa vollzog sich in mancher Beziehung auch eine Veränderung des Lebensstils der Spanier. Der Roller diente nicht nur zur Absolvierung des Weges zur Arbeit, sondern ermöglichte es seinen Besitzern, unabhängig von der Benutzung öffentlicher Verkehrsmittel zu reisen und sich mit Land und Leuten der Umgebung bekanntzumachen.

Als einziges europäisches Unternehmen stellt die inzwischen Motovespa S.A. geschriebene, seit 1986 hunderprozentige

Links: Die spanische Vespa-Fabrik in Ciudad Lineal durfte als ein besonders modern eingerichteter Betrieb gelten. Ein Foto von 1964.

Oben: Schnappschuß von einem Boulevard-Café in Madrid. Junge Leute waren in Spanien der Vespa natürlich besonders zugetan.

Links: Gebäude der Moto Vespa S.A., wo die Produktion 1953 ihren Anfang nahm.

Piaggio-Tochter noch heute Mopeds und Motorroller her, insbesondere die PX-Modelle. Das aktuelle Angebot umfaßt neun Modelle: In der PK-Baureihe die 75 XL, die 75 XL Elestart, die 125 XL Elestart sowie die PK 125 Plurimatic mit automatischer Schaltung; in der PX-Baureihe das Modell PX 200 Iris; außerdem die 125 T5 Sport Elestart und die 200 TX Elestart; schließlich die Cosa 125 und 200 ccm mit Kickstarter.

Die übrigen europäischen Tochtergesellschaften sind nur mehr für Vertrieb und Service von Piaggio-Produkten zuständig. Als führende Fabrik motorisierter Zweiräder weiß sich die Motovespa fest auf dem iberischen Markt verankert, bei einem Piaggio-Marktanteil von beachtlichen 30 Prozent.

Oben: Endmontage der spanischen Vespa.

Vespa-Produktion in Belgien

Als letztes europäisches Vespa-Produktionsland kam Belgien hinzu. Die ersten nach Belgien exportierten Vespa-Roller trafen dort Ende 1949 bei der Bevelux in Brüssel ein. Nachdem die belgische Regierung aus protektionistischen Gründen Importfahrzeuge mit hohen Strafzöllen belegte, begannen 1954 die Planungen für eine belgische Montagefabrik

In Jette, in der Nähe von Brüssel, errichtete die Moto Industry S.A. (M.I.S.A.) 1956 einen Betrieb, in welchem zu 100 Prozent in Italien vorgefertigte Teile zu kompletten Rollern zusammengebaut wurden, zunächst nur 125er, 1956 kam das Modell 150 Touren und die 150 GS hinzu. Das Modell 150 hatte das Fahrwerk der 125er mit 3,50x8-Zoll-Bereifung, aber den 5,4 PS leistenden Motor mit 57x57 mm Hub x Bohrung. Das Modell 150 GS besaß den Motor mit 8 PS. 1957 wurde erstmals auch das Ape-Dreirad Modell C in Jette produziert. Das vierte Modell war schließlich die 150 GL, eine Mischung aus beiden Vorgängermo-

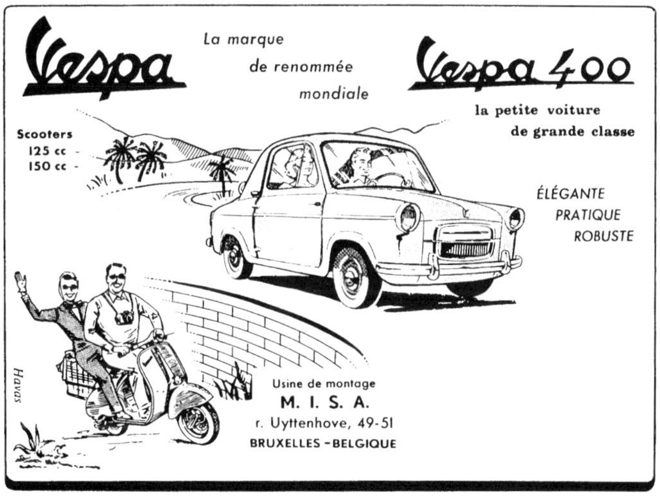

Links: Seit 1956 gab es auch in Belgien einen Vespa-Lizenznehmer. Die Moto Industry S.A. (M.I.S.A.) bot sowohl den Roller als auch später den Vespa-Kleinwagen an.

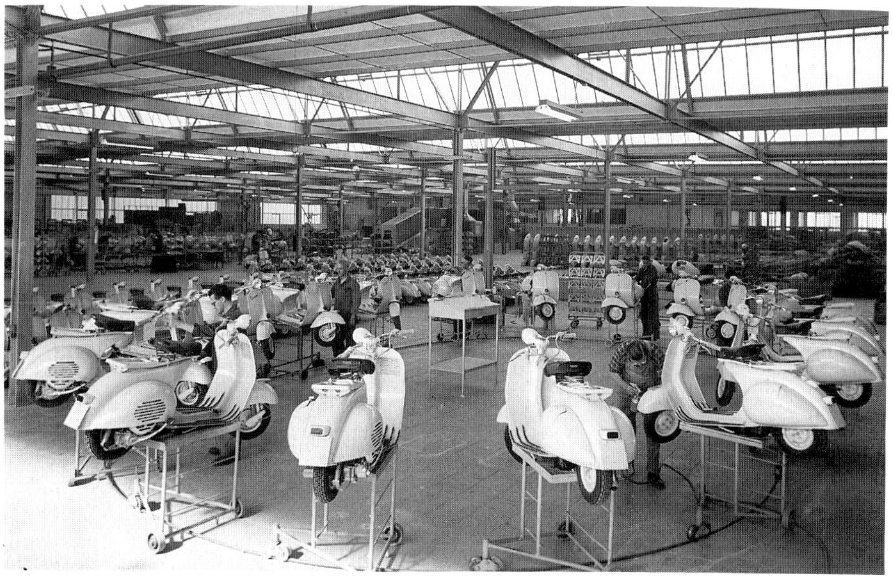

Rechts: Die in Belgien gebauten Vespa-Roller bereit zur Endabnahme. Hohe Einfuhrzölle machten es erforderlich, eine eigenständige Montage aufzubauen.

Oben: Vespa-Meeting in der belgischen Stadt Namur. Das Publikum, so scheint es, interessiert sich durchaus für die Scooter aus ganz Europa.

Unten: Hauptportal des brasilianischen Vespa-Werkes Panauto S.A. in Santa Cruz bei Rio de Janeiro, geleitet von dem Argentinier Juan Manuel Fangio.

dellen: Der Motor mit 150 ccm war vom Tourenmodell, besaß aber vier Gänge; die Räder waren mit 10-Zoll-Reifen versehen.

Die Vertriebsorganisation dieser Produktion erstreckte sich nicht nur über ganz Belgien, sondern bezog auch das Großherzogtum Luxemburg und Holland ein. Anfang der sechziger Jahre wurde die Lizenzfertigung in Jette mangels Rentabilität wieder eingestellt.

Vespa-Produktion in Brasilien

Auf den lateinamerikanischen Märkten vermochte sich die aus Italien importierte Vespa jahrelang mit gutem Erfolg zu behaupten. In Brasilien ging Vespa sogar noch einen Schritt weiter — denn hier stellte man die Vespa in den fünfziger und sechziger Jahren sogar in Lizenz her.

Die Vespa-Fabrik Panauto S.A. in Santa Cruz, 60 Kilometer von Rio de Janeiro entfernt, befand sich auf einem 120.000 Quadratmeter großen Industriegelände. Ein großer Teil der später zusätzlich installierten Fertigungseinrichtungen stammte aus dem Werk der Vespa GmbH in Augsburg, wo im Oktober 1963 die Lizenzproduktion auslief und der Maschinenpark im Auftrag der Firma Panauto S.A. anschließend abgebaut wurde.

Hinter dem brasilianischen Unternehmen stand kein Geringerer als der legendäre Grand-Prix-Rennfahrer Juan Manuel Fangio, nicht nur in seiner Heimat Argentinien ein Nationalheld. Als Fangio, Jahrgang 1911. der in zehn Jahren fünf Weltmeisterschaftstitel in der Formel Eins errang, vom aktiven Motorsport genug hatte, etablierte er sich als erfolgreicher Geschäftsmann.

Wie der Kontakt mit Piaggio zustandekam, wird in den zahlreichen Biographien über Fangio mit keinem Wort erwähnt. Vielmehr ist darin stets nur die Rede von seiner Mercedes-Benz-Repräsentanz in Buenos Aires, die Fangio seit 1951 mit mehreren Partnern erfolgreich unterhält. Tatsächlich aber machte Fangio nicht nur mit dem »guten Stern« Geschäfte, sondern produzierte mit ebenso viel Erfolg auch

Fangio (oben) und seine brasilianische Vespa-Produktion (rechts).

Vespa-Roller und -Autos, und zwar in Brasilien. Von dort aus wurden zahlreiche weitere Länder Südamerikas beliefert.

Die Vespa-Klientel, die bei Fangio kaufte, bestand nicht nur aus Privatkunden, sondern auch aus Vertretern des Militärs. In zahlreichen Armee-Einheiten, sowohl beim Heer und der Marine als auch bei der Luftwaffe, gehörten Vespa-Roller zum offiziellen Fuhrpark. So fuhren auch brasilianische Polizisten ihre Patrouillen auf der Vespa.

Durch ungewöhnliche Werbeaktivitäten hatte es das Werk in Pontedera von Anfang an verstanden, seine bahnbrechenden Produkte in aller Welt bekanntzumachen. Sehr bald wurde die Vespa das wohl berühmteste Zweirad rund um den Globus. Ende der fünfziger Jahre war die Vespa auf allen Kontinenten gelandet. Neben den Produktionsländern, die weiter oben beleuchtet wurden, gehörten in erster Linie die Schweiz, Österreich, Holland und die skandinavischen Ländern zu den wichtigsten Märkten in Europa. Aber in ihrer Festschrift zum 75jährigen Bestehen wies die Firma Piaggio auch stolz auf ihre Präsenz in Griechenland, Irland, Portugal, Rußland hin — obwohl es sich bei der russischen Vespa eigentlich um ein Plagiat handelte. Ebenfalls erwähnenswert sind Exporte in die Türkei sowie nach Afrika, Lateinamerika, Japan, Hongkong, Indien, Iran, Israel, Singapur und Australien. Indes, wir konzentrieren uns hier auf die europäischen und amerikanischen Märkte.

Auch brasilianische Polizisten fuhren ihre Patrouillen auf der Vespa

Schweiz: Exportland Nr. 1

Eines der ersten Länder, in welchem die »rollende Weltanschauung« aus Italien heimisch wurde, war die Schweiz. 60 Fahrzeuge wurden bereits im ersten Produktionsjahr 1946 in die Eidgenossenschaft eingeführt, es handelte sich dabei um Importe der Firma Titan in Zürich. Von 1947 bis 1958 war die Firma Intercommercial in Genf die erste offizielle Generalvertretung. In dieser Zeit importierte sie die Vespa 125 und ab 1955 die Modelle 150 und 150 GS. Das Engagement des Inhabers Nicolo Rizzi für die Reederei Arosa Line und Fehlspekulationen führten Ende 1958 zum Konkurs. Ab 1959 bis zum Ende der achtziger Jahre importierte dann die Rollag AG in Zürich Vespa-Roller aus Pontedera. Interessant sind zwei Modellvarianten, die es nur in Frankreich und in der Schweiz zu kaufen gab: 1961 die Modelle VNT1T, bei denen es sich um 150er handelte, aber mit einem 125-ccm-Motor bestückt; 1963 die Modelle VNL1T; sie hatten die Karosserie der Vespa GL 150, jedoch mit 125er-Motor und 8-Zoll-Rädern. Ab 1963 gab es auch die GS mit 160 ccm, und ab 1965 die Super Sport mit 180 ccm zu kaufen. Heute importiert die Firma OFRAG in Schlieren das Vespa-Programm, die aus der früheren Rollag und dem Puch-Zweirad-Importeur hervorgegangen war.

Die Bedeutung der Vespa läßt sich an ihrer Verbreitung im Jahr 1961 ablesen: In der Schweiz zählte man einen Vespa-Roller pro 116 Einwohner, im Vespa-Mutterland kam ein Exemplar auf 74 Menschen. Präzise wie Schweizer Uhrwerke spulten die Wespen ihre Kilometer zwischen Lugano und Neuchâtel ab, und es gab einige Gefährte, die bereits 1953 über 100.000 Kilometer zurückgelegt hatten.

Der Erfolg der Vespa in der Schweiz war nicht nur auf ihre elegante Erscheinung oder ihre Vorzüge hinsichtlich Bequemlichkeit und Einfachheit in der Handhabung zurückzuführen; vielmehr errang sie auch eine große Zahl motor-

Oben: Bereits 1946 brachte die Firma Titan AG die ersten Scooter aus Pontedera in die Schweiz.

Links: In sportlichen Wettbewerben qualifizierten sich österreichische Vespisti stets vorn. Hier ein Teilnehmer aus Wien am Rennen rund um die Saualpe im August 1954.

Unten: Was wären die Niederländer ohne ihre Blumen! Hier überbringt eine Vespa-Abordnung der Königin ein Angebinde. Mit der Vespa ließ sich das folkloristische Element gut verknüpfen.

sportlicher Erfolge. Viel Beachtung fand in der Presse zum Beispiel eine Gewalttour, die 1951 Renzo Faroppa unternahm. In weniger als 24 Stunden überquerte er 16 Alpenpässe mit einer Gesamtstrecke von über 1000 Kilometern. Den guten Ruf des italienischen Rollers mehrte im gleichen Jahr eine Vespa-Rallye in Genf, zu der, obwohl es in Strömen regnete, 500 Teilnehmer aus Deutschland, Frankreich und Italien gekommen waren.

Vespa in Österreich

Im Vergleich zur Schweiz hatte die Vespa in Österreich nie einen leichten Stand. Zollschranken machten es dem Piaggio-Roller, der hier erstmals offiziell 1950 von der Firma »Orione« G. Spetic & VO. KG in Wien eingeführt wurde, besonders schwer. 1964 löste die heute noch als Importeur fungierende Josef Faber GmbH in Wien den ersten Repräsentanten ab. Die Vespa mußte gegen den Puch »Alpenroller«, der auf dem Markt eine Monopolstellung besaß, antreten. Hinzu kam, daß sich in den fünfziger Jahren noch ein halbes Dutzend weiterer Roller-Produzenten wie KTM, Lohner, Halleiner Motorenwerke, Colibri und andere auf dem österreichischen Markt tummelten.

Komm. Rat Josef Faber eröffnete 1985 in der Kirchstetterngasse in Wien ein Zweiradmuseum, das die Geschichte des 1948 gegründeten Hauses wiederspiegelt; auch Vespa-Roller haben dort ihren Ehrenplatz.

Vespa in Holland

Im Julli 1947 wurden in Holland die ersten Vespa V.98 zu Werbezwecken ins Land geholt, damals noch mit dem 98-ccm-Motor. Der offizielle Import begann im September 1949. Als die ersten Vespa-Roller auf holländischen Straßen auftauchten, gingen sie im Gewimmel der Fahrräder fast noch unter. Nach und nach aber nahm die Zahl der Vespa-Fahrer zu, und begeisterte Vespa-Rolleure schlossen sich in Amsterdam, Arnhem, Brabant-Oost, Dordrecht und Groningen zu Clubs zusammen. Ihre Ausfahrten entlang der weltberühmten Grachten halfen, die Popularität der Vespa zu heben. Ende der fünfziger Jahre wurden in Holland doppelt so viele Fahrzeuge der Marke Vespa verkauft wie von der gesamten deutschen und französischen Importkonkurrenz zusammen. Die Begeisterung der Holländer läßt sich am besten an der Mitgliederentwicklung der Clubs ablesen: Stürmische Aufwärtsentwicklung in den fünfziger Jahren bis zum Höhepunkt 1961, in dem 2500 Mitglieder in 42 Clubs das zehnjährige Jubiläum Vespa in Holland feiern. Danach sinkt die Zahl kontinuierlich, bis es 1972 nur noch fünf Clubs mit 150 Mitgliedern sind, die der Vespa die Treue schwören und selbst der nationale Dachverband Vespa-Club Holland sein Vereinsleben beendet. In den achtziger Jahren begann eine Renaissance des Rollers aus Pontedera, so daß es 1982 zur Gründung des Vespa Scooter Clubs Nederland kam.

Oben: An einer Tankstelle in Amsterdam, aufgenommen 1960.
Unten: Vespa-Werbung von 1954 in Schweden.

Vespa in Skandinavien

In Dänemark und Schweden errangen die Scooter aus Italien bemerkenswerte Achtungserfolge, doch von einer großen Marktdurchdringung konnte nicht die Rede sein. Das lag wohl auch an den klimatischen Bedingungen — denn im hohen Norden pflegen die Sommer nun einmal kürzer und die Temperaturen niedriger zu sein. Zudem war das Pro-Kopf-Einkommen in Skandinavien bereits Anfang der fünfziger Jahre so hoch, daß sich viele Bewohner ein Automobil leisten konnten.

Die ersten Vespa-Roller wurden 1950 über die Ostsee nach Schweden expediert. Es handelte sich um Fahrzeuge sowohl aus der Lintorfer Produktion der rheinischen Hoffmann-Werke als auch um Roller, die direkt aus Pontedera kamen. Kurz darauf, im Jahre 1951, zog Dänemark mit der Rollereinfuhr nach. Im ersten Jahr fanden hier 2000 Einheiten ihre Käufer, 1952 verdoppelte sich diese Zahl bereits. 1953 und 1954 stiegen die Absatzzahlen auf jeweils über 3000 Fahrzeuge. Während 1959 auf 530 Dänen eine Vespa kam, verfügte im gleichen Jahr jeder 285. Schwede über die »Bella Donna« aus der Toskana.

In Dänemark wurde 1962 die 25.000. Vespa eingeführt, von denen die meisten in Kopenhagen und auf Jütland nahe der deutschen Grenze registriert waren. Als Verkehrsmittel spielt der Motorroller in Skandinavien heute allerdings keine große Rolle mehr. Die Zweiradbegeisterung gilt allenfalls hubraumstarken Motorrädern deutscher oder japanischer Herkunft.

Vespa in den USA

Von den vielen Vespa-Fahrzeugen, die in den fünfziger und sechziger Jahren in alle Welt exportiert wurden, gelangten Zehntausende auch in die Vereinigten Staaten.

Das Geschäft begann am 14. November 1951 mit einem Abkommen, das Piaggio mit dem Warenhausriesen Sears,

Amerikanische Kontraste: Ein Vespa-Roller auf Weltreise und ein Vespa-Kleinwagen als »control car« bei einer Thanksgiving-Parade in New York, 1960. Unten: Ein Versandhaus bot die Vespa unter dem Namen Allstate an.

Roebuck & Co aus Chicago abgeschlossen hatte und das die Einfuhr von 1000 Rollern gleichsam zur Probe vorsah. Schon die erste Lieferung war ein voller Erfolg. Es handelte sich um die 125er Vespa mit 4 PS, die als »Allstate Motor Scooter« mit dem Werbeslogan »Power — Safety — Economy« als ideal für die Fahrt zur Schule und zum Uni-Campus sowie als flinkes Botenfahrzeug angepriesen wurde. Mehr als die Hälfte der »Wasps« wurde von Teenagern gefahren, jener Gruppe zwischen Kind und Erwachsenen, die im ganzen Land nur den einen Gedanken im Kopf haben: ein eigenes Auto zu fahren.

Daran hinderten sie seinerzeit in erster Linie gesetzliche Bestimmungen, denn ein regulärer Führerschein konnte in den meisten Bundesstaaten erst mit 18 Jahren erworben werden. So betrachteten die Youngsters den Motorscooter als willkommenes Mittel, um die autolose Zeit in ihrem Leben abzukürzen.

Der Vertrieb der Vespa in Amerika stand, bedingt durch die Größe des Verkaufsgebietes mit seinen unterschiedlichen klimatischen Bedingungen, vor einer schwierigen Aufgabe. Hinzu kam, daß bereits in den dreißiger Jahren ein Automobil zur Standardausrüstung der meisten Familienhaushalte gehörte, weshalb die Vespa als Zweitfahrzeug nur bescheidenere Umsatzzahlen erreichen konnte als in ihrem Geburtsland Italien.

Doch die Amerikaner schätzten die wohlgeformte Zweitaktmaschine als billiges und attraktives Zweit- oder Drittfahrzeug. Wohlmeinende Artikel im Nachrichtenmagazin *Time* vom 16. Juni 1952 und in der *New York Herald Tribune* vom 9. März 1952 halfen der Vespa, sich auf dem schwierigsten Markt der Welt dennoch zu etablieren. 1958 wurden 40.000 Roller importiert; der größte amerikanische Rollerproduzent Cushman Motor Works Inc. in Lincoln/Nebraska baute vergleichsweise in der gleichen Zeit 15.000 Einheiten.

Die amerikanischen Scooter sahen im Vergleich zur Vespa ausgesprochen plump aus und waren mehr in der Art von Landmaschinen gehalten als daß sie raffinierte Zweiradtechnik repräsentiert hätten. Sie wiesen kräftige Rohrrahmen auf, keine Hinterradfederung, eine Teleskopgabel vorne und ab 1959 auch Vorderradschwingen; bei den leichten Modellen fehlte die Stoßdämpfung. Das Karosserieblech war nur in einer Dimension gebogen, nicht in Pressen verarbeitet. Für etwas kompliziertere Bauteile verwendete man Fiberglas.

Was die Motoren betraf, so wurden keine speziellen Aggregate entwickelt, sondern Viertaktmotoren verwendet, wie sie üblicherweise auch in Gartenfräsen und ähnlichen Arbeitsgeräten eingebaut waren. Die Fachzeitschrift *Rollermobil & Kleinwagen* berichtete: »Nur in Luxusausführung gibt es ein Zweiganggetriebe, sonst kommen die ziemlich großvolumigen Motoren mit einem Hubraum von 300 bis 400 ccm mit nur einer Übersetzung aus, denn man hat es auch nicht weiter eilig; kein Mensch ist ja aufs Zweirad angewiesen, man nimmt es auch gar nicht richtig als Verkehrsmittel ernst, sondern benutzt es, wenn man es mal eben praktisch findet. Und es lenkt den Sohn des Hauses davon ab, stets Daddys Wagen zu benutzen. Denn Spaß haben sie schon am Scooter — wenn es nicht regnet.«

1960 dürften nach zuverlässigen Schätzungen rund 350.000 Motorroller in den Vereinigten Straßen in Betrieb gewesen sein. 1959 waren rund 60.000 Fahrzeuge in den USA verkauft worden — eine durchaus erstaunliche Marktentwicklung. Wenn man den Durchschnittspreis für einen Scooter mit etwas über 300 Dollar ansetzt, so betrug der Gesamtumsatz der Branche etwa 20 Millionen Dollar. Das galt als eine respektable Summe, vor allem bei einem jungen Industriezweig, der offensichtlich in steter Zunahme begriffen war. Etwa ein Drittel der Gesamtzahl wurde von den beiden italienischen Herstellern Piaggio und Innocenti beigesteuert. Deutsche Motorroller, vor allem die Zündapp Bella, machten etwa 10 Prozent aus. Mehr als 80.000 Vespa-Besitzer gab es 1961 auf nordamerikanischem Boden — mit ihren Fahrzeugen fügten sie sich problemlos in den Highwayverkehr ein.

Bis zu 90 Prozent der Vespa-Kunden waren Jugendliche. 1960 gestatteten schon 27 US-Bundesstaaten Teenagern unter 16 Jahren die Benutzung eines Motorrollers. Allerdings verlangten in diesem Fall nicht wenige Händler beim Kauf das Einverständnis der Eltern beim Kauf. Außerdem boten sie ihren jugendlichen Kunden eine spezielle Schulung an und richteten Trainings- und Sicherheitskurse ein.

Nachdem die Vespa für ein Jahrzehnt nur unter dem »Allstate«-Markennamen der Firma Sears, Roebuck & Co vertrieben worden war, ging Piaggio & Co mit Wirkung vom 1. Januar 1961 ein neues Bündnis mit dem bisherigen US-Konkurrenten Cushman Motor Works Inc. ein. Cushman war ein Tochterunternehmen der Outboard Marine Corporation, Hersteller der bekannten Außenbordmotoren Johnson und Evinrude. Als bis dato größter US-Motorroller-Produzent hatte die Firma Cushman vor Unterzeichnung dieses Kooperationsvertrages eine aufwendige Marktanalyse in Auftrag gegeben und auch andere Scooter aus den USA, Europa und Japan getestet. Die Vespa schnitt bei sämtlichen Prüfungen als das beste Zweirad ab — sowohl hinsichtlich Konstruktion und Fahrverhalten als auch im Preis.

Rechts: Ab 1961 war der Roller- und Außenbordmotor-Hersteller Cushman zugleich Vespa-Importeur für die USA.

Unten: Vespa-Stand auf einer Importeurs-Messe in den Staaten.

Ab März 1961 wurde die Vespa sowohl von Cushman als auch von Sears parallel vertrieben. Gewisse Verkaufsrechte sicherten sich außerdem drei ehemalige Vespa-Vertriebsfirmen, nämlich Vescony in New York für die Ostküste, Italian Motors in Portland für den Nordwesten und Vespa of California in San Francisco für den westlichen Sunshine-State. So kompliziert diese Marktaufteilung auf den ersten Blick auch anmuten mag, sie war durchaus von Erfolg gekrönt.

1962 exportierte Piaggio seine hunderttausendste Vespa in die USA. Zeitweise boomte die Nachfrage so sehr, daß Vescony für seine Kunden in Boston den Roller-Nachschub per Transatlantik-Flieger herbrachte: Eine Super-Constellation Typ Flying Tiger der Capitol Airways wurde auf dem San Giusto Airport in Pisa mit 100 in Holzkisten verpackten Rollern beladen, um 16 Stunden später in Boston zu landen. Weitere solcher Cargoflüge absolvierte die Alitalia nach New York.

Im April 1961 hatte die *Fortune*-Redaktion die Vespa zu den weltweit 100 bestgestalteten Industrieprodukten — auch der Karmann Ghia gehörte dazu — auserkoren, doch anders als in Europa und in Japan avancierte die Vespa in den USA nie zu einer Weltanschauung. Amerikanische Kids sahen in der Vespa keine

In Mittel- und Südamerika erfreute sich die Vespa seit Anbeginn großer Popularität. Mexico City 1960: Zu den Azteken? Zweite Querstraße rechts, Señora!

fahrbare Sitzskulptur, sondern ein preiswertes Transportmittel für den Weg zum College oder zum Tennisplatz. Für das Absolvieren von langen Strecken, in Amerika die Regel, eignete sich die Vespa ebenso wenig wie für den »Scoot« ins Drive-in-Kino, wo man einer durchgehenden Sitzbank mit rückklappbarer Lehne bedurfte.

Zwar gründete noch im April 1975 das italienische Herstellerwerk eine eigene US-Niederlassung, die »Vespa of America Corporation«, in der Hoffnung, vor allem stärker in den kalifornischen Zweiradmarkt einzudringen. Aber auf die Dauer vermochten die Piaggio-Fahrzeuge nicht mehr den strengen gesetzlichen Bestimmungen in Bezug auf Abgas- und Geräuschnormen zu genügen; die Faszination des »Italian Style« schwand zusehends. So ist heute Piaggio auf dem US-Markt nicht mehr präsent.

Vespa in Lateinamerika

Auf den lateinamerikanischen Märkten konnte sich die Vespa von Beginn an mit gutem Erfolg etablieren. Neben der Lizenzproduktion in Brasilien gab es insbesondere in Uruguay (bereits ab 1956), Argentinien, Chile, Peru und Kolumbien gute Absatzmärkte.

In Venezuela tauchten bereits in den fünfziger Jahren die ersten Vespa-Roller auf. Vor allem fanden sie in den großen Städten Verbreitung, während die Ape-Transporter eine bedeutende Funktion auf den Ölfeldern im Osten des Landes erfüllten. Bei der Verbreitung der Vespa in Venezuela muß man berücksichtigen, daß die Einführung durch eine sehr große italienische Kolonie begünstigt wurde. Das gleiche galt bis in die siebziger Jahre — wenn auch in geringerem Umfang — für die karibischen Inseln, wo die Vespa lange vor der Exportoffensive der japanischen Motor-Zweiräder dominierte und besonders in Costa Rica große Verbreitung fand.

Oben: Vespa-Roller als Patrouillenfahrzeuge der Polizei in San Salvador. Es sind GS-Modelle.

Rechts: Drei Grazien mit Vespa-Ambiente: Miss Paris, Miss France und Miss Outre-mer (Übersee) 1960 vor der Akropolis. Die Jahreszahl auf dem griechischen Zollkennzeichen täuscht...

Unten: Straßenszene im nordafrikanischen Tanger, 1959.

15
CLUB
Vespa
Vespa
REGENSBURG

KAPITEL 7

Vespisti in Fahrt

Der Erfolg der Vespa als technisch neuartiges Mobil, als Faszination, Philosophie, Kult, Szene, Glauben an Technik in menschlischen Dimensionen, Erotik und Wortspielerei ist immer nur in Verbindung mit ihren Fahrern und Fahrerinnen zu sehen, die ihre Vespa in Besitz nehmen, zu ihrer »Bella Donna« erklären, sie lieben, nutzen, tunen, ausstaffieren, sie in Clubs zusammenschließen, im Motorsport quälen, auf Reisen strapazieren, zur Hochzeit chauffieren – mit Frack und Zylinder. Diese Ausstrahlung fordert zu Wortspielen heraus, in der Werbung, in den Zeitschriften, im Buch und um das ewige Thema: »Vespa mi' amore«. Vespisti, Vespazieren, Vespakrobatik, um nur einige dieser Begriffe zu nennen. Auch optisch wird das Wespentier in vielen Varianten – ernst oder als Karikatur – zumeist aber mit weiblichen Attributen ausgestattet, als Briefkopf, Visitenkarte, Clubsignet, Aufkleber oder Anstecker verwandelt.

Viele bezweifelten zwar die sportlichen Qualitäten des Motorollers, doch auf Rallies und Zuverlässigkeitsfahrten, auf der Straße wie im Gelände, bewährte er sich bestens.

Links: Ein Teilnehmer der 1960er Augsburg-Rallye.

Vespa im Motorsport

Man könnte meinen, die Begriffe Vespa und Motorsport schlössen einander aus. Kann man mit einem Motorroller überhaupt »Motorsport« im klassischen Sinne betreiben? Eine Antwort auf diese Frage wurde indessen schon in allerfrühester Vespa-Zeit erbracht.

Parallel zum Beginn der Serienproduktion und der großangelegten Werbekampagne zur Einführung der Vespa in ganz Europa und Übersee hatte Piaggio auf den Motorsport und seine positive Signalwirkung im Verkauf gesetzt. Bereits 1948 hatten die ersten Rennen stattgefunden, wobei Pontedera eigene Werksmannschaften gebildet hatte, die sich stets heiße Duelle mit den Lambretta-Teams lieferten. 33 Siege errangen Vespa-Fahrer im Jahr 1948, darunter in so berühmten Wettbewerben wie den Libro d'Oro oder bei der Internationalen Sechstagefahrt durch Dino Mazzoncini.

Auch im nächsten Jahr gab es grandiose Erfolge für Vespa. Allein 47 Wettbewerbe mit ebenso vielen Erstplazierungen wies der Sportkalender des Jahres 1949 auf. Wie schon zuvor war der Rekordfahrer Mazzoncini hier neben vielen anderen mehrfach vertreten; auch Damenteams gab es von Anfang an.

Weltrekord in Montlhéry

Besonders spannend war das Weltrekordduell zwischen Vespa und ihrer Erzrivalin Lambretta. Am 24. März 1950 gelang es Piaggio erstmals, mit einer Vespa deren Zeiten zu unterbieten — in Langstrecken-Weltrekordfahrten, die auf der Montlhéry-Strecke bei Paris stattfanden.

Mit Spannung verfolgten Vertreter der Fachwelt, wie die aerodynamisch verkleidete Vespa die 2548 Meter lange Strecke in Montlhéry umrundete. Es gab hier nur zwei kurze Geraden von je 300 Meter Länge und zwei bis zu 16 Grad ansteigende Kurven; ein recht kleines und von allen Punkten einsehbares Motodrom. Das Rennen ohne die Präsenz des Gegners, allein gegen die Uhr, war von schlechtem Wetter begleitet — starke

Windböen gefährdeten das Unternehmen. So brach man nach den ersten zwei Stunden das Unterfangen ab und vertagte es auf den 6. und 7. April.

Immerhin waren in der kurzen Zeit sechs neue 125-ccm-Rekorde aufgestellt und die bestehenden Lambretta-Bestleistungen übertroffen worden:

50 km	134,203 km/h	(bisher: 125,802)
50 Meilen	134,573 km/h	(bisher: 126,059)
100 km	134,733 km/h	(bisher: 126,701)
1 Stunde	134.054 km/h	(bisher: 126,080)
100 Meilen	129,777 km/h	(bisher: 121,353)
2 Stunden	130,974 km/h	(bisher: 119,782)

Der zweite Anlauf brachte der Vespa-Crew abermals Erfolge. Das Wetter spielte mit, die Kondition der Rekordmaschine war hervorragend. Das präzise vorbereitete Teamwork bei den Tankstops, verbunden mit Reifen- und Kerzenwechsel (darüber hinausgehende Eingriffe waren laut Reglement nicht gestattet), klappte ausgezeichnet.

Zumindest in den Ohren italienischer Motorjournalisten klang das Auspuffgeräusch der Rekord-Vespa auf der Montlhéry-Strecke fast wie die italienische Nationalhymne. Mit Stolz konnten sie folgende neue Bestwerte vermelden:

3 Stunden	125,713 km/h	(bisher: 107,314)
4 Stunden	123,376 km/h	(bisher: 108,304)
500 km	123,463 km/h	(bisher: 108,504)
5 Stunden	124,065 km/h	(bisher: 107,856)
6 Stunden	124,036 km/h	(bisher: 107,975)
500 Meilen	123,919 km/h	(bisher: 107,182)
7 Stunden	124,056 km/h	(bisher: 107,821)
8 Stunden	124,274 km/h	(bisher: 107,386)
1000 km	124,304 km/h	(bisher: 103,507)
9 Stunden	123,434 km/h	(bisher: 107,556)
10 Stunden	123,537 km/h	(bisher: 104,912)

Das waren eindeutige Zahlen, mit denen sich belegen ließ, zu welcher Dauerleistung die Vespa fähig war. Das *Kfz.-Fachblatt* schrieb über den Wert eines solchen Unternehmens: »Rekordfahrten sind aufschlußreich in jeder Beziehung. Sie haben die gleiche Aufgabe wie Dauerprüfungen in der Art der 24-Stunden-Fahrt des ADAC. Sie sollen dem Werk und dem Kunden Aufschluß geben über die Möglichkeiten, die in dem Fahrzeug stecken, und können eventuelle Schwächen aufdecken. Und der Wert dieser Versuche wird erhöht durch die Teilnahme der Öffentlichkeit in Form einer Technischen Kommission, welche die Einhaltung der Rekordbestimmungen überwacht und alle Vorkommnisse beobachtet. Jegliche Geheimnistuerei entfällt, jeder kann erfahren, wie sich das Fahrzeug verhält...« Äußerlich unterschied sich der 125-ccm-Rekordmotor nur

Oben: Die vollverkleidete Rekord-Vespa von Montlhéry, April 1950.

Rechts: Die Montlhéry-Vespa kurz vor dem Start. Bestwert: Fast 135 km/h!

Unten: Die zu Rekordzwecken umgerüstete Lambretta.

Die für den Weltrekord auf der Autostrada bei Rom im Februar 1951 karossierte Vespa, von Mazzoncini auf 171 km/h gebracht.

wenig von einem Aggregat der Serie. Es gab eine tiefere Kopfverrippung, ein etwas kleineres Gebläse sowie einen Dell'Orto-Rennvergaser mit 24 mm Durchlaß und separater Schwimmerkammer. Das bis zu 7500 Touren drehende Triebwerk war durch Ingenieur Casini, Leiter des Konstruktionsbüros, auf Hochleistung getrimmt worden. Schon 1949 hatte man die Renn-Vespa in Italien erprobt; sie war mit Vollverkleidung auch auf dem Grenzlandring und anderen deutschen Strecken unterwegs.

Bei einem Werksbesuch im Jahre 1951 hatte man dem Journalisten Peter Peregrin eine Reihe getunter Rennmotoren gezeigt, über die er schrieb: »Ich stand mit Herrn Casini am Prüfstand, wo diese Wundermotoren gebremst werden... man kann nicht mehr sagen, als daß eine vorbildlich saubere Bearbeitung, eine sehr gekonnte Führung der Spülkanäle und eine rigorose Ausfüllung aller schädlichen Räume neben einem verblüffenden mechanischen Leichtlauf die einzigen Geheimnisse dieses Motors sind. Ein Flachkolbenmotor mit keinerlei Mätzchen, keiner Ladepumpe, keiner Einspritzung, keinem Drehschieber, wenngleich man offensichtlich bei künftigen Entwicklungen auch sehr mit einem Einlaß-Drehschieber liebäugelt. Kurzes Warmlaufen, dann nimmt der Motor willig Gas an, wenn man den Gasschieber aufreißt. Wobei Annehmen ein viel zu zahmer Ausdruck ist — der Motor brüllt kurz auf, ist im Nu auf 6000, 6500, 7000 Touren — und dann bremsen wir hinter dem Getriebe mit dem Ventilator, der bei einer Drehzahl von 7500 rund 11,5 PS mißt. Eine Leistung, die ich bei der noch mäßigen Tourenzahl allenfalls ohne Ventilator erwartet hätte.«

Casini wollte mit dem Einkolben-Zweitakter an die Leistung eines Zweinockenwellenmotors herankommen und träumte von 180 km/h. Der Weg dorthin war nicht mehr weit. Casini, der nebenbei an der Universität von Pisa einen Lehrstuhl für Motorenbau innehatte, verfolgte ihn mit Konsequenz. Eine ideale Versuchsstrecke stand ihm durch das werkseigene Flugfeld in Pontedera zur Verfügung, das direkt an die Produktionsanlagen anschließt. Hier fanden ständig Probefahrten statt, bei jedem Wetter, zu jeder Tageszeit, um getunte Roller für die Scooterklasse, wie sie zum Beispiel für Rennen auf dem Circuito de Genova ausgeschrieben war, zu präparieren.

Rekordfahrten sollten Aufschluß über die Fähigkeiten der Fahrzeuge geben

In dieser Zeit bereitete man auf der Autobahn zwischen Rom und Ostia ein nicht weniger medienwirksames Spektakel vor. Zwischen den Kilometermarkierungen 10 und 11 ging es am 8. Februar 1951 um den absoluten Zweirad-Geschwindigkeitsweltrekord der 125-ccm-Klasse. Glattflächig wie ein Ei sah die hierfür vorbereitete Vespa aus. Kurz vor dem Start blickte der leichtgewichtige Jockey Dino Mazzoncini noch einmal zum Himmel: Würde es Regen geben?

Die voll aluminiumverkleidete, nur 70 cm hohe Rekord-Vespa, die den Fahrer in fast liegender Haltung umhüllte, sollte das Tempo von 180 km/h ermöglichen. Nur wenige Zuschauer waren in aller Frühe gekommen, um die Leistung des Miniaturtorpedos zu erleben. Würde Mazzoncini es schaffen, den 161-km/h-Rekord vom 18. September 1949 zu brechen? Militär und Polizei hatten die Strecke gesperrt, alles war bestens vorbereitet.

Nur wenige Zentimeter ragte das Oberteil seines Sturzhelms aus der Fahrzeugverkleidung; eine Plexiglasscheibe im Bug erlaubte dem Fahrer den Blick auf die Fahrbahn. Nicht breiter als 40 Zentimeter war sein Lenker.

Ab ging die Post — und schon die 1000-Meter-Distanz mit fliegendem Start absolvierte Mazzoncini mit 171 km/h. Der Motor seines Fahrzeugs drehte etwa 9000/min, wies aber jetzt einen Kompressor auf. Diese neue Bestmarke ließ die Innocenti-Leute nicht ruhen: Sie präparierten eine Rekord-Lambretta, deren 125-ccm-Motor an die 10.000 Touren ging und für ein Tempo von 200 km/h taugte. Noch zwei Jahrzehnte zuvor hätte man für ein solches Tempo einen 1000-ccm-Motor benötigt! Neue Rekorde, am 8. August 1951 auf der Autobahn zwischen München und Ingolstadt vom Lambretta-Chefkonstrukteur Piero Torre aufgestellt, lagen nur knapp unter den Rekordmarken der 250-ccm-Klasse:

1 km fliegend	201,0 km/h
1 km stehend	105,0 km/h
1 Meile fliegend	200,0 km/h
1 Meile stehend	123,0 km/h
5 Meilen fliegend	183,0 km/h

Die Öffentlichkeit mußte anerkennen, daß italienische Rollerhersteller etwas vom Motorenbau verstanden. Die Rekorde ergaben werbewirksame Schlagzeilen.

Rallies und Rennen

Am 26. Mai 1951 fand in Genua die erste internationale Vespa-Rallye statt. Etwa 500 Vespa-Fahrer aus vier Ländern hatten sich zum Start gemeldet. Deutschland war mit 70 Teilnehmern aus Heidelberg, Leipzig, Düsseldorf und Darmstadt vertreten, Frankreich mit 30 Teilnehmern aus den Städten Nizza, Besançon, Grenoble und Gérardmer, die Schweiz mit 220 Fahrern aus allen Kantonen und weiteren 47 in Trachtenkleidung.

Bereits einen Monat später starteten 273 Teilnehmer zur Audax Vespistico, eine Zuverlässigkeitsfahrt über 1000 Kilometer. 266 Fahrer erreichten das Ziel in Wertung! Der schnellste war Bruno Romano mit einem Durchschnitt von 65,596 km/h. Mit von der Partie waren auch drei Deutsche sowie fünf Belgier, denen man die Trophäe der F.I.M., der »Fédération Internationale Motocyclisme«, für die stärkste Ländermannschaft zuerkannte.

In Italien pflegte man auch um Geldprämien zu fahren, was die Härte mancher Duelle erklärte, so etwa bei der 1000-Kilometer-Rallye von Brescia nach Mailand über Verona, Udine, Treviso, Padua, Bologna, Modena, Parma und zurück. Die 1952er Fahrt sah nicht weniger als 354 zu allem entschlossene Vespisti am Start und war in ihren Anforderungen mit der berüchtigten Mille-Miglia-Fahrt für Automobile vergleichbar.

Rekordfahrer Mazzoncini (mit Helm und Brille) mit Kollegen, Freunden und Reportern nach seiner Rekordfahrt im Februar 1951.

Nicht eigentlich Motorsport im klassischen Sinne, wohl aber eine herausragende motorsportliche Leistung war die am 8./9. Oktober 1952 durchgeführte Kanalüberquerung des französischen Motorsportlers und Vespa-Händlers Georges Monneret mit einer Vespa, die er auf einem Katamaran befestigt hatte. Er erreichte sein Ziel nach fünfeinhalb Stunden. Der Antrieb der Schraube erfolgte durch das Hinterrad seiner Vespa 125, mit der er anschließend nach London weiterfuhr.

Aber auch im herkömmlichen Motorsport machte die Vespa zunehmend von sich reden. In Deutschland trat man gegen die klassischen Motorräder gleicher Hubraumgröße an, woraus sich natürlich ein groteskes Bild ergab, das zu

Die Belgier Freddy und Paul Rousselle, eines der erfolgreichsten Vespa-Gespannteams der Sportsaison 1951.

Auch eine Kanalüberquerung per Vespa steht in den Vespa-Sportannalen, absolviert von dem französischen Scooter-Champion Georges Monneret am 7./8. Oktober 1952 von Calais nach Dover.

Kommentaren wie »Papa auf dem Radlrutsch seiner Dreijährigen« (*Das Motorrad*) führte. So schrieb dann auch der bekannte Zweirad-Motorjournalist Carl Hertweck: »Nichts gegen die Vespa, nichts gegen die Motoren der Rennwespen — die liefen wie die Feuerwehr, und ich bin überzeugt, daß aus den Motoren noch viel mehr herauskommt, wenn sie nicht erst freitags aus Italien eintreffen und sonntags schon laufen sollen. Aber hier ist eine Sackgasse, hier wird der Sport nicht mehr sinnvoll — eine Rollerlenkung eignet sich nun einmal nicht zum präzisen Stechen, dazu ist sie viel zu nervös. Um die Dutzendteich-Kehre in Nürnberg stach die erste Garnitur unkorrigiert herum, sogar Fleischmann mit seinem Eisenhaufen. Die zweite Garnitur korrigierte einmal — die Wespen mindestens fünfmal. Training habe ich nicht gesehen, aber im Rennen war in jeder Runde dieselbe nervöse Korrigiererei da. Das ist eine typische Rollereigenschaft! Ein Roller ist nun einmal ein Fahrzeug für Leute, die nicht ihr Leben lang auf überlegtes, präzises Fahren geeicht wurden. Man kann sich mit dem Roller in der letzten Hundertstelsekunde entschließen, das Gegenteil dessen zu tun, was man eigentlich wollte, und er wirft einen nicht ab, das muß auch gesagt werden, das ist die Rollereigenschaft! Aber man kann eben nicht rennmäßig präzis damit fahren, dazu ist die gesamte Lenkung nicht gemacht. Nichts gegen Rekorde mit Rollern, auch nichts gegen Beteiligung an Zuverlässigkeitsfahrten und Six Days (nur bei wirklichen Geländefahrten hört die Rollerei auch wieder auf).

Rechts: Diese Renn-Vespa mit Knieschluß-Zusatztank tauchte bei etlichen Veranstaltungen auch in Deutschland auf.

Roller können mehr, als bei Zuverlässigkeitsfahrten verlangt wird. Man müßte nur etwas erfinden, was die Rollerwendigkeit richtig zum Tragen bringt — also bitte den Kopf zerbrechen, hier ist Geist aufzuwenden. Damit Straßenrennen zu bestreiten, ist das Falscheste, was man tun kann.«

Ohne Zweifel hatte Carl Hertweck recht, wenn er den eher gemütlichen Motorroller, der einige Kilogramm mehr Blech und etliche Quadratzentimeter mehr Stirnfläche als ein Motorrad hat, nicht als das geeignete Instrument für die Rennstrecke ansah. Zumindest nicht in Konkurrenz zum Knieschluß-Motorrad. Und auch für Geländefahrten war die Vespa ja nicht konzipiert worden. Sinn machte motorsportlicher Wettbewerb erst, wenn Rollerfahrer ausschließlich gegeneinander antraten.

Zuverlässigkeitsfahrten

Bei Zuverlässigkeitsfahrten vermochte der Roller indessen zu demonstrieren, wo seine technischen Vorzüge lagen. Allein die Statistik des Jahres 1952 weist für Deutschland eine große Zahl sportlicher Roller-Erfolge aus. In zwölf offenen nationalen Zuverlässigkeits-Wettbewerben errangen Vespa-Privat- und Lintorfer Werksfahrer 23 von insgesamt 32 verliehenen Goldmedaillen. Allein bei der über

Oben: Mit einer Ape in einem Straßenrennen – es gab nichts, was es nicht gab!

Links: Mit berechtigtem Stolz verwies der deutsche Vespa-Lizenzhersteller auf die 1953er Erfolge seiner Produkte.

2200 Kilometer führenden ADAC-Deutschlandfahrt 1952, an der 20 verschiedene Rollerfabrikate am Start waren, erreichten nur fünf Roller in Wertung das Ziel, aber diese fünf waren Vespas! Die Hoffmann-Werke nutzten diesen großartigen Erfolg für eine überzeugende Werbekampagne mit dem Slogan: »Es gibt nur eine Vespa« — gemeint war die mit den vielen Goldmedaillen!

Ein Jahr später fand die erste Giro Vespistico di Tre Mare (Drei-Meeres-Rundfahrt) statt, eine noch härtere Rollerprüfung als die 1000-Kilometer-Rallye. Bei sengender Hitze ging es durch die abgelegensten Gebiete Süditaliens: Apulien, Kalabrien, Sizilien. Ursprünglich ein populäres Radrennen, das vor dem Zweiten Weltkrieg von einer Sportzeitung inszeniert worden war, fand die Idee nach 1945 ihre Fortsetzung durch die Initiave Piaggios. In den folgenden Jahren wurde diese Rollerfahrt eine der beliebtesten Sportveranstaltungen auf öffentlichen Straßen Süditaliens. In Messina läuteten die Glocken, wenn die Rollerfahrer nahten, Kinder und Erwachsene jubelten den Teilnehmern zu — es war wie auf einem Volksfest. Pontedera sorgte für eine meisterhafte Organisation.

Ob in Südafrika bei der South African National Rally, bei der International Scooter Rally auf der Isle of Man oder beim Blériot Anniversary Race von London

Die alljährliche Italien-Rundfahrt »Giro Vespistico di Tre Mare« mit internationaler Beteiligung war in den fünfziger Jahren stets ein wichtiges Ereignis. Hier ein Schnappschuß am Hafen von Genua.

Links: Dicht gesäumt waren die Straßen der Städte und Dörfer, wenn die Vespisti der Tre-Mare-Fahrt nahten...

Rechts: Inserat des britischen Vespa-Lizenzherstellers Douglas mit Hinweis auf den Erfolg seiner Roller auf der Isle of Man, 1959. Die drei Sieger hießen Ken Harris, Dennis Christian und André Baldet.

nach Paris: Überall organisierten rührige Vespa-Clubs, Motorsportvereine oder Zweiradhändler Trials, Turniere, Zuverlässigkeits-Wettbewerbe. An vielen internationalen Veranstaltungen nahmen deutsche Teams teil. Der Motorsport mit dem Roller trug ein gutes Stück zu einer internationalen Völkerverständigung bei, als der Tourismus noch keine Massenbewegung war und der Start zu ausländischen Zielen als ein ganz besonderes Erlebnis galt.

> *Slalom, Wippe, Ölspur, Ball- und andere Gaudiübungen gehörten zum Reglement*

In den folgenden Jahren setzte hierzulande vor allem der Vespa-Club von Deutschland alles daran, den Rollersport auf breiter Ebene zu fördern. Der VCVD suchte einen Weg, Wettbewerbe für jedermann reizvoll zu machen und schrieb Sternfahrten aus, zu denen oft hunderte von Vespisti aus allen Teilen des Landes kamen — aus Bayern, aus Berlin, aus dem Rheinland, von der Waterkant, aber auch aus dem benachbarten Ausland. Es gab Enthusiasten, die Anfahrten von 30 Stunden in Kauf nahmen, um an einem Turnier teilnehmen zu können. Die Veranstalter achteten darauf, daß keine übermäßige Beanspruchung von Fahrzeug und Fahrer gefordert wurde, um vielen ein Mitmachen zu ermöglichen.

Meist fanden die Wettbewerbe am Ziel der Sternfahrt auf einem großen Platz statt, der das Abstecken einer Wettbewerbsstrecke auf etwas sandigem Untergrund erlaubte. Hier galt es, Geschicklichkeitsübungen zu absolvieren: Slalom, Wippe, Ölspur: Hierunter verstand man das Befahren eines schmierig eingeseiften Bretts. Die »eingeengte Fahrgasse« bestand aus einer durch leere Konservendosen markierten schmalen Spur, der meist eine Reihe von Haarnadelkurven folgte. Der Parcours war nicht leicht, denn die schmale Spur mußte mit Beschleunigung durchfahren werden, dann galt es, abrupt zu bremsen und in den sandigen Kurven wieder richtig durchzuziehen... hier waren körperliche Geschicklichkeit und Fahrzeugbeherrschung ausschlaggebend, wollte man strafpunktfrei durchkommen. Ball- und andere Gaudi-Übungen gehörten gleichermaßen zum streng reglementierten Turnierprogramm.

Sternfahrt mit Geheimkontrollen

Regen Zuspruchs erfreuten sich stets die Motorroller-Prüfungsfahrten des ADAC, so — um eine solche Veranstaltung unter vielen herauszugreifen — die des Gaues Württemberg vom 28./29. Juni 1956. Diese Prüfung begann mit einer Sternfahrt über 350 Kilometer, Start null Uhr. Unterwegs gab es offizielle und auch geheime Zeitkontrollen; ein Schnitt von 40 km/h sollte von den Rollern bis 150 ccm nicht überschritten werden. Es gab indes Rollerfahrer, denen die angeblichen Geheimkontrollen egal waren — sie drehten auf den nächtlich-leeren Straßen auf und gönnten sich dafür irgendwo unterwegs ein Ruhestündchen, um sich am Ende die

Oben: Hans Stuck und sein Sohn Hans-Joachim, später als »Striezel« so berühmt geworden wie sein Vater, im Jahre 1961.

Links: Fertigmachen zum Start – Vespa-Piloten bei einer Langstreckenprüfung.

sorgfältig ausgerechnete Sollzeit eintragen zu lassen. Am Ziel war eine Bergprüfung zu absolvieren, bei der es darauf ankam, daß Auf- und Abfahrt in möglichst gleicher Zeit bewältigt wurden! Wer also langsam hinaufknatterte, durfte ebenso gemächlich wieder zu Tal fahren. Im Stadion von Ludwigsburg gab es anschließend eine Beschleunigungs- und Bremsprüfung. Nächstentags stand ein Gleichmäßigkeits-Wettbewerb auf dem Programm: Auf einer 150-Kilometer-Strecke mußten einige Dutzend Dörfer durchfahren werden; Geschwindigkeitsverletzungen wurden genauestens vermerkt. Am Ende kam die Zustandsprüfung — ein ausgefallenes Rücklicht konnte das Strafpunktkonto beträchtlich erhöhen.

Viele Rollerfahrer scheuten weder die lange Anreise noch schlechtes Wetter, um dabei sein zu können. Manche nahmen den Rollersport so ernst, daß sie für die Bergprüfung nachts zuvor noch die Übersetzung auswechselten oder gar die Zündkerze des Motors mit in den Schlafsack nahmen, damit ein Konkurrent nicht etwa nachschaute, mit was für einem Fabrikat man an den Start ging! Manche besaßen auch einen Speedpilot, ein damals neu auf den Markt gekommenes Instrument aus Schweden, das einem die gefahrene Durchschnittsgeschwindigkeit anzeigte.

Ab 1956 wurde im VCVD der Rollersport nach einheitlichen Richtlinien geleitet. Man einigte sich auf der Präsidialsitzung in jenem Jahr, daß der Sportpräsident und seine Sportleiter die einzigen sein sollten, die für den Motorsport zuständig waren. Man erstellte für 1957 ein detailliertes Programm, wonach durch drei Ausscheidungsläufe nach der Turnierordnung die fünf besten Fahrer aus den einzelnen Landesclubs zu ermitteln waren. Unterstützt durch Mittel aus dem VCVD-Sportetat, bewarben sich diese Fahrer bei Bundestreffen in der Endrunde um den Meisterschaftstitel. Außerdem wurden Mannschaften von je drei Fahrern zu verschiedenen AvD- und ADAC-Veranstaltungen geschickt, auch sie erhielten aus der Clubschatulle einen Zuschuß. Großzügige Unterstützung gewährte hierbei auch das Vespa-Werk.

Im Rampenlicht: Hans Stuck

1958, als es allein in Deutschland schon 135 Regionalclubs mit rund 4000 Mitgliedern gab, gelang es durch die Empfehlung des Hauses Piaggio, den Grand-Prix-Altmeister Hans Stuck als Kandidaten für das Amt des VCVD-Präsidenten zu gewinnen. Der »Eiserne Hans«, der im Verlauf seiner dreißigjährigen Karriere 507 Siege bei Renn- und Sportwagen-Wettbewerben sowie 37 Geschwindigkeits-Weltrekorde errungen hatte, nahm an und gemahnte die Vespagemeinde: »Bitte fahren Sie nie zu schnell und immer mit Bedacht!«

Man führte eine Sportnadel in Bronze, Silber und Gold ein. Sie wurde alljährlich an Fahrer verliehen, die sich bei Ausscheidungs- und Meisterschaftsläufen qualifizieren konnten. Für den VCVD-Meisterclub stiftete Hans Stuck aus eige-

Links: Der Balance-Akt auf der Wippe gehörte zu jedem Vespa-Turnier.

Oben: Das Wetter konnte man sich nicht aussuchen. Aber auch bei Regen beherrschten die Vespisti ihr Sportgerät.

Unten: Je schlechter die Straße, desto größer die Herausforderung...

Ganz links: Ein österreichischer Teilnehmer am Schloßberg-Rollerrennen im Mai 1958.

Links: Wenn das Gras zu hoch stand, kam nur der Bach als »Fahrbahn« in Frage...

Unten: Rallye Monte-Carlo 1959. Drei Vespa-400-Fahrer bei der Ehrenparade vor dem monegassischen Palais.

ner Tasche den »Großen Preis des Vespa-Clubs von Deutschland«. So manches Rennen bestritt Stuck auch selbst im Sattel einer Vespa.

1958 fand zum erstenmal eine Europameisterschaft in der Eifel statt. Man fuhr den 331-Kilometer-Wettbewerb in drei Etappen: Zwei führten über die hügeligen Landstraßen der Eifel, die dritte umfaßte sechs Runden auf dem Nürburgring. Eine klassische Vespa-Regel wurde aufgestellt: 48 km/h durften auf der Zielgeraden nicht überschritten, 45 km/h nicht unterschritten werden.

In Monte-Carlo und auf der Radrennbahn

An dieser Stelle sei ein Abstecher zur automobilen Vespa-Vergangenheit gestattet. Bei der 27. Rallye Monte-Carlo rollten auch drei Vespa 400, wie sie von 1958 bis 1961 gebaut wurden, als hubraumschwächste Teilnehmer an den Start. Insgesamt 322 Fahrzeuge bahnten sich ihren Weg durch die tiefverschneiten, vereisten Straßen Europas. Die zu bewältigende Strecke betrug 3500 km von Stockholm nach Paris. Die drei Vespa 400 fuhren in der Klasse bis 1000 ccm und erreichten einen Stundendurchschnitt von 65 km/h. Damit hatten die kleinen Flitzer natürlich keine Chance auf die vorderen Plätze, wurden dennoch vom Publikum bei ihrer Ankunft am Ziel

Vespa-Roller beim Steher-Rennen in Zürich, 1960.

mit Jubel begrüßt. Immerhin war ein Drittel aller Teilnehmer auf der Strecke geblieben.

Ihre Vielseitigkeit bewies die Vespa auch bei einer anderen Spezialität: beim Steherrennen. Auf der offenen Rennbahn von Zürich kamen im Frühjahr 1960 zum ersten Mal in der Schweiz Steherrennen hinter Vespa-Motorrollern zur Austragung. Der »Grand Prix Vespa« wurde vom französischen Champion Louison Bobet gewonnen. In vier Läufen absolvierten die Fahrer ein Stundenmittel von mehr als 61 km/h, und sie äußerten sich

1962er 24-Stunden-Rennen für Zweiräder und Kabinenroller auf der Avus um den »Goldenen Bären von Berlin«. Es endete mit einem großartigen Triumph für die 28 teilnehmenden Vespa-Fahrer.

lobend über die große Laufruhe der Schrittmachermaschine. Es handelte sich um serienmäßige Vespa GS des Modelljahrgangs 1960. Lediglich die Übersetzung des Gasdrehgriffs hatte man verringert und hinten eine Laufrolle angebracht. Natürlich hatte man auch die Vorderradbremse demontiert, da eine Betätigung derselben den Steher unweigerlich zu Fall gebracht hätte.

Le Mans auf der Avus

Vespa-Hasen unvergeßlich ist die 24-Stunden-Fahrt auf der Berliner Avus, für die sich am 14. Oktober 1961 die Startflagge senkte. Diese Dauerprüfung zählte zu den härtesten Zweirad-Veranstaltungen und endete mit einem großartigen Triumph für die Marke Vespa. 28 Fahrer hatten um 12 Uhr im Le-Mans-Start ihre serienmäßig ausgerüsteteten Roller — meist GS-Modelle — bestiegen. Die ihnen auferlegten Rundenzeiten hatten es in sich und waren nur durch knapp bemessene Stops zu halten; viel passieren durfte dabei nicht. Ausfälle aus technischen Gründen gab es aber meist nur bei den schweren Motorrädern, was die Rollergemeinde mit Erleichterung zur Kenntnis nahm...

Vespa als die am stärksten vertretene Rollermarke war der auserkorene Liebling der zehntausend Avus-Zuschauer. 50 Fahrer wechselten sich am Lenker der Roller ab und sorgten dafür, daß die Maschinen stets »unter Dampf« blieben.

Vespa-Gleichmäßigkeitsprüfung auf einer weltberühmten Rennstrecke: Es ist der Nürburgring.

24-Stunden-Avusrennen 1962. Links: Vorbereitung im Fahrerlager.

Rechts: Wenn es schon mal eine Panne gab, wurde sie unterwegs mit Bordmitteln behoben!

Unten: Sie sah nicht nur spektakulär aus, sondern sie war es auch, die berüchtigte Steilkurve am nördlichen Ende der Avus-Rennstrecke.

Es war eine Augenweide für die Fans, wenn mehrere Scooter zugleich durch die Steilwand der damals noch bestehenden Nordkurve brausten. Auch ein Sturz des Vespa-Fahrers »Acke« Strumpf, der am Kurvenausgang dicht vor der Haupttribüne glücklicherweise in einem Strohballen landete, vermochte die Stimmung nicht zu trüben — der tapfere Mann fuhr nach wenigen Minuten weiter.

Um 20 Uhr begann die Nachtarbeit. Tausende von Kilowatt beleuchteten jetzt die Steilkurve. Das Tempo verlangsamte sich, doch bei einigen Fahrern bedurfte es vieler Mühe, ihr Temperament zu zügeln: Die Maschinen mußten geschont werden. Tafeln zeigten an, welchen Fahrern man ein Vermindern der Geschwindigkeit empfahl...

Die Nacht war kühl und trocken; am Morgen kam Nebel auf. Bei Halbzeit waren noch sämtliche Vespa-Roller im Rennen! Würde man gegen Heinkel den Sieg erringen können? Die Tribüne war wieder dicht besetzt, als die letzte Stunde des Rennens kam. Jetzt wurden die Geschwindigkeitsrunden gefahren! Die drei Schnellsten gaben den Ausschlag für die Klassensiegwertung. Ein letztesmal mit 100 durch die Steilwand, dann fiel die Flagge; die vier Rollerfahrer des Vespa-Clubs Berlin liefen geschlossen durchs Ziel vor der Haupttribüne. Geschafft! Das Rennen um den »Goldenen Bären« hatte zu einem weiteren grandiosen Erfolg für Vespa geführt.

Langstreckenfahrten für Motorroller hatte es in Deutschland bis dahin kaum gegeben. Im Ausland, etwa in Italien, Frankreich, Spanien und England, waren sie schon länger bekannt. Die Avus eignete sich für solche Veranstaltungen sehr gut, wobei der im Oktober 1961 ausgetragene Wettbewerb noch ein erster Versuch gewesen war. Durch großzügige Unterstützung der Vespa GmbH Augsburg konnte er 1962 in noch größerem Rahmen bestritten werden. Das Werk selbst stellte keine Mannschaft, um den Privatfahrern keine Konkurenz zu machen. Tausende von Berlinern erlebten 1962 ein zweitesmal diese harte Belastungsprobe für Motorräder, Gespanne, Motorroller und dreirädrige Kabinenfahrzeuge aller Klassen. Das Wetter spielte diesmal verrückt: Es gab Regen, Hagel, auch ein bißchen Sonnenschein, Temperaturen um null Grad — doch niemand ließ sich davon abschrecken. Selbst um Mitternacht herrschte am Tribüneneingang noch reger Betrieb. Je nach Klasse mußten Schnitte zwischen 75 und 115 km/h eingehalten werden. Der Vespa-Club von Deutschland war mit 116 Teilnehmerfahrzeugen vertreten, die zusammen eine Fahrstrecke von 44.800 Kilometern zurücklegten.

Die Bedeutung des Wettbewerbssports mit dem Motorroller ging während der sechziger Jahren indes zurück, auch schränkte das Werk in Pontedera im Laufe der Zeit seine Aktivitäten immer mehr ein. Die Vespa und ihre Fahrer hatten indes zur Genüge bewiesen, daß sie auf Langstrecken und im Gelände zuverlässig und einsatzstark waren.

Doch die Unentwegten kämpfen weiterhin in jedem Jahr um die Vespa-Sportmeisterschaft, die in einer A- und einer B-Klasse ausgetragen wurde. Unter der Ägide des VCVD-Sportkommissars Manfred Brandt gingen auch 1993 wieder 70 bis 100 Teilnehmer pro Veranstaltung an den Start. Solange es Roller gibt, wird man auch Wettbewerbe mit ihnen austragen, und wie stets kommt es auf Geschicklichkeit, Fahrpräzision und Zuverlässigkeit der Technik an, nicht auf Spitzenleistungen: Vespa-Welt- und andere Rekorde, so beeindruckend sie einst waren, gehören der Vergangenheit an.

Die Unentwegten unter den Vespisti sind noch immer dabei, heute wie vor drei Jahrzehnten...

Mit der Vespa auf Reisen

Guy Ebert auf Vespa-Safari in Afrika. 1956/57 absolvierte er eine erlebnisreiche Fahrt durch den Schwarzen Kontinent.

Seinem Fernweh zu frönen und die Welt kennenzulernen, den eigenen Horizont zu erweitern und sich ein Bild von den Verhältnissen außerhalb der eigenen vier Wände zu machen, vermochte der Mensch eigentlich erst mit Beginn des Eisenbahn-Zeitalters. Und es waren auch nur wenige, die ein solches Privileg für sich in Anspruch nehmen konnten, denn Reisen war ein teures Vergnügen. Das blieb auch noch lange nach der Erfindung des Automobils so.

Erst das Motorrad ermöglichte es weiteren Bevölkerungskreisen, längere Distanzen auch zum Vergnügen und zur Erholung zurückzulegen. Motorwandern nahm in den zwanziger und dreißiger Jahren eine neue Dimension an. Und als nach dem Zweiten Weltkrieg der Roller für Belebung des Verkehrsbildes sorgte, war es diese gänzlich andere Art unbeschwerter Mobilität, mit der auch das Reisen eine neue Definition erfuhr.

Mit dem Roller unterwegs: Das war vor allem für junge Menschen eine Chance, preiswert und ohne besondere Konventionen eine Reise zu unternehmen. Ob es übers Wochende zu einem 100 oder 200 Kilometer entfernten Campingplatz ging (Rollercamping war eine gewaltige Bewegung im Tourismus der fünfziger und sechziger Jahre) oder auf große Fahrt nach Süditalien, Schweden oder in die Bretagne: Die Vespa machte es möglich. Ihr Spritkonsum hielt sich in Grenzen, man traf unterwegs garantiert Gleichgesinnte, und langstreckentauglich war der Roller allemal. Die Vespa verkraftete auch immer wieder ganz erstaunliche Lasten. Was natürlich den Reiseschnitt dämpfte, aber auf hohe Geschwindigkeiten kam es ja nicht an.

Ganz besondere Leistungen vollbrachten Vespa-Fahrer auf Fernreisen durch tropische Gegenden, durch Wüsten- und Steppengebiete, aber auch in arktischen Regionen. Die Vespa-Chronik verzeichnet eine Menge solcher Safaris durch aller Herren Länder.

Eine der anstrengendsten Rollerreisen absolvierte im Jahre 1953 der französische Sergeant Pierre Dellière, der im damaligen Französisch-Indochina stationiert war. Er brach am 18. März in Saigon auf und erreichte nach 51 Reisetagen Paris. Seine Route führte ihn über Bangkok, Kalkutta, New Delhi. Bei seiner Ankunft in der französischen Hauptstadt wurde er natürlich groß gefeiert, und mit besonderer Ausführlichkeit nahm sich die Vespa-Hauszeitschrift des Globetrotters an.

Erwähnenswert ist auch eine Tour des Schweden Guy Ebert, der im Dezember 1956 zu einer Reise nach Afrika startete, die ihn über Dakar, Gambia, Senegal, Guinea führte. Zurück über Las Palmas, Sevilla nach Stockholm. Dies waren insgesamt 10.000 Kilometer, davon etwa 3000 Kilometer auf schwierigsten, fast unpassierbaren Straßen. Er hatte lediglich drei Reifenpannen und mußte einige Male den Bremszug und Zündkerzen wechseln.

Das große Abenteuer einer Weltreise mit kleinem Geldbeutel lockte auch zwei Vespa-Fahrer, die im Mai 1957 starteten. Es waren der 28jährige amerikanische Kunststudent Rohn Engh und ein 23jähriger deutscher Journalist namens Rudolf Thurau, die mit einer Vespa Grand Sport in Rotterdam starteten und neben 500 Mark in bar nur ihre Gitarren dabei hatten. Am Ende ihrer Reise in New York hatten sie zu Lande, zu Wasser und in der Luft 27.000 Kilometer zurückgelegt. Mit musikalischen Darbietungen in Trottoir-Cafés tingelten sie durch ganz Europa, Nord- und Zentralafrika bis an den Golf von Guinea. »Meist war der Himmel ihr Dach, und sie ernährten sich von Früchten und Kamelfleich,« berichtete der *Vespa-Tip*, die Zeitschrift des deutschen Vespa-Clubs. Größere technischen Pannen gab es nicht zu vermelden, dafür Abenteuer jede Menge.

Am 3. Mai 1958 startete Victor Engelbert in Brüssel zu einer Rollerfernfahrt und durchquerte in vier Monaten den afrikanischen Kontinent: Auf diesen 20.000 Kilometer verbrauchte er 600 Liter Benzin. Aber nicht nur junge Optimisten machten sich im Sattel der Vespa auf die Reise zu fernen Gestaden. 1958 berichtete der *Vespa-Tip* von dem achtundsechzigjährigen Rollerfahrer Bruno Sandner, der als Pensionär sein Fahrrad gegen eine

Rohn Engh und Rudolf Thurau starteten 1957 zu einer 27.000-Kilometer-Weltreise. Oben: Rast an einer BP-Station in Casablanca.

Links: Die abenteuerlich beladene Vespa Grand Sport mit einem Bewunderer aus der südlichen Sahara im Sattel.

Oben: Nachtanken in afrikanischer Einsamkeit. Engh und Thurau kam die Sparsamkeit ihres Rollers sehr zugute.

Rechts: Überquerung des Niger an Bord einer der landesüblichen Fähren.

Oben: Etappenziel in Nordafrika – eine Oase mit schattenspendenden Palmen.

Oben: Vespa und Vespisti 1959 in Budapest. Reisen in östliche Länder galten damals als ungewöhnlich.

Rechts: Vespa-Globetrotter und ihre Ausrüstung empfangen vor dem Start die Segnung eines Priesters.

Vespa vertauscht und damit den Balkan unsicher gemacht hatte. Hinter den Karawanken hatte es ihn dann in Mazedonien erwischt: »Der Druckstift der Kupplung war gebrochen. Ein geringfügiger Defekt, zu dessen Beseitigung man zuhause kaum eine Stunde benötigt hätte. Doch durch die Unfähigkeit der Monteure entstanden weitere Schäden, die zu beheben ihnen nur mit Mühe gelang...«

Spannend wurden solche Reisen immer am Ende der Teerstrecke. Das Befahren von Kamelpfaden, Bachbetten und Ödland, die Bewältigung schlechtester Wegstrecken in mitunter monatelanger Folge erbrachte stets aufs Neue den Beweis, daß die Vespa hart im Nehmen war. Große Sorgfalt verlangte die Zusammenstellung des Reisegepäcks eines Roller-Selbstversorgers, denn man konnte ja bei solchen Touren nur sehr selten mit dem Komfort einer Herberge rechnen. Zur Standardausrüstung der Globetrotter gehörte meist das Elf-Sprachen-Wörterbuch von Shell, aber auch eine Reiseapotheke mit schmerzstillenden Tabletten, Lebertransalbe, Chinosol-Gurgelwasser und Baldriantropfen. Vielleicht hatte im Gepäck auch noch ein kleines Buch Platz, etwa das von Harry Roskolenko, der 1959 nach seiner Weltreise auf einer Vespa einen ausführlichen Bericht darüber verfaßt hatte: »Poet on a Scooter — a highly literate account of an around-the world adventure« lautete der Titel.

Als Reisen in osteuropäische Länder noch sehr viel umständlichere und mit großen behördlichen Problemen gespickte Unterfangen darstellten, machten Rollerfahrer von sich reden, die in die Sowjetunion, nach Ungarn oder Rumänien reisten. Der »Eiserne Vorhang« war zwar in den fünfziger Jahren noch hier und da etwas durchlässiger als in der nachfolgenden Zeit, doch wer im Sattel seiner Vespa nach Budapest oder Sofia gelangte, war sich größter Aufmerksamkeit sicher. »Überall Aufsehen erregend, kurvte ich durch Budapest und Umgebung«, berichtete der zwanzigjährige Hans Fiegen, ein junger Vespa-Fahrer, der in München gestartet und über Österreich nach Ungarn gefahren war. »Wo ich auch parkte, bildete sich schnell ein Kreis Interessierter. Besucher aus dem Westen stehen hoch im Kurs!«

Mit Zunahme des Automobil- und Flugtourismus seit den sechziger Jahren hat das Reisen mit dem Roller an Exotik und Reiz verloren. Dennoch gibt es viele junge Leute, die das Frischlufterlebnis auf zwei Rädern und die Freiheit der Fahrtstrecke jeder anderen Art der Fortbewegung vorziehen und immer wieder mit ihrer Vespa auf große Fahrt gehen.

Die Geschichte der Vespa-Clubs

Die ersten Vespa-Clubs entstanden, wie nicht anders zu erwarten war, im Heimatland des Rollers aus Pontedera, und zwar in den Städten Verona und Bologna; weitere folgten bald. Die Aktivitäten dieser Clubs waren immer wieder Inhalt zahlreicher, lebendig geschriebener Berichte in der Piaggio-Hauszeitschrift und später selbstverständlich auch in den clubeigenen Publikationen.

Um 1949 zählte man mehrere Dutzend Clubs in Italien; 112 waren es bereits Ende 1952. Bei ihren Zusammenkünften gab es oft genug regelrechte Verkehrsstockungen — es war keine Seltenheit, daß Pulks von 1000 oder mehr Vespisti über den Corso Sempione zum Piaggio-Stand auf der Mailänder Zweiradmesse anrückten. Das Statut des überregionalen Verbandes, genannt Vespa Club d'Italia, wurde am 23. Oktober 1949 in Viareggio erstellt. Zum Präsidenten wählte man Dottore Renato Tassinari.

Ohne Anregung von außen und zunächst auch ohne Dachorganisation gründeten im Jahre 1950, als die ersten Hoffmann-Roller auf die Straße kamen, Enthusiasten in vielen Städten Deutschlands ebenfalls Vespa-Clubs. Mit zu den Vespa-Clubs der ersten Stunde gehörten die in Hamburg, Köln, Pforzheim, Stuttgart und Wiesbaden. Es waren 25 in jenem Jahr, weitere folgten in schnellem Tempo, nicht nur in Italien und Deutschland. Rasch nahmen Vespisti in allen Ländern über Grenzen hinweg Verbindungen miteinander auf. So kamen auch schon 1950 die ersten internationalen Treffen zustande, bei denen die Vespa-Ideologie wie eine Weltanschauung weiterverbreitet wurde.

Als deutscher Dachverband wurde am 8. Mai 1952 der Vespa-Club von Deutschland aus der Taufe gehoben. Beteiligt an der Gründung waren die Vespa-Clubs Köln, Essen, Rhein-Wupper, Rheinhausen, Krefeld, Solingen und Düsseldorf, die zuvor einen Arbeitsausschuß gebildet hatten, um die Gründung vorzubereiten.

Oben: 1959 fand in Bremen ein Vespa-Clubtreffen mit mehr als 2000 Teilnehmern aus aller Welt statt.

Links: Kein Vespa-Meeting ohne sportliche Einlagen! Der Roller forderte zur Akrobatik geradezu heraus....

Es folgten eine Reihe weiterer Clubs. Ende 1952 wurde auf einer Delegiertenversammlung die endgültige Konstituierung des VCVD festgelegt. Fabrikant Hoffmann trug man die Ehrenpräsidentschaft an. Als Clubzeitschrift entstanden die *Vespa Nachrichten.* Zur gleichen Zeit war die Zahl der europäischen Vespa-Clubmitglieder auf 50.000 gestiegen.

Übrigens hatte es an der Saar seit 1955 — erst zwei Jahre später wurde das Saarland als zehntes Land in die Bundesrepublik aufgenommen — stets eine eigene Zeitschrift gegeben, die *Vespa-Rundschau.* Im wirtschaftlich und verwaltungspolitisch zunächst Frankreich zugeordneten Saarland war 1950 der erste Vespa-Club entstanden, der bis 1954 die stattliche Zahl von 1500 Mitgliedern vorweisen konnte. Der Vespa-Club Saar war der internationalen Föderation angeschlossen und hatte dort Sitz und Stimme wie der VCVD. Motorsportlich engagierte sich der saarländische Club stark in Frankreich, wo man ein gutes Verhältnis zum Touring Club de France hatte. So nahmen im August 1955 auch Vespa-Fahrer aus Völklingen an einem Zweiradtreffen des TCF in Algier teil.

Besonders aktiv war das Clubleben in den fünfziger Jahren in Holland. Am 15. April 1951 wurde der erste holländische Vespa-Club in Limburg als »De Wesp« aus der Taufe gehoben. Am 1. Juni 1952 folgte dann der Vespa-Club Rotterdam, der vorerst die Aufgaben eines nationalen Clubs übernahm. Die Mitgliederzahl wuchs in der Zeit von 1953 bis Ende 1954

Oben: Audienz beim Papst. Ein Vespa-Fahrer mit Familie passiert das Spalier der Schweizergarde.

Links: Vespa-Hochzeiten hatten in den fünfziger und sechziger Jahren einen hohen gesellschaftlichen Rang.

Oben: Einer der Wettbewerbe um die Europäische Clubmeisterschaft 1960, ausgetragen in England.

von 90 auf 200; 1955 waren es schon 15 Clubs mit 423 Mitgliedern. 1956 bestanden in Europa bereits 400 Clubs, die sich jährlich zu wichtigen Veranstaltungen trafen. So folgten 1956 etwa 1000 Vespisti der holländischen Einladung zur Rallye nach Den Haag. Erst 1957 wurde offiziell der Vespa Club Holland gegründet, in einem Jahr, als der Vespa Club von Europa an die 1000 Vereinigungen mit etwa 100.000 Mitgliedern aus 14 Ländern vertrat. Die Zahl der Clubs und ihrer Mitglieder erreichte in den Niederlanden 1961 ihren Höhepunkt. In diesem Jahr feierte der Verband sein zehnjähriges Bestehen mit 2500 aktiven Vespa-Fahrern, die in 42 Clubs organisiert waren.

Parallel zum abflauenden Rollerboom setzte dann ein genauso rapides Sinken der Zahl von Clubs und Mitgliedern ein. Denn viele Vespisten stiegen, inzwischen verheiratet und mit Kindern, vom Roller aufs Auto um. Nur 20 der 2500 Mitglieder erschienen 1962 auf der Hauptversammlung in Utrecht. Und mit der Vespamüdigkeit der Aktiven blieb auch das Geld der Sponsoren aus.

Der Tiefpunkt war 1972 erreicht, als sich der Vespa Club Holland auflöste und nur einige Regionalclubs mit etwa 150 Mitgliedern überlebten. Diese Entwicklung blieb nicht allein auf Holland beschränkt. Selbst in Italien, der Wiege der Vespa-Bewegung, löste sich 1970 der Vespa Club d'Italia auf. Erst Ende der siebziger Jahre, mit der Präsentation der neuen PX- und PK-Modelle, begann in Holland ebenso wie in Italien und auch in anderen Ländern eine Wiederbelebung der Vespa-Clubszene. Die junge Generation zeigte ein verändertes Verhältnis zu ihrer Vespa, auch die Namen ihrer Clubs änderten sich. So wurde 1982 in Holland ein neuer Vespa-Club namens »Vespa Scooter Club Nederland« gegründet. Die Reminiszenz an die fünfziger Jahre lebte in einer privaten Initiative von B. K. Portanje wieder auf, der das Andenken an den Vespa Club von Holland bewahrt und eine spezielle Vereinigung hierfür ins Leben gerufen hat. Seine Motorroller- und Vespa-Nostalgie-Sammlung in Bunnik ist Anlaufstelle für Vespisti aus der ganzen Welt.

Anfang der 60er Jahre hatte der Vespa-Boom in Holland seinen Höhepunkt erreicht

Der erste nationale Vespa-Clubverband in der Schweiz wurde 1950 in Genf gegründet. 1957 waren es es 82 Clubs mit 4000 Vespisti, die in ihm vereint waren. Heute sind es 18 regionale Clubs, hauptsächlich in der Deutschschweiz, die im Vespa-Club der Schweiz organisiert sind.

Die Geschichte des Vespa Club Austria ist mit der des Vespa Club Wien untrenn-

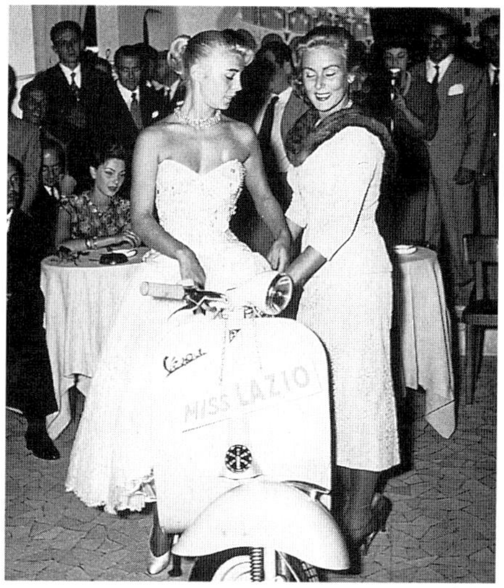

Oben: Miss Lazio 1961. Die gekürten Damen mußten über ein gutes Vespa-Wissen verfügen!

Links: Eurovespa in Rom 1961. Diese Veranstaltung hatte stets den größten Stellenwert im Vespa-Kalender.

bar verbunden. Gegründet wurde der Club im Juli 1953 unter dem Namen VC. Austria, da er damals der einzige Vespa-Club im Lande war. 1957, nachdem es dann fünf Landesclubs gab, beschloß die Generalversammlung die Namensänderung in Vespa Club Wien, der neugegründete Vespa Club Austria übernahm die Aufgaben einer Dachorganisation. In seiner Blütezeit von 1960 bis 1965 gehörten ihm zehn Landesclubs mit rund 600 Mitglieder an. Zur Zeit sind es 20 Landesclubs, jedoch bei einer geringeren Mitgliederzahl. 1958 wählte man Albert Wayss zum Präsidenten des Vespa Club Wien, seit 1965 ist er auch Präsident des nationalen Clubs.

Bei Piaggio hatte man verständlicherweise großes Interesse an der Etablierung dieser Clubs und Verbände und trug die Idee auch in die Importländer weiter, wo man sie begeistert aufgriff. Der italienische Verbandspräsident Tassinari bezog Quartier bei der Piaggio-Geschäftsleitung in Genua und übernahm 1949 auch die Redaktion der Hauszeitschrift *Piaggio.* Somit wurden die Clubs und ihre Aktivitäten zum Instrument der Piaggio-Öffentlichkeitsarbeit, ein Teil der Vespa-Marketing-Strategie. 1952 schlossen sich erstmals 13 Länder in Mailand zum Vespa-Club von Europa zusammen und organisierten jedes Jahr zahlreiche wichtige Veranstaltungen, darunter die Eurovespa.

Die Vespa-Fahrer sahen in der Verbindung von Pontedera und Clubszene keinerlei Benachteiligung, ganz im Gegenteil. Sie organisierten Vespa-Rallies, Vespa-Fotowettbewerbe, Vespa-Hochzeiten — ohne Werksauftrag, aber stets ganz im Sinne der Manager in Pontedera. Die Presse berichtete in Wort und — das war wichtig! — Bild von solchen Zusammenkünften, insbesondere von den Vespa-Hochzeiten, bei denen oft lange Spaliere blitzsauberer Scooter vor dem Standesamt oder dem Kirchenportal standen; selbstverständlich fuhr auch das Hochzeitspaar per Vespa vor.

Für Vespa sangen die Isarspatzen

Ab 1955 wurden deutsche Vespa-Besitzer über Clubaktivitäten durch die Verbandszeitschrift *Vespa-Tip* auf dem Laufenden gehalten. Dieses Blatt im A4-Format hatte seinen Redaktionssitz bei der Vespa-Messerschmitt GmbH in Augsburg-Haunstetten. Die zuvor vom VCVD herausgegebenen *Vespa-Nachrichten* hatten eine Auflage von 6000 Exemplaren. Der Verband steckte inzwischen jedoch in einer Krise, denn mit der Pleite der Hoffmann-Werke war auch das Präsidialbüro in Lintorf geschlossen worden. Die wenig erfreuliche Situation hatte den damaligen Präsidenten, Ernst-August Prinz zur Lippe, zur Aufgabe seines Amtes bewogen.

Erst mit Einstieg der Firma Messerschmitt ins Vespa-Geschäft wurde der VCVD wieder mit neuem Leben erfüllt; es bildeten sich die Landesclubs West, Südwest, Nord sowie der Schwäbische Vespa-Ring. Diese Vereinigungen hatten einen guten Start und fanden beste Unterstützung durch Augsburg. Am 8. Mai 1955 traten in Gießen die Vorstände aller Regionalclubs zusammen, regelten Organisationsfragen und belebten den VCVD neu. Die nachfolgenden zehn Jahre galten als seine große Blütezeit.

1960 — inzwischen hatte man den ehemaligen Rennfahrer Hans Stuck zum Präsidenten gewählt — gab es in Deutschland 250 Vespa-Ortsclubs mit mehr als

Links: Ein Team Vespisti, Teilnehmer am Europapokal-Rennen 1961, aus Italien, England, Belgien und der Schweiz am Nürburgring. Die Dame auf dem Sozius ist Ingrun Moeckel, ihres Zeichens Miss Europa.

8000 Mitgliedern, die enge Kontakte zu Gleichgesinnten in Frankreich, Belgien, Holland, Luxemburg, Großbritannien und in der Schweiz hielten. Auf Weihnachtsfeiern kam der Nikolaus per Vespa, es gab Wohltätigkeitsveranstaltungen und Vespa-Abordnungen bei den Rosenmontagszügen in Karneval und Fasching.

Auf der Internationalen Fahrrad- und Motorradausstellung (IFMA) war Vespa regelmäßig vertreten, und Tausende von Rollerfans besuchten den Stand, den 1960 beispielsweise eine »Phonobar« zierte: Hier konnte man die neuesten Vespa-Schlager hören, wie das Lied »Junge Leute von heute« mit der Musik des Komponisten Ralph Maria Siegel, einer der Großen der deutschen Schlagerbranche. Es sangen dazu die Isarspatzen.

Gerade aus Anlaß solcher Ausstellungen kamen Vespa-Fahrer in riesigen Aufgeboten, oft mit Fahnen und in auffallender Overall-Kostümierung. So auch in Frankfurt, wo man am 10. September 1960 »Zehn Jahre Vespa in Deutschland« feierte, gleichzeitig das zehnjährige Bestehen des dortigen Wespen-Clubs. 1200 Rollerfahrer aus dem In- und Ausland fanden sich ein, und sie beherrschten ein Wochenende lang fast das gesamte Straßenbild der Stadt. Das Meeting war zugleich ein hochgradiges Gesellschaftsereignis.

Mit großem Aufwand fanden auch stets die Miss-Vespa-Wahlen statt. In Deutschland hießen die gekürten Damen Vespa-Sommernachtsköniginnen. Attraktive Erscheinung allein genügte nicht, um Chancen zu haben: Die Damen mußten auch ein bestimmtes Maß an Vespa-Wissen vorweisen können.

Hans Stuck lud zu Clubabenden mit der Verkehrspolizei ein

Einen guten Draht hatte der VCVD zum Technischen Hilfswerk (THW); viele Vespa-Fahrer stellten sich für Katastrophen-Einsatzübungen zur Verfügung, ebenso dem Roten Kreuz. Hans Stuck hatte im Februar 1961 mit dem DRK vereinbart, daß sämtliche VCVD-Mitglieder einen kostenlosen Erste-Hilfe-Kurs absolvieren durften. Als Gegenleistung standen die Vespa-Eigner im Bedarfsfalle als Melde- und Kurierfahrer zur Verfügung. All diese Aktionen wurden in den Medien gebührend erwähnt und führten der Vespa-Gemeinde viele neue Mitglieder zu.

Um die Gilde der wirklich überzeugten Vespisti von den weniger »Linientreuen« unterscheiden zu können, gab es den VCVD-Clubausweis zunächst drei Monate auf Probe. Durch sein Verhalten hatte der Aspirant zu beweisen, daß er der Mitgliedschaft auch würdig war. Angeber und Nassauer wollte man nicht in den Reihen haben. Auch gab es einen Ehrenrat, der in Club-Streitfällen angerufen werden konnte.

Helmpflicht schon ab 1959

Wenn es Probleme gab, dann durch eine sich allmählich abzeichnende altersmäßige und soziale Umstrukturierung in der Mitgliederschaft. Während der Hoffmann-Zeit, also vor 1955, waren es meist höhere Angestellte, Ärzte, Rechtsanwälte und andere Angehörige freier Berufe, die Vespa fuhren. Allmählich aber kamen mehr und mehr Facharbeiter, Handwerker, Verkäufer und Behördenangestellte hinzu, während sich die erstgenannten Berufsgruppen nun ein Auto leisten konnten. Das Durchschnittsalter lag bald bei 21 und nicht, wie zuvor, bei 31 Jahren. Die Jüngeren verstanden nicht immer die Sprache der Älteren aus der Pionierzeit der Rollerei, drehten die Musikbox ein wenig lauter auf, schlürften Hawaii-Cocktails statt Apfelschorle und handhabten ihre Roller auch weniger disziplinvoll im Straßenverkehr. Verbandspräsident Stuck bemühte sich sehr um eine hohe Verkehrsmoral und initiierte sogar bundesweit Clubabende mit Vertretern der örtlichen Verkehrspolizei. Die Unfallstatistik zeigte bei den Zweiradfahrern damals stark zunehmende Tendenz; es galt vorzubeugen, wo immer dies möglich war. Der VCVD bot seinen Mitgliedern ab 1959 sogar das Privileg einer Unfallversicherung zu besonders günstigen Konditionen, ausgehandelt mit der Württem-

Mitglieder des Bonner Vespa-Clubs als Eskorte des VCVD-Präsidenten Hans Stuck vor dem Gebäude des Roten Kreuzes in der Bundeshauptstadt.

bergischen Feuerversicherungs-AG in Stuttgart. Sie erlegte den Versicherten das Tragen eines Schutzhelms auf — das war Bedingung, um im Schadensfall Leistungen in Anspruch nehmen zu können!

Mit der Kampagne zum Benutzen eines Schutzhelms trug der VCVD ganz erheblich zur Sicherheit seiner Mitglieder bei, nachdem wissenschaftliche Untersuchungen ergeben hatten, daß bei 90 Prozent aller Unfälle mit tödlichem Ausgang die Opfer am Leben geblieben wären, hätten sie einen Helm getragen. Auch die Teilnahme an Clubveranstaltungen machte es bald zur Pflicht, einen »Kübel« zu tragen, wie man sich gern leger auszudrücken pflegte...

Zu Beginn der sechziger Jahre nahmen die Aktivitäten im Vereinsleben indes ab. Clubs lösten sich auf, die Zuwendungen seitens der Vespa GmbH in Augsburg ließen nach. Es gab auch Unregelmäßigkeiten in der Verbandskasse, die zwar nie an die große Glocke gehängt wurden, aber dazu beitrugen, daß es zum Ausfall des für 1961 geplanten Bundestreffens kam.

Aber nicht nur das Loch in der Kasse war hieran schuld. Eine Zeit des Umschwungs und der Neustrukturierung war gekommen, in Deutschland wie woanders ebenfalls. Die mit viel Enthusiasmus gegründeten Vespa-Clubs in Persien, in Thailand, in Uruguay, Chile und Kolumbien verschwanden, wie sie gekommen waren. Oft fehlte es am Geld, das man sich aus Pontedera erhofft hatte, zumal das Werk an den Clubgründungen so stark interessiert gewesen war. Die FIV, Fédération Internationale des Vespa Clubs in Rom (früher: Vespa Clubs Mondial) führt ein langes Register der bestehenden, aber auch der inzwischen nicht mehr existenten Clubs...

Der 1957 gegründete Vespa-Club der USA warb zeitweise mit großem Erfolg um Mitglieder in den Kreisen der 75.000

Oben: Eurovespa 1985 in Frankfurt am Main.

Oben: Der Vespa-Club Nürnberg bei einer Faschingsveranstaltung 1991. Ganz vorn VCVD-Präsident Arthur Eichner.

Rechts: Kurierfahrer beim Eucharistischen Weltkongress 1960 in München.

Vespa-Besitzer Nordamerikas (Stand 1959). Das Hauptquartier befand sich in der 3, East 54th Street, New York; Einzelclubs gab es in Philadelphia, Washington, Cleveland, Miami, Portland, Salem, Denver, San Francisco, Boston und vielen anderen Städten, vor allem in Kalifornien.

Das große Argument der amerikanischen Vespa-Fahrer war das der Wirtschaftlichkeit. Man fuhr ohnedies langsam, und das Benzin kostete nur ein Bruchteil dessen, was man in Europa zahlte. Bei sportlichen Aktivitäten hielt man sich zurück; die Amerikaner bevorzugten Picknickfahrten ins Grüne.

Doch auch in den USA befindet sich die Vespa-Welle wieder im Aufwind; der derzeitige Vespa Club of America mit Sitz in Cleburne ist zwar nicht der FIV angeschlossen, vertritt aber etwa 400 Mitglieder. Stattdessen wird Amerika dort von einem Club mit etwa acht Mitgliedern vertreten, der in Las Gatos, Kalifornien, eingetragen ist und von einem deutschen Einwanderer geführt wird. Daneben gibt es noch weitere sieben bis acht Regionalclubs.

Außergewöhnlich ist die Situation in Japan. Hier waren die ersten Vespa-Roller Ende der vierziger Jahre von amerikanischen Soldaten ins Land gebracht worden; die ersten offiziellen Vespa-Importe stellten 15 GS-Modelle in Silber dar. Nach der Vespa-Flaute in den siebziger Jahren, die in allen Ländern zu spüren war, gilt heute Japan als Geheimtip für Vespa-Fans. Zwar ist die Verbandsstruktur hier weniger sichtbar — neben einigen örtlichen Clubs gibt es jetzt aber auch einen Vespa Club Japan —, doch von der stillen Liebe zeugen Treffen und Ausfahrten, Händler mit Spezialkatalogen zum Thema Tuning und Ausstattung sowie die Tatsache, daß heute neben den neuesten Modellen Vespa PX 200 E und Cosa 200 auch eine Vintage-Serie für die nostalgischen Modelle 50 S, 100 und 125 ET3 Primavera von Piaggio in Pontedera speziell für den japanischen Markt produziert wird. Begründet wird dies von einem Vespisti aus Osaka damit, daß die modernen japanischen Roller »äußerlich zu viel Hightech aufweisen«, und eine junge Generation sich mit dem »human touch« — oder auch den vespatypischen weiblichen Formen verstärkt anfreunde.

Der Vespa-Club von Deutschland ist heute mit seinen etwa 140 Regionalclubs und 5000 Mitgliedern noch immer die größte Vereinigung der internationalen Zunft. Nachdem 1963 die Zeitschrift *Vespa-Tip* letztmalig an die Mitglieder zur Aussendung kam, werden die Vespa-Mitglieder in den Regionalclubs in Form von Rundschreiben über die nationalen und internationalen Belange informiert.

An zweiter Stelle folgt Italien mit heute rund 100 Clubs und Österreich sowie der

Roller-Treffen in Japan. Dort hat der Scooter und vor allem die Vespa einen sehr großen Freundeskreis.

Schweiz mit je 20 Clubs und 2000 Mitgliedern pro Land. Arthur Eichner, seit fast zwei Jahrzehnten Präsident des VCVD, sagt: »Die Italiener waren, was die Cluborganisation betrifft, früher einmal Spitze. Heute haben sich dort, wie überall auf der Welt, die Prioritäten verändert. Wieviele Mitglieder ihre Clubs zählen, läßt sich zur Zeit nicht genau feststellen.«

Erinnerungen an Eurovespa 1960

In der Tat: die Italiener waren einst führend und Vorbild, was Vespa-Aktivitäten betraf. Sie lieferten Musterbeispiele, wie große Treffen zu organisieren waren, so das Eurovespa in Rom 1960, das noch heute alljährlich — wenngleich auch weniger spektakulär — jeweils in einer anderen Stadt veranstaltet wird. 1963 war es in Cortina d'Ampezzo, 1969 in Viareggio, 1981 in Livorno, 1983 in Saarbrücken, 1985 in Frankfurt am Main.

1960 gab es zwei Ereignisse, die das Vespatreffen für alle Teilnehmer unvergeßlich machten: Die Eröffnung der Olympischen Sommerspiele und eine große Audienz aller Teilnehmer einschließlich der Vespisti beim Papst. Die Zahl der Vespa-Fahrer war auf 50 pro Nation begrenzt, und die Gruppe aus Deutschland kam aus allen Ecken der Bundesrepublik. Nonstopfahrten bis zu 900 Kilometer legten die Rollerpiloten zurück, um sich in Bozen, kurz nach dem Grenzübergang am Brenner, zu treffen und ab dort gemeinsam — mit Polizei-Eskorte — nach Rom zu wallfahren. Andere Kolonnen aus verschiedenen Ländern gesellten sich hinzu, durch Farben gekennzeichnet: Blau für die Portugiesen und Spanier, aus Imperia kommend; Gelb für Franzosen, Briten und Luxemburger, die Autostrada nach Rom über Turin ansteuernd; Grün für Belgier, Niederländer, Dänen, Schweden, Norweger und Schweizer, die sich in Mailand sammelten, während Österreicher und Deutsche die Rote Kolonne bildeten.

Daß es in Anbetracht des auch damals bereits dichten Verkehrs auf den italienischen Straßen zu einem reibungslosen »Marsch auf Rom« kam, ohne unplanmäßige Aufenthalte oder Zwischenfälle, verdankten die Vespa-Fahrer einer generalstabsmäßig geführten Organisation. Das Haus Piaggio war daran in hohem Maße beteiligt, kam auch für Fahrtkosten und Unterbringung auf und spendierte sogar das große Büffet im Hilton. Die Presse wußte das zu honorieren, lobte das vorbildliche Verkehrsverhalten der einheitlich in weiße Overalls gekleideten Vespisti und brachte eindrucksvolle Bilder von den Vespa-Flotten.

Die Zuhausegebliebenen organisierten derweil lokale Veranstaltungen wie den »Tag der Vespa«, wie es ihn in vielen Städten gab. Auch an diesen publikumsträchtigen Meetings beteiligten sich Werk oder Importeur finanziell. Das hörte indes auf, als die Zweirad- und mithin auch die Rollerbaisse ihren Tiefstand erreicht hatte, nämlich um 1963. Damals stellte auch der *Vespa-Tip* sein Erscheinen ein — der Stamm der Bezieher war so stark geschrumpft, daß die Zeitschrift nicht mehr am Leben zu erhalten war.

Die Ära Stuck währte im VCVD 18 Jahre lang, bis der Präsident am Ende der Rollersaison 1975 aus gesundheitlichen Gründen seinen Rücktritt erklärte. Man ernannte ihn auf Lebenszeit zum Ehrenpräsidenten des VCVD. Hans Stuck verstarb im Alter von 77 Jahren am 8. Februar 1978. Zu seinem Nachfolger hatte man Arthur Eichner gewählt, der zuvor im VCVD das Amt eines Sportkommissars innegehabt hatte.

Der in Nürnberg ansässige Arthur Eichner, von Beruf Finanzbeamter, hatte sich 1954 für 250 Mark seine erste (gebrauchte) Vespa zugelegt. Mittlerweile ist er Pensionär, Cosa-Fahrer und jahraus, jahrein mit der Organisation von Vespa-Sportveranstaltungen beschäftigt. Sein großer Wunsch an Pontedera: Ein Roller mit 250-ccm-Viertaktmotor...

2383
EX-76
963 CG58
6402HL75

KAPITEL 8

Vespa ganz anders

Piaggio als Hersteller zunächst von Schiffseinrichtungen, dann Flugzeugen und schließlich des weltberühmten Vespa-Motorrollers hatte sich mit ständig ausweitender Fertigungskapazität in seinen nach 1945 wieder aufgebauten Betriebsstätten die Möglichkeiten geschaffen, auch andere Produkte herzustellen. So gesellte sich dem Roller schon kurze Zeit später das Ape genannte Lastendreirad hinzu, 1957 auch ein kleiner Personenwagen; sogar Außenbordmotoren wurden von Piaggio gebaut. Beginnen wir mit der Story des kleinen Personenwagens.

Das Auto, der Roller, der Außenbordmotor: Alles trug den Markennamen Vespa. Gegenüberliegende Seite: Vespa-Auto-Parade am Place de la Concorde, Paris. Der Wagen ganz vorn weist besonders viel Chromzierat auf.

Das Vespa-Auto

Der Kleinstwagen Vespa 400, der am 11. September 1957 in Monte-Carlo der Fachpresse vorgestellt wurde und im Oktober des gleichen Jahres auf dem Pariser Autosalon erstmals auf einer Ausstellung zu sehen war, darf als ein erstes Kind des gemeinsamen europäischen Marktes bezeichnet werden. Seine Konstruktion stammte aus dem italienischen Piaggio-Werk, gebaut aber wurde das Fahrzeug in Frankreich, und kaufen konnte man es schließlich überall im westlichen Ausland, auch in Deutschland.

Die Story des Vespa 400 ist eng mit der Entstehungs- und Erfolgsgeschichte des Vespa-Rollers verknüpft. Zweifellos trug der Scooter aus Pontedera zu einem ganz erheblichen Teil zur Motorisierung einer breiten Bevölkerungsschicht bei, in Italien wie auch in vielen anderen Ländern, aber es ließ sich auch erkennen, daß viele Zweiradfahrer den Roller nur als eine Art Übergangslösung betrachteten. Man träumte von einem Auto — auch und gerade in einer Zeit, als man es sich überhaupt nicht leisten konnte und sich glücklich schätzen durfte, ein motorisiertes Gefährt wie eine Vespa sein eigen nennen zu dürfen. Die Ära, in welcher Zweiradfahren zu einem sportiven Luxus, zum Freizeitvergnügen und zum Ausdruck eines neuen Lebensgefühls wurde, war noch längst nicht angebrochen.

Die Vespa-Hersteller bekamen sehr wohl mit, daß viele Roller-Besitzer und deren Familien ihre gesteigerten Mobilitätsansprüche alsbald mit einem Kleinstwagen stillten, wie ihn Fiat in Gestalt des 500 oder 600 anbot, sobald sie in der Lage waren, sich ein solches Fahrzeug zu leisten. Was lag also näher als der Gedanke, die Vespa-Kundschaft an sich zu binden — mit eben einem solchen Miniaturauto.

Der Vespa 400 präsentierte sich auf dem Pariser Salon 1957 als ein grundehrliches Fahrzeug mit einer zeitlos-modern gestalteten, selbsttragenden Karosserie. Ein Stadtfahrzeug ohne Allüren, dessen Konturen an den Fiat 500 C alias Topolino (in Frankreich: Simca Six) erinnerten. Es handelte sich um einen reinen Zweisitzer; die schmale Bank hinter den Vordersitzen war ungepolstert und nur für die Gepäckunterbringung gedacht. Notfalls ließen sich dort auch mal zwei (kleine) Kinder plazieren. Die weiche Federung des Wagen sorgte dafür, daß die Knirpse keine blauen Flecken bekamen.

Natürlich versuchte die Vespa-Werbung, diese rollende Einkaufstasche als ein Nonplusultra der Geräumigkeit darzustellen. Das serienmäßig vorhandene, fast die gesamte Dachbreite einnehmen-

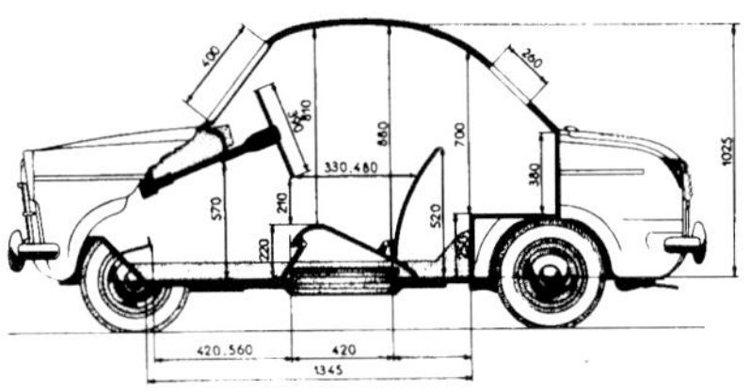

Vespa 400 1958-61

Motor		2 Zyl. Zweitakt, Heck
Hubraum	ccm	394
B x H	mm	63 x 63
PS/min		14/4350
Kraftstoff		1:50
Zündung		12 V Batterie Ducellier
Anlasser		elektrisch
Getriebe		3-Gang
Länge	mm	2835
Breite	mm	1270
Höhe	mm	1250
Spur v/h	mm	1100/1100
Radstand	mm	1693
Kurvenradius	mm	7800
Leergewicht	kg	360
Bereifung		4.40 - 10 "
Tankinhalt	l	21
max. km/h		90
Verbrauch l/100 km		ca. 5
Anmerkungen		Selbsttragende Karosserie, Einzelradaufhängung, hydraulische Bremsen. Exportversion GT auch mit 20 PS Leistung und 4-Gang-Getriebe (ab 1961). Faltdach serienmäßig.

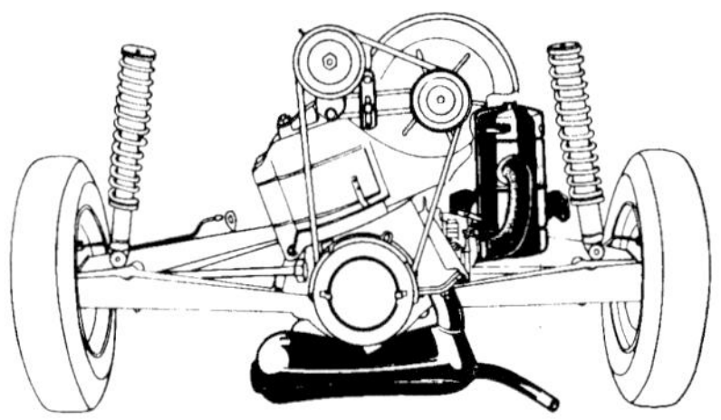

de Faltdach erlaubte in der Tat, großvolumige Gegenstände zu befördern, wenn man es zurückrollte. Durch zwei Gummilaschen wurde es festgehalten; der Vespa 400 wurde so zu einer Art Cabrio-Limousine.

Durch eine gründliche Vorbereitung, die der Serienfertigung vorausgegangen war, war das kleine Auto frei von Kinderkrankheiten. Dabei handelte es sich um eine völlige Neukonstruktion, entstanden unter der Leitung des Vespa-Chefingenieurs Carlo Carbonero. Daß Piaggio den Wagen nicht in Italien produzierte, hatte einen triftigen Grund: Es gab zahlreiche Ebenen einer Zusammenarbeit mit dem Fiat-Konzern, und Piaggio hatte großes Interesse, sich nicht mit den Turinern anzulegen, die 1957 gerade ihren neuen Fiat 500 herausgebracht hatten. So zog es die Firma Piaggio vor, ihren Auto-Neuling im Ausland herstellen zu lassen.

Man entschied sich für das Nachbarland Frankreich, wo 1950 mit Beteiligung Piaggios in Fourchambault die Ateliers de Construction de Motocycles et d'Accessoires (A.C.M.A.) gegründet worden war. Gemeinsam mit einer Gruppe französischer Investoren hatte man Anteile des defizitären Staatsunternehmens Société Nationale de Construction Aéronautique Centre (S.N.C.A.C.) erworben und die Firma privatisieren können. Die daraus hervorgegangene A.C.M.A. hatte unter der Leitung des damals 29jährigen Fürst Beauveau-Craon ihren Geschäftssitz in Paris.

Kurz nachdem die Firma Hoffmann in Lintorf 1950 mit der Lizenzfertigung des Vespa-Rollers begonnen hatte, nahmen im nächsten Jahr Douglas in Großbritannien und der A.C.M.A.-Betrieb die Montage des italienischen Scooters auf. 300 Mitarbeiter stellten zunächst aus Pontedera gelieferte Bausätze zusammen; ab 1952 erfolgte die Rollerfertigung in Fourchambault in kompletter Eigenregie. Die nur wenig modifizierte A.C.M.A.-Vespa bestand nun zu hundert Prozent aus in Frankreich hergestellten Komponenten. 28.280 Einheiten verließen 1952 das Werk; 1953 waren es bereits mehr als 40.000. Der Werkskomplex für die über 300 Mitarbeiter umfaßte auch Wohnungen, Gastronomie, Kindergarten, Sportplätze und ein Ferienheim. Als im Spätherbst 1957 die Fertigung des Vespa 400 anlief, verfügte dieser moderne Betrieb mehr als jedes andere Vespa-Werk in Europa über die Voraussetzungen zu einem Sprung in die Kleinwagenproduktion.

Das kleine Auto und die große Welt: Yachthäfen und elegante Damen gaben auch für den Vespa 400 eine attraktive Kulisse ab.

Neben den täglich hergestellten 260 Rollern rechnete man anfangs mit einem Tagesausstoß von 100 bis 200 Autos. Solche hohen Erwartungen ließen sich aber während der gesamten Bauzeit des Vespa 400 von 1957 bis 1961 nicht realisieren. Zwar vermochte die französische Piaggio-Filiale binnen vier Jahren rund 28.000 Wagen abzusetzen; im internationalen

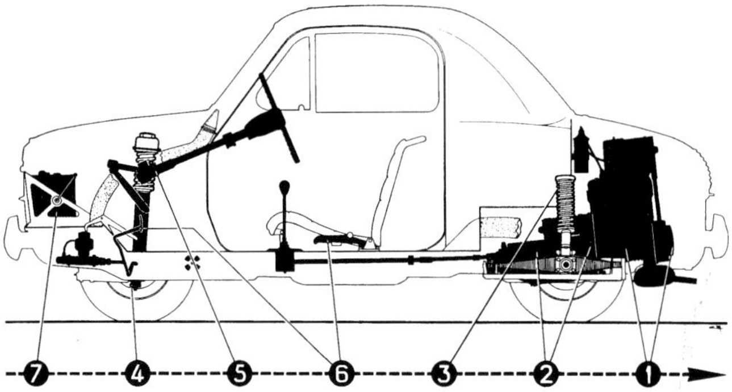

(1) Motor
(2) Getriebe
(3) Hinterrad-Dämpferbein
(4) Vorderrad-Dämpferbein
(5) Lenkung
(6) Hand- und Fußbremse
(7) Batterie

Rechts: Der selbsttragende Karosseriekörper des Vespa 400.

Links: Rallye des Vespa-Club Léopoldville, Kongo, 1960 – eine Veranstaltung, die sich großer Aufmerksamkeit erfreute.

Maßstab reichte dies jedoch nur zu einer Randnotiz in den Zulassungsstatistiken der wichtigsten Abnehmerländer.

Die meisten Fahrzeuge blieben im Herstellungsland Frankreich, wo der Faltdach-Zweisitzer mit den hinten angeschlagenen Türen als Stadtfahrzeug für die elegante Dame, wie es im Werbeprospekt hieß, bescheidenen Anklang fand. Angesichts eines nur geringen Preisunterschieds zu Konkurrenzfahrzeugen gaben indessen die meisten französischen Autokäufer eher einem Vierplätzer nach Art des Citroën 2 CV oder Renault 4 CV den Vorzug. Für diese Entscheidung gab es auch psychologische Gründe: Der Vespa-Hecktriebler schien ausschließlich ein Auto für den urbanen Gebrauch zu sein. Zwar ließ er sich mühelos handhaben, und sein Wenderadius von nur 3,80 Meter und seine Gesamtlänge von nicht mehr als 2,85 Meter erlaubten Manövrieren und Parken auf kleinstem Raum, doch wollte der Besitzer eines solchen Fahrzeugs ja auch einmal mit seiner Familie in den Urlaub fahren. Hier waren ihm — so nahm er an — doch sehr viel engere Grenzen gesetzt als mit einem Citroën 2 CV, einem Heckmotor-Renault oder Simca-Fiat.

Tatsächlich war der Vespa 400 sehr viel langstreckentauglicher als viele Skeptiker glaubten. Der renommierte Motorjournalist Robert Poensgen absolvierte am Steuer des 13-PS-Mobils eine Vollgasjagd auf der Autobahn Frankfurt-München mit einem Schnitt von mehr als 70 km/h und berichtete auch über eine Testfahrt durch die Alpen, bei welcher das Auto die Turracher Höhe — mit 36 Prozent die steilste alpine Paßstraße — problemlos erklommen hatte (nachzulesen in der Zeitschrift *Kleinwagen* vom 1. Oktober 1959).

Eine ähnliche, aber noch sehr viel strapaziösere Parforce-Tour war die Langstreckenfahrt von Paris nach Moskau und retour zweier französischer Journalisten. Raymond Miomandre (»Pépère«) und René Pari absolvierten die 7214-Kilometer-Distanz mit einem Schnitt von 63,5 km/h. Für die Strecke von Paris nach Moskau (3223 km) hatten sie 63 Stunden benötigt, einschließlich 12 Stunden und 14 Minuten Aufenthalt an Grenzen und Tankstellen. Der zuverlässige Zweizylindermotor hatte insgesamt 191,5 Liter Benzin verbraucht, das entsprach einem Mittel von 5,81 Liter auf 100 Kilometer. Nicht eine einzige Panne hatte es während der Fahrt gegeben, die in der Zeit vom 8. August bis zum 7. September 1958 unter Aufsicht der »Fédération Française des Sports Automobiles« stattgefunden hatte.

In einem Gutachten der FFSA wurde bestätigt, daß der »Vespa 400 in der Lage ist, zwei Personen ohne Schwierigkeiten über eine Grand-Tourisme-Strecke zu befördern, und zwar mit einer mittleren

Oben: Interieur eines 1961er Vespa 400.

Links: In seiner Dimension ein zweisitziger Stadtwagen par excellence!

Rechts: Vespa 400 nach einem Überschlag...

Geschwindigkeit und ohne mechanische Störungen.« Eine Leistung, die auch Fahrer anderer Minimobile erbracht hatten, auf anderen Strecken, aber unter vergleichbaren Belastungen. Halbe und ganze Weltreisen mit der Isetta oder dem Goggomobil widerlegten alle Vorurteile, ein Kleinstfahrzeug sei nun einmal nichts anderes als ein Stadtwagen.

Die Vespa-Vertriebsleute nutzten die Moskau-Reise der beiden Männer zu einer eindrucksvollen Werbung. Sie ließen Sonderdrucke und Postkarten anfertigen, die den Vespa 400 in Moskau auf dem Roten Platz zeigten, veröffentlichten das FFSA-Gutachten und luden Journalisten nach Mailand ein, wo die Kremlfahrer interviewt werden konnten. »Das billigste Auto Frankreichs hat seine Leistungsfähigkeit bewiesen!« jubelte das Herstellerwerk in einer Presseerklärung und kam zu der Erkenntnis: »Das Interesse, welches dem kleinsten Botschafter unserer Automobilindustrie von der Bevölkerung der durchquerten Länder entgegengebracht wurde, gereicht dieser französischen Fahrzeugschöpfung zu hoher Ehre. «Solchermaßen artikulierter Stolz war gewiß gerechtfertigt, trug aber nicht im geringsten zu höheren Umsätzen bei.

Vespa 400: »Verkehrsmittel des kleinen Mannes und des Mittelstandes«

Im März 1958 wurde der Vespa 400 auf dem Genfer Salon dem schweizerischen Publikum gezeigt. Nicolo Rizzi, Präsident der helvetischen Importgesellschaft und Reeder der Arosa Line, pries auf einer Pressekonferenz den italo-französischen Kleinwagen als »Verkehrsmittel des kleinen Mannes und des Mittelstands« und gab der Hoffnung Ausdruck, daß der Wagen eine ebenso gute Aufnahme finden möge wie der legendäre Roller aus gleichem Hause, von dem es damals in der Schweiz 49.000 Exemplare gab.

Doch auch die Schweizer zeigten sich zurückhaltend und gaben dem 2 CV trotz langer Lieferfristen den Vorzug. Auch die Isetta, das Goggomobil, der Maico 500 oder der Zündapp Janus rangierten noch vor dem Vespa 400. Gut schnitten in der Schweiz auch der erstklassig verarbeitete Lloyd aus dem Borgward-Konzern sowie der NSU Prinz ab.

In der Bundesrepublik kam der vierrädrige Sproß aus der Vespa-Familie erst 1959/60 in Fahrt. Der Vertrieb erfolgte über die in Augsburg angesiedelte Vespa GmbH. Doch die zahlreiche einheimische Konkurrenz machte dem Vespa 400 das Leben schwer. Das Auto gefiel, aber es war für deutsche Begriffe zu primitiv, auch monierte man den relativ hohen Preis, der anfangs 3890 Mark betrug, dann auf 3450 Mark reduziert und schließlich mit nur mehr 3090 Mark angegeben wurde (»einschließlich Heizung«, wie es hieß: Sie war mit 110 Mark angesetzt). Was den Absatz aber auch nicht förderte.

Oben: Mit 2980 Mark kostete der Vespa 400 in Deutschland bedeutend weniger als ein Fiat 500. Ein Inserat vom September 1959.

Oben: 100 Vespa-Kleinwagen warten auf ihre Verschiffung in die Vereinigten Staaten.

Rechts: Wo ist bitte der Schnee von gestern geblieben? Werbefoto von 1960.

Unten: Eine Flotte von Vespa 400 nach der Rückkehr vom Pariser Automobilsalon im Oktober 1960. Gegen die Konkurrenz von Renault und Citroën hatte es Vespa nicht leicht.

Links: Ein Werbe-Sketch für ein Preisausschreiben, das 1960 gemeinsam von DKW und Vespa veranstaltet wurde.

Unten: Blick auf den luftgekühlten Zweitaktmotor im Heck des Vespa 400. Das Aggregat leistete in der Standardversion 14, in der US-Ausführung 20 PS.

Vielleicht glaubten viele Auto-Interessenten, daß sich der Verkaufspreis eines Wagens proportional zu seinen Abmessungen verhalten müßte. Doch ein Blick auf die Preislisten Ende der fünfziger Jahre bewies eher das Gegenteil. So kostete ein Fiat 600 um 24 Prozent mehr als ein Fiat 500, und die Preisdifferenz des Vespa 400 gegenüber dem Renault 4 CV machte nur rund 17 Prozent aus. Der Vergleich zwischen den deutschen Kleinwagen des Zeitraums 1958-59 zeigt dieses rechnerische Mißverhältnis noch deutlicher. Nimmt man den VW 1200 Standard als Vergleichswagen, dann lag das Goggomobil T 400 als Rollermobil 26 Prozent unter dem Preis des Käfers, der Janus von Zündapp aber nur 16 Prozent, das Goggomobil Coupé nur noch um 10 Prozent, der BMW 600 sogar nur rund 2 Prozent. Die hohen Preise für kleine Mobile machen den fatalen Optimismus mancher Hersteller der damaligen Zeit deutlich, erklären den alsbaldigen Ruin einiger von ihnen, aber auch den Erfolg des Wolfsburger Käfers.

Ende der fünfziger Jahre schienen die Tage des Rollermobils ohnedies gezählt zu sein. Der Autokäufer verlangte mehr Leistung, höheren Komfort. Selbst die, deren Budget es eigentlich nicht erlaubte, bestellten sich einen VW, einen DKW Junior, einen Lloyd Alexander. Wer wollte noch in einem Minimobil in die Gefahr geraten, als ein Unterprivilegierter des Wirtschaftswunders angesehen zu werden? Es war also auch eine Prestigefrage, ob man ein Roller-Derivat oder ein »richtiges« Auto fuhr. So ließen sich die Erwartungen der Vespa-Autoverkäufer in Deutschland ebenso wenig erfüllen wie die ihrer Kollegen in Frankreich oder anderen Ländern.

Auch Modellverbesserungen, elegantes Chromzubehör zum Nachrüsten oder Preisreduzierungen brachten dem Vespa 400 kein Glück. Abweichend vom ersten Modell hatte der Wagen 1959/60 Schiebefenster erhalten. Nicht mehr vorhanden war der separate Öltank mit Pumpe, so daß man sich wie bei jedem anderen Zweitakter auch sein 1:50-Gemisch an der Tankstelle durch den Zusatz von Selbstmischeröl eigenhändig herstellen mußte. Zur Abmessung des benötigten Ölzusatzes gab das Werk jedem Fahrzeug einen kleinen Meßbecher mit.

Robert Poensgen berichtete in der Zeitschrift *Kleinwagen*, daß es an den Tankstellen immer wieder zu einem kleinen Kampf gekommen sei, wenn er auf zehn Liter Benzin um eine Beimischung von nur 0,2 Liter Öl gebeten habe. Offenbar glaubte man, daß der Motor das doppelte Quantum benötigte.

1961 wurde der lang erwartete Vespa 400 mit Vierganggetriebe vorgestellt. Der 400 GT genannte Wagen wurde allerdings nicht auf dem deutschen Markt angeboten, sondern lediglich in Frankreich und einigen französisch dominierten Exportländern.

Mehrere hundert Vespa-Kleinwagen gelangten nach Australien, Venezuela und in die USA. Auch dort wurde das Auto mit drei Gängen, aber mit einem auf 20 PS Leistung gesteigerten Motor ausgeliefert. Ab New York Hafen betrug der Preis für den Winzling aus Europa 1080 Dollar einschließlich Heizung und zusätzlich angebrachten Richtungsanzeigern unterhalb der Scheinwerfer. Allerdings stellte die Vespa Distributing Corporation mit Sitz auf Long Island zusätzlich fünf Dollar für Auslieferungsarbeiten in Rechnung. Die Amerikaner amüsierten sich über das »Mickymaus-Auto« und seinen lustigen Preis, kauften es aber nicht.

Weißwandreifen gehörten übrigens zur Serienausstattung.

Auf amerikanischen Straßen vermochte sich der Vespa 400 also auch nicht durchzusetzen; der Werbeaufwand seiner Importeure dürfte sich nie bezahlt gemacht haben. Die verwöhnten Amerikaner bevorzugten Fahrzeuge mit starken Motoren, automatischem Getriebe, Panoramascheiben und großzügigem Platzangebot. Wenn ein kleines Auto, etwa als Zweit- oder Spaßmobil, für sie überhaupt in Frage kam, dann war es der VW Käfer, für den es obendrein an jeder Ecke eine Kundendienst-Werkstatt gab.

Noch im Jahre 1961 stellte die A.C.M.A ihre Kleinwagenproduktion ein. Die Nachfrage war zu gering, eine kostendeckende Fertigung war nicht gegeben. Dem Werk verblieb noch bis 1962 die Vespa-Rollerfertigung, bis sich in Fourchambault endgültig die Pforten schlossen. Der französische Vespa-Markt wurde in der Folgezeit direkt aus Italien versorgt, wozu man die Importfirma Vespa-France gründete. Der A.C.M.A.-Betrieb wechselte seinen Besitzer und ging später an den Lkw-Hersteller Unic über, seit 1966 eine Fiat-Tochter und damit Mitglied in der IVECO-Gruppe.

Den Lastenroller Ape gab es im Laufe seine Produktionszeit in den unterschiedlichsten Taxiversionen.

Unten: Ape von 1948 in der Ausführung als Pritschenfahrzeug, universell einsetzbar .

Lastenroller Ape: die fleißige Biene

Nach dem grandiosen Start des Vespa-Rollers folgte nur wenig später eine dreirädrige Version nach Art der in Italien seit langem beliebten, auf Motorrad-Konstruktionen basierenden Dreiradtransporter. Die »Ape« — auf deutsch: Biene — wurde ein Erfolgsmodell wie die Vespa, wobei sie in den ersten Jahren ihrer Produktion äußerlich mehr einem Roller glich als einem Automobil.

In Italien haben diese Lastenmotorräder eine lange Tradition. Aber es gab sie auch in anderen Ländern, etwa in Frankreich und auch in Deutschland, als Lastesel, mobile Kolonialwarenläden, Lieferwagen und sogar Droschken. Erinnert sei an die Dreiräder von Framo, Goliath und Tempo. Besonders in vielen asiatischen Ländern spielen solche Fahrzeuge noch

heute eine wichtige Rolle im Kleingewerbe sowohl auf dem Lande als auch in der Stadt.

Die Ape als motorisiertes Muli taugt für tausendundeinen Zweck. Telefongesellschaften beutzen sie für ihre Reparatur- und Entstörungstrupps, Landwirte für den Transport ihrer Produkte zum Markt, Luftverkehrsgesellschaften für den Flugplatzservice. Der »Motofurgone«, wie der Kleintransporter auf drei Rädern in Italien genannt wird, avancierte zum Rückgrat des Lieferverkehrs in Stadt und Land.

Von Anfang an stand eine Vielfalt von Aufbauten aus Holz, Blech oder in Kombination beider Materialien zur Verfügung, von der Pritsche bis zur Rikscha für den Personentransport, wie man sie auf den Inseln Capri und Ischia sah. Bis zu vier Fahrgäste hatten in einer Taxi-Ape Platz. Vor der Sonnenhitze schützte ein Leinendach. Auf ihren durchgesessenen Plastiksätteln steuerten Ape-Chauffeure ihre touristische Fracht durch die Vulkanlandschaft der Inseln, quälten die kleinen Scooter-Motoren über steile Serpentinen und übertönten mit ihrem Zweitakt-Konzert die Brandung an der Küste...

Titel eines Prospektes für die französische Schweiz aus dem Jahre 1955.

Mit den Jahren wurden die Motoren stärker und die Aufbauten komfortabler. Bis Anfang der sechziger Jahre gab es drei Entwicklungsstadien der Ape, die Modelle A, B und C, sowie eine Sattelzugmaschine namens Pentarò. 1963 wurde das Modell D eingeführt, das erstmals serienmäßig Türen an der Fahrerkabine aufwies. Damit war ein entscheidender Schritt vom Lastenmotorroller zum Kleinlieferwagen getan.

Ape Modell A (1948-1954)

Die 1948 von Piaggio vorgestellte Ape war im Vorderbau mit dem Vespa-Motorroller identisch und ähnelte im hinteren Teil je nach Aufbauart einer Pferdekalesche, einem Kastenlieferwagen oder einem nach sonstigen individuellen Bedürfnissen gestaltetem Nutzfahrzeug. Der Fahrer saß auf einem Sattel über dem Triebwerk, dem bekannten 125-ccm-Motor mit 4 PS Leistung. In der Ape-Werbung wurden eine Höchstgeschwindigkeit von 40 km/h, ein durchschnittlicher Verbrauch von einem Liter Zweitaktgemisch auf 35 bis 40 Kilometer sowie eine maximale Steigfähigkeit von 18 Prozent angegeben. Bedient und gesteuert wurde die Ape wie ein Vespa-Roller. Das Getriebe hatte vier Vorwärtsgänge — gegenüber dem Roller also einen Gang mehr; es gab zunächst keinen Rückwärtsgang, und der Antrieb auf die Hinterräder erfolgte über zwei Ketten in Blechummantelung und ein Differential. Mit einem engen Kurvenradius von 1885 mm und seinen kleinen Reifen von 4,00 x 8 Zoll war das Gefährt sehr wendig und durch die niedrige Höhe

Ape Modell A in den drei Grundausführungen als Pritsche, Kastenwagen und Rikscha.

des Kastenbodens von 500 mm über der Fahrbahn auch leicht zu beladen. Der Rahmen der Ape bestand aus elektrisch geschweißten Stahlblech.

Die für den Fahrgastbetrieb vorgesehene Ape verfügte über ein zurückschlagbares Faltverdeck für die Passagiere. Der Fahrer saß zunächst ungeschützt auf seinem Sattel; einen wirksamen Wetterschutz für ihn gab es in Form einer aufsteckbaren Windschutzscheibe. Dann bot Piaggio eine kleine Blechkabine an, seitlich offen, für den Kasten- und Lieferwagen ebenfalls lieferbar. Die Windschutzscheibe war aus Cellon und hatte einen Scheibenwischer, den man von Hand betätigte.

Ape Modell B (1955-1956)

Im Unterschied zu ihrer Vorgängerin hatte diese Ape, ab 1955 unter der Bezeichnung 150 angeboten oder auch Modell B genannt, den stärkeren 150-ccm-Motor erhalten, der bereits ein Jahr zuvor beim Vespa-Roller eingeführt worden war. Der Hubraum betrug 145,5 ccm bei einem quadratischen Verhältnis von Hub und Bohrung von 57 x 57 mm. Die Leistung war damit auf 5,8 PS bei 5100/min gestiegen, die Höchstgeschwindigkeit wurde mit 55 bis 60 km/h angegeben, der Verbrauch mit 2,9 Liter pro 100 Kilometer (abweichend von den Angaben in den damals gedruckten Verkaufsprospekten findet man im offiziellen Typenblatt allerdings einen Wert von 3,5 Liter). Die Steigfähigkeit betrug jetzt 20 Prozent, die Nutzlast 300 kg. Links vom Fahrersitz befand sich ein Handhebel zur Betätigung des Anlassers, in der mechanischen Wirkung einem Kickstarter entsprechend. Zur serienmäßigen Ausstattung der Ape gehörte neben einem Wagenheber auch eine Luftpumpe in einer Leinwandtasche. Ein Tachometer konnte gegen Aufpreis bestellt werden.

Ab Werk wurden vier Basisaufbauten angeboten: Ein offener Kasten in den Abmessungen 110 x 110 x 22 cm, entweder standardmäßig in einer Kombination

Oben: Touristen-Taxi auf Capri – ein in den fünfziger Jahren auf vielen italienischen Inseln gewohnter Anblick.

Unten: Die Ape auf dem Piaggio-Stand der Levante-Ausstellung in Bari, 1955.

Wetten, daß...? Mit einer Ape treppauf und treppab zu fahren, war nur eine Sache der Nerven und Bandscheiben.

Fertigung des Ape-Modells C mit Fahrerkabine. Als Antriebsaggregat diente noch immer der kleine 5,8-PS-Einzylindermotor.

von Holz und Metall oder auch nur in Ganzmetall lieferbar; eine Version als Kipper, ein geschlossener Kofferaufbau von 70 cm Innenhöhe und die Taxi-Rikscha. Als Zubehör gab es für die Pritsche eine Plane mit Gestell und wie beim Modell A eine Überdachung für den Fahrersitz oder auch eine Metallkabine. Noch war die Ape mit einem Motorradsattel ausgestattet; neben dem Sitz befand sich das Kraftstoff-Reservoir. Einschließlich Reserverad kostete das offene Kastenmodell in der Exportversion für die Schweiz 2574 Franken, die mit einem Klappverdeck versehene Rikscha 3069 Franken.

Ape Modell C (1956-1963)

Ende 1956 wurde die Ape als Modell C auf den Markt gebracht, die sich deutlich von ihren Vorgängern unterschied und erstmals nicht mehr den spontanen Eindruck eines »Motorrollers mit Rucksack« machte, sondern bereits wie ein Kleinlastwagen aussah. Dies war in erster Linie auf ein neu gestaltetes Fahrerhaus zurückzuführen. Die einfachste Version stellte eine Art Windschutz mit Scheibe dar, auf das jetzt sehr viel voluminöser gestaltete Beinschild gesetzt, aber ohne Dach oder Rückwand. Gegen Aufpreis erhielt man ein komplettes Fahrerhaus, mit oder ohne Türen. Die Türen waren hinten angeschlagen, nach vorn öffnend. Der Motorradsitz war einer flachen Sitzbank gewichen, entweder einsitzig oder auch etwas breiter, so daß sie zwei Personen Platz bot.

Der Motor war weiterhin das bewährte 145,5-ccm-Triebwerk mit 5,8 PS bei 5100/min. Die vier Gänge wurden nach wie vor mit dem linken Handgriff geschaltet, während mit einem speziellen Hebel rechts am Boden das Differential auf Rückwärtslauf umgeschaltet werden konnte. Praktisch hatte man damit ebenso viele Rückwärts- wie Vorwärtsgänge zur Verfügung. Anfangs war diese Einrichtung ein Extra, doch schon die ersten Prospekte für das C-Modell bekamen einen Aufdruck, daß der Rückwärtsgang nunmehr im Serienumfang enthalten sei.

Wie zuvor bot Piaggio die Ape mit verschiedenen Aufbauten an, deren Zahl sich aber auf acht ab Werk erhältliche

Ape-Rikscha der C-Baureihe als schickes Cabriolet – und jetzt auch mit Rückwärtsgang!

Varianten erweitert hatte. Erstmals gab es ab 1958 auch in Deutschland die Ape zu kaufen, auf den Markt gebracht von der Vespa GmbH in Augsburg. Weder die Lintorfer Hoffmann-Werke noch die Vespa-Messerschmitt GmbH hatten zuvor die kleinen Ape-Lastesel in ihr Vertriebsprogramm aufgenommen gehabt und schon gar nicht in Lizenz gebaut. Aus gutem Grund, denn die fleißige Biene hatte hierzulande stets nur sehr begrenzte Marktchancen. Schon das Wort »Dreirad« erinnerte die Deutschen offenbar an Behelfe der Nachkriegszeit. Außerdem war für potentielle Kunden die Ladekapazität von 350 kg zu gering. Das Rennen auf dem heimischen Transportermarkt machte folglich nicht der Winzling aus Pontedera, sondern der Goggomobil-Transporter (wie ihn auch die Bundespost einsetzte), der Lloyd LT 500 oder gleich der VW »Bulli«.

Die wenigen Ape-Dreiräder, die für den deutschen Straßenverkehr zugelassen wurden, unterschieden sich von ihren italienischen Schwestern durch zwei Scheinwerfer im Vorderbau gegenüber dem in Italien immer noch üblichen Einzelscheinwerfer auf dem vorderen Kotflügel, damit man das Fahrzeug bei Nacht nicht mit einem Motorrad verwechselte. Außerdem benötigte man — in Italien für derlei Fahrzeuge nicht üblich — eine Befestigung für das vordere Kennzeichen, wollte man für die Ape den TÜV-Segen erhalten.

Wo die Ape bei uns auf den Straßen auftauchte, wurde sie zwar freundlich belächelt, galt aber immer als Außenseiter. Allenfalls Lesezirkel, Dampfwäschereien oder städtische Gartenbaubetriebe, die wegen der geringen äußeren Abmessungen des Vespa-Dreirades auch auf engsten Wegen fahren konnten, fanden Gefallen an diesem Frugal-Transporter aus Pontedera. Skeptisch äußerte sich auch die zeitgenössische Motorpresse. Hoher Innenlärm, geringe Fahrleistung,

Die Ape als anderthalbsitziges Tierheim-Fahrzeug und mit abgenommenem-Vorbau: Szene aus einem italienischen Spielfilm um 1960.

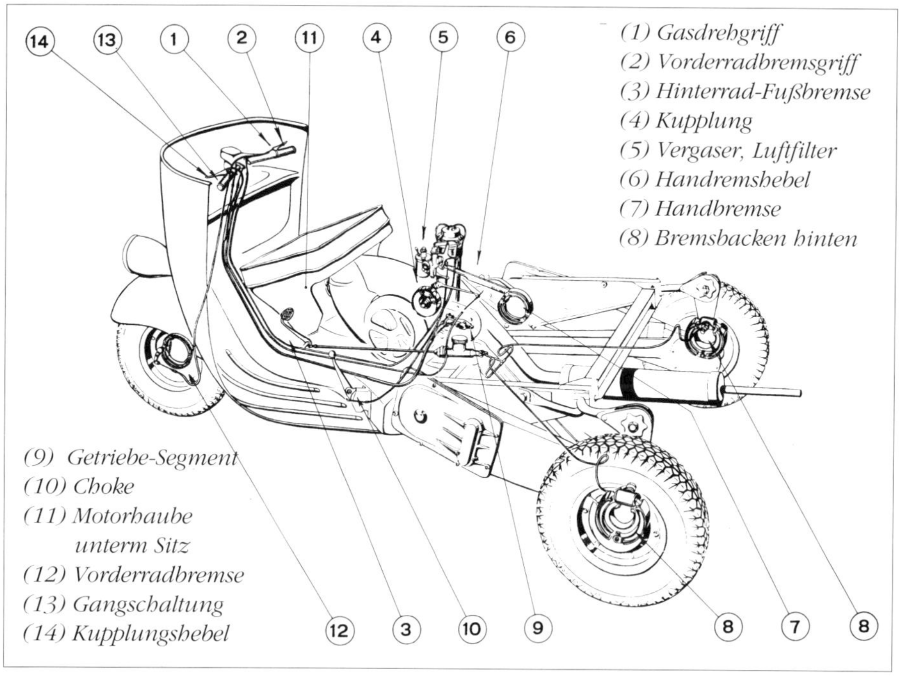

Ape Modell C von 1958/59 als Schneeräumfahrzeug eingesetzt. Die beiden Frontscheinwerfer waren in Deutschland Vorschrift.

Ob als Lesezirkel-, Reklame- oder Kommunalfahrzeug eingesetzt: Die Ape ist ein universelles Nutzfahrzeug.

Oben: Die Auswahl ab Werk gelieferter Standard-Karosserien wurde immer größer, es gab auch ein Chassis für den individuellen Aufbau.

Ab 1961 erhielt man die Ape als Sattelzug, fünfrädrig und für 700 kg ausgelegt. Das 7,5-PS-Fahrzeug hieß Pentarò.

kalte Zugluft durch die Türspalte und die fehlende Heizung wurden bemängelt, wenn auch die Wendigkeit und die leichte Beherrschung bei voller Last gewürdigt wurde. Die Vespa GmbH warb mit dem Slogan »Das Fahrzeug, das verdienen hilft« mehr recht als schlecht für das Dreirad, welches nicht als »Biene«, sondern schlichtweg als Vespa-Lastenroller vertrieben wurde und bei seiner Einführung zwischen 2440 und 3160 Mark kostete.

Ape-Exoten: Pentaró, Wjatka-Ape, Bajaj-Rikscha

Im Sommer 1961 brachte das Werk in Pontedera einen veritablen Sattelzug unter dem klangvollen Namen Pentaró als Transporter-Variante auf den Markt; sein Motor war eine Weiterentwicklung des Ape-Aggregats. Mit 7,5 PS Leistung und einem Hubraum von 169,7 ccm schaffte er eine Höchstgeschwindigkeit von 50 km/h, verbrauchte 5,5 Liter auf 100 Kilometer und bot eine Nutzlast von 700 kg. Aber auch als Fünfradler konnte sich dieser Transporter nicht auf dem Markt durchsetzen und blieb ein Exote.

Ungewöhnlich war auch ein Gefährt namens Wjatka, das bereits ab 1957 als Motorroller im russischen Kirow ohne offizielle Lizenz des italienischen Mutterwerkes gebaut wurde und dem 1961 eine Wjatka-Ape folgte. Ihre technischen Daten waren 148 ccm Hubraum, 5,5 PS Leistung, 300 kg Nutzlast und eine Spitze

Die Vespa des Meeres war nicht etwa das Mädchen im Boot, sondern eine Bezeichnung für den Außenbordmotor »Moscone«.

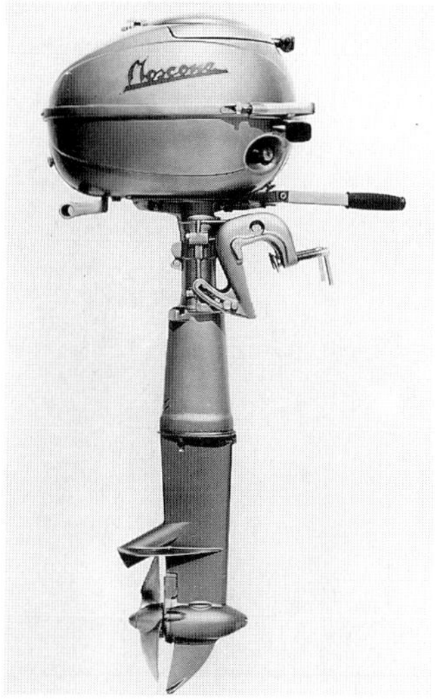

Ganz rechts: Auch einen Vespa-Rasenmäher wollte man in Pontedera fabrizieren, doch blieb es bei einigen Prototypen.

Oben die russische Wjatka, ganz offensichtlich ein Ape-Plagiat; unten eine 1992er Bajaj-Nostalgie-Rikscha.

von etwa 40 km/h. Damit entsprach die Wjatka äußerlich der Ape Modellreihe B, wenngleich die Scheinwerferposition den jüngeren Vespa-Motorrollern ähnelte. Wegen ihrer hohen Gebrauchseigenschaften wurde die Wjatka in Russland sehr geschätzt.

In Indien kennt man die Ape vor allem als Rikscha. Es war die Firma Bajaj Auto Ltd., die ab 1961 zunächst die Vespa-Lizenzherstellung aufnahm und später auch Ape-Dreiräder baute. Mitte der achtziger Jahre wurde die Bajaj-Ape erstmals in Deutschland angeboten, jedoch aus Wettbewerbsgründen im Vertrieb eingeschränkt. Serienmäßig mit Sicherheitsgurten, Überrollbügel, Doppelscheinwerfern und verchromten Radzierkappen. Als Sonderzubehör offeriert der heute in Berlin ansässige Generalimporteur Cola-Halter, Zigarettenspender und -anzünder sowie eine Stereoanlage. Das Gefährt bietet Platz für drei Personen und kann mit dem Führerschein Klasse 3 gefahren werden. Unter ihrem aufgemotzten Blechkleid verbirgt sich aber auch heute noch der gute alte 5,5-PS-Motor mit nur 145,5 ccm Hubraum.

Die Vespa des Meeres: Moscone

Bereits 1949 hatte das Piaggio-Werk in Pontedera den Bau eines zweizylindrigen »Flautenschiebers« namens Moscone aufgenommen. Es handelte sich um einen Zweitakt-Außenbordmotor mit 3,3 PS Leistung bei 4000/min und einem Hubraum von 99,5 ccm, Wasserkühlung mit Druckumlauf, Stufenschaltung mit Leerlauf. Ein Rückwärtsgang ergab sich durch Steuerdrehung um 180 Grad.

Der Moscone war kein hoch gezüchteter Sportmotor, sondern ein schnell montierbarer Motor für leichte Holzboote — die Ära der Kunststoffkähne setzte erst Ende der fünfziger Jahre ein. Das salzwasserfeste Aggregat mit geringen Packmaßen und nur 19 kg Eigengewicht konnte problemlos im Kofferraum eines Mittelklassewagens verstaut werden.

Auch in Deutschland kam der »Fuoribordo« unter der Bezeichnung »Wasser-Vespa« auf den Markt, fand aber vor allem im Produktionsland Italien seine Abnehmer bei Sportanglern, Bootsverleihern und Hobbyseglern, die auch bei Windstille mit der Jolle wieder in den Heimathafen zurückschippern wollten.

Die Produktion lief Ende der fünfziger Jahre aus. Sie war eigentlich ein Fremdkörper in dem sonst auf Zwei- und Dreiräder begrenzten Produktionsprogramm des Unternehmens gewesen.

Nicht sehr weit gedieh die Herstellung von Rasenmähern, die Ende der sechziger Jahre in die Wege geleitet wurde, um zusätzliche Kapzitätsauslastung zu schaffen. Den Verkaufs- und Reparaturservice sollte das dichte, im Umgang mit Kleinmotoren bestens geschulte Vespa-Händlernetz besorgen. Doch welcher potentielle Kunde vermutete schon einen vierrädrigen Gartenhelfer wie den Typ »Vespa Mountfield M 3« bei einem Rollerhändler statt in einem Kaufhaus oder bei einem Garten-Discounter? Die Frage des richtigen Vertriebsnetzes konnte nicht zufriedenstellend gelöst werden; schließlich verzichtete die Firma Piaggio darauf, ihren Vespa-Rasenmäher in Serie gehen zu lassen und trug das millionenschwere Projekt lautlos zu Grabe.

Vespa-Zubehör und Tuning

Wer immer ein großes Vespa-Treffen besucht, dem fällt auf, mit wieviel Liebe die meisten Roller aufgeputzt sind. Von Kopf bis Fuß läßt sich die Vespa mit vielerlei nützlichen oder auch einfach nur schönen Zubehörteilen individualisieren: Barocke Kaskaden, Radzierkappen, Trittbrettmatten, Stoßstangen, Gepäckträger gehören ebenso dazu wie eine Sitzbank in Schlangenleder-Imitation, Chrombuchstaben oder Aufkleber auf dem Beinschild. Prangten in den sechziger Jahren Namen wie »Hannelore« oder »Lotte« am Rollerblech, so heißen die Roller heute »White Lady«, »Silver Surfer« oder »The Curling Wasp«. Nach dem Abebben der Modswelle scheuen sich heute die Scooterboys nicht, ihren Chromroller auch »Soldier of Fortune« oder »Pyromane« zu nennen.

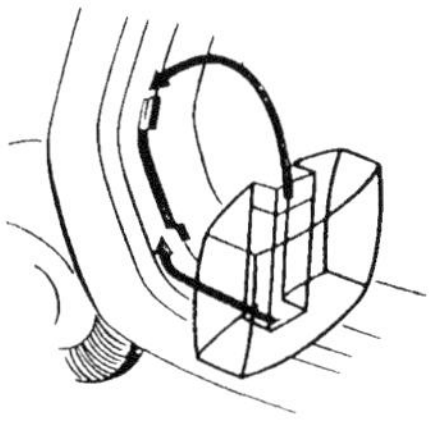

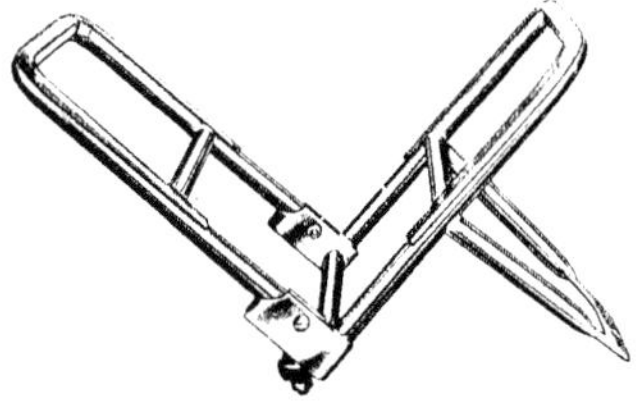

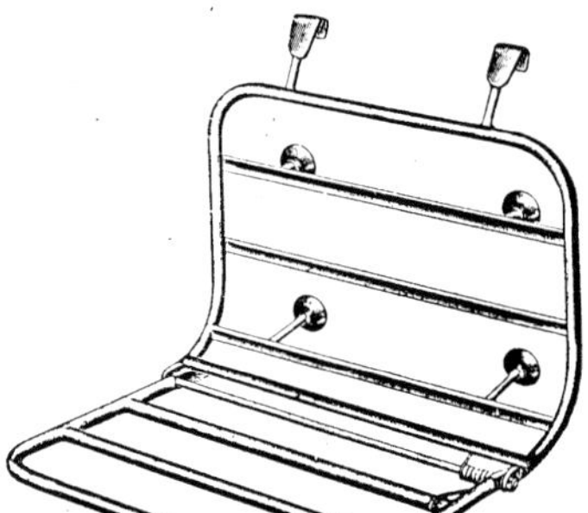

Seit der ersten Vespa-Stunde zählen Gepäckhalter zum wichtigsten Roller-Accessoir. Es gab und gibt sie in vielen Varianten zur Bug- und Heckmontage.

Gepäckträger und Seitenwagen

Rollerfahrer, die ihre Vespa nicht nur für Stadtfahrten, sondern auch zum Campingwochenende nutzen wollten, benötigten als wichtigstes Zubehör einen Gepäckträger, den es sowohl für vorne als auch für hinten gab. Schon in der Rollerfrühzeit bot die Zubehörindustrie hier eine reiche Auswahl; außerdem gab es Gepäcknetze vor und hinter dem Frontblech, Kästen und Reservetanks zwischen den Beinen sowie diverse Leder- und Stofftaschen. In der Unterbringung von Gepäck war der Roller dem Motorrad stets überlegen.

Aus Gründen der Fahrstabilität mußte man das Gepäck möglichst gleichmäßig verteilen. Reichten zwei Ständer nicht aus, so konnte man ein zusätzliches Gepäckstück am Haken unter dem Sattel befestigen. Während die neuen Piaggio-Generationen à la Quartz, Sfera oder Cosa serienmäßig über ein abschließbares Gepäckfach an der Innenwand des Frontblechs verfügen, behalfen sich Rolleure in den fünfziger und sechziger Jahren, bevor die Grand Sport mit einem geschlossenen Frontbehälter herauskam, mit speziellen Kunstledertaschen, die auf das Beinschild aufzustecken waren. Über die verschiedenen Ausführungen entschied dann nur der Geschmack.

Oben: Ein von Koch in Wanfried angebotener Seitenwagen (Linksanschluß) für die Vespa. Links: Hoffmann in Lintorf hatte eine eigene Fabrikation von Seitenwagen und lieferte sie auch für kommerzielle Zwecke.

Vespa-Besitzer mit Familie entschieden sich oft für einen Seitenwagen. In Italien gehörte er von den ersten Baujahren der Vespa an zum offiziellen Zubehörprogramm. Heute gibt es Beiwagen nur noch in handwerklicher Kleinauflage, beispielsweise von der Koch Motorrad GmbH in Wanfried, mit Liebe und Formgefühl hergestellt. Vor vierzig Jahren sah die Situation noch anders aus: allein in Deutschland existierten zahlreiche Hersteller wie

Oben: Koch-Seitenwagen, jetzt für Rechtsanschluß, aus jüngerer Fertigung.

Rechts: Paradies für Rollerfahrer: Verkaufsraum eines Vespa-Händlers mit viel Sonderzubehör.

Binder, Kali, Royal, Stolz, Stoye, Wilmsen und vor allem die Firma Steib. Dieses Nürnberger Unternehmen deckte den Löwenanteil des heimischen Seitenwagenbedarfs und belieferte neben den Motorradfabriken auch 80 Prozent der Vespa-Händler. Offiziell wurden in Deutschland keine kompletten Vespa-Gespanne direkt ab Werk angeboten, sieht man einmal von der Hoffmann-Kombination ab. Bei dieser handelte es sich um ein Boot, das auf einer geschweißten Rohrkonstruktion ruhte und per Rohrtraverse am Vespa-Fahrgestell angeschraubt wurde. Das Eigengewicht des kompletten Gespanns betrug 130, das zulässige Gesamtgewicht 285 kg. Hoffmann lieferte die Beiwagen-Vespa mit einer speziellen Getriebeübersetzung (12,2:1, 8,2:1, 5,83:1). Im übrigen hielt das Lintorfer Werk auch einen für Kleingüter bestimmten Beiwagen bereit; unter seinem abschließbarem Deckel ließen sich Frachten bis 75 kg verstauen.

Natürlich brachte die Seitenwagen-Ausrüstung der frühen 125-ccm-Vespa den Roller schnell an die Grenzen seiner Leistungskraft. Auf großen Strecken konnte der Einsatz eines Seitenwagens nicht befriedigen, der ja auch mehr dazu gedacht war, mit Frau und Kind zum Baden oder Einkaufen zu fahren. Für Botenfahrten sah das anders aus: Hier bewährten sich die leichten Beiwagen für den Warentransport ausgezeichnet.

Windschutzscheiben: Pro und contra

Von Anfang an war die Windschutzscheibe ein Diskussionsthema unter Rollerfahrern. Noch heute streiten sich Vespisti darüber, ob dieses Zubehör sich nur für schwere Brummer oder auch für einen achtziger Roller eignet. Fahrkomfort einerseits und veränderte Fahreigenschaften des Rollers andererseits sind gegeneinander abzuwägen.

Viele Vespa-Fahrer haben eine Abneigung gegen Windschutzscheiben, da bei Windböen die Fahrstabilität des Rollers beeinträchtigt wird, und sportliche Fahrer empfinden eine Windschutzscheibe ohnedies als störend. Erfahrungsgemäß »fressen« alle Scheiben Kraft, was bei einer 125er auf der Autobahn eine Geschwindigkeitsdifferenz bis zu 8 km/h ausmachen kann. Auch klagten Vespisti früher über ein Beschlagen der Scheiben, was eine Sichtminderung bedeutete. Abhilfe

Windschutzscheiben waren nicht überall beliebt, gleichwohl äußerst nützlich.

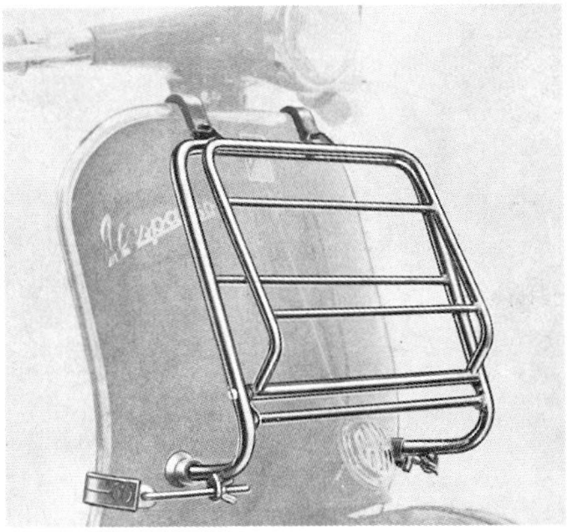

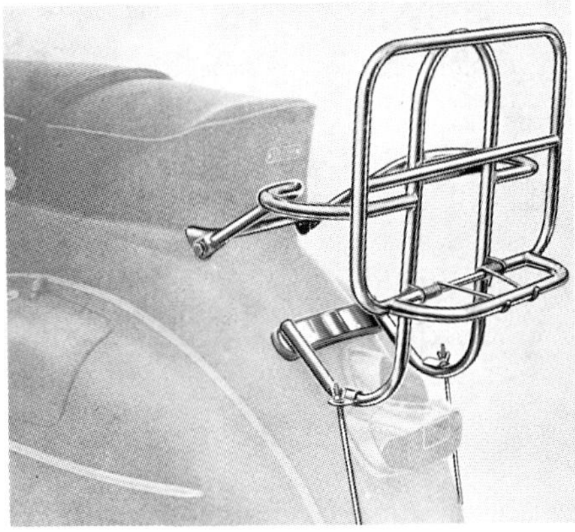

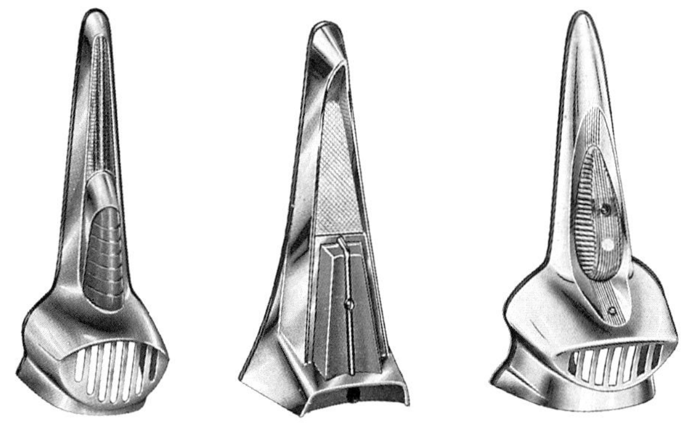

Oben: Zwei Gepäckständer aus dem offiziellen Vespa-Angebot. Rechts: Sogenannte »Kaskaden« für die Verzierung der Steuerrohr-Abdeckung gab es dutzendweise.

Unten: Groß war auch die Auswahl an Radzierblenden, vor allem mit Speichenattrappen.

brachten Windschutzscheiben mit Sehschlitz, wie sie für die Vespa ab 1954 von der Firma Eichenwald (»Ideal«) oder von den Panther-Werken (»Aero«) angeboten wurden. Viele dieser Scheiben wiesen zusätzlich einem Sonnenschutz auf. Wichtiger aber war der untere Teil, »Winter-Vorflügelscheibe« genannt, der die Aufgabe hatte, die Hände und den Lenker zu schützen und zu verhindern, daß Zugluft oberhalb des Frontblechs durchblies. In der Regel war dieser flexible Schutz (»Sabberlatz«) am Lenker aus Wachstuch oder aus durchsichtigem Plastikmaterial. Auf keinen Fall durften Lenkung und Beleuchtung beeinträchtigt werden.

Obwohl die Firma Piaggio auch heute noch Windschutzscheiben anbietet, ist deren große Zeit vorüber. Die Erklärung dafür ist einfach: Früher diente die Vespa als Allwetterfahrzeug und war nicht wie heute ein Zweit- oder Drittfahrzeug in der Familie oder ein ausgesprochenes Sportgerät.

Ohne Zweifel sind die heutigen Windschutzscheiben-Kunststoffe von höherer Qualität, doch hängt ihre Lebensdauer nach wie vor von der Pflege ab, die man ihr angedeihen läßt. Das Material ist wie ehedem relativ kratzempfindlich, besonders wenn man versucht, mit zu wenig Wasser Schmutz von der Scheibe zu entfernen. Fällt die Vespa einmal um oder baut man einen Sturz, so kann die Scheibe einreißen. Kümmert man sich um diesen Riß nicht weiter, so zieht er sich bald quer durch die Scheibe. Einen Riß pflegten Vespisti in den fünfziger Jahren zu stoppen, indem sie an seinem Endpunkt ein kleines Loch in die Scheibe bohrten und die Rißstelle anschließend verschweißen ließen — und die kostbare Windschutzscheibe war gerettet.

Zubehör in Chrom und Glas

In den frühen Rollerjahren reichte das Zubehörangebot der Vespa-Händler von Stoßstangen, Zierleisten, Spiegeln, Wimpelstangen, Gepäckträgern, Kaskaden, Zierstücken, Plaketten bis zu Schlitzrohren fürs Frontblech, Sturzbügeln, Radzierkappen, Schriftzügen, Sitzbankbezügen, Vespa-Umhängetaschen und Faltgaragen. Teilehersteller in ganz Europa boten ein buntes Zubehörprogramm an, die Piaggo-Auswahl oft noch übertreffend. Hatte man in der Hoffmann- und Messerschmitt-Ära das Zubehörgeschäft fast ausschließlich kleineren Spezialfirmen überlassen, so begann um 1962 auch die Vespa GmbH verstärkt in diese Sparte einzusteigen; sie warb mit einem umfangreichen Zubehörkatalog.

Einer der größten freien Anbieter von Rollerzubehör war die Firma Hans Pfefferkorn in Bad Pyrmont, welche schon für die Hoffmann-Vespa Windschutzscheiben, Stoßstangen, Radzierkappen und Sturzbügel (auch für den Damensitz) bereithielt. Das gleiche Sortiment offerierte Pfefferkorn dem Heer der Lambretta- und Goggo-Fahrer.

Auch heute noch klingen die nostalgischen Zeiten der fünfziger Jahre an, wenn im Piaggio-Katalog von 1993 mit dem werbewirksamen Titel »Auf allen Wegen« Vespa-Anstecknadeln angeboten werden, Emailleplaketten mit dem Piaggio-Logo oder Vespa-Schriftzüge in Chrom. Im heutigen Zubehörangebot für die Cosa FL fehlen auch nicht Gepäckträger, Beinschutz- und Sturzbügel, verchromt oder schwarz lackiert, oder ein Zusatztank, der seinen Platz unter der Sitzbank findet.

Rollermantel und Helm

Zum Rollerfahren, besonders in der regenreichen und kalten Jahreszeit, ist wasser- und winddichte Bekleidung unverzichtbar. Allerdings galt in Kreisen der

Vespisti die Lederkluft der Motorradfahrer lange als verpönt, allenfalls einen Marquardt- oder Klepper-Rollermantel aus gummiertem Gewebe ließ man gelten. Der Marquardt war etwas raffinierter geschnitten als der Klepper, war aber dünner, daher gut über einem Leder- oder Wintermantel zu tragen. Ein Futter zum Einknöpfen gab es hierfür nicht. Im Vergleich zum Marquardt-Motorradmantel wirkte der Rollermantel ziviler, er war kürzer und wirkte weniger militärisch. Nur wenige Vespa-Fahrer zogen eine Überhose oder -jacke an, wie man sie vom Motorrad kannte. Auch heute noch zögern Rollerfahrer, das »dicke Fell«, also eine Motorradfahrer-Kombi anzuziehen. Heute wie früher gilt es als schicker, die Vespa mit Stadt- und Freizeitkleidung zu besteigen. Es sollte indessen keiner Darlegungen mehr bedürfen, was das Vernachlässigen dieser Sicherheitsmaßnahmen — und nur das sind sie letztlich — für Folgen haben kann.

Vespa-Fahrer hatten eine Abneigung gegen Motorradkleidung

Ähnlich war der Trend beim Sturzhelm. Unter Rollerfahrern galt er anfänglich als Attribut der Raser. Vespa-Fahrer kamen leicht in Mißkredit, wenn sie mit einem solchen »Krachhut« durch die Landschaft fuhren. Erst gegen Ende der fünfziger Jahre änderte sich diese Einstellung, als die Stimmen nach einer Helmpflicht lauter wurden. Der *Vespa-Tip* empfahl: »Wichtig ist, daß man nicht eine zu schwere Ausführung erwirbt, wie sie etwa von Motorradrennfahrern getragen werden; sie sind auf die Dauer unbequem. Es gibt leichtere Helme, sogenannte Geländesturzhelme, die sind für uns Rollerfahrer gerade richtig. Solche Helme drücken auch nach stundenlangem Fahren noch nicht, selbst wenn die Kinnriemen ganz fest angezogen sind, was unbedingt sein muß, denn ein locker sitzender Sturzhelm nützt im Falle eines Falles gar nichts, er fliegt höchstens davon.«

Der Vespa-Club von Deutschland startete 1959 eine Kampagne zum Tragen von Sturzhelmen und empfahl zwei Versionen der bewährten Römer-Halbschale, für die es auch ein Visier gab. Integralhelme, wie wir sie heute kennen, waren noch lange kein Thema.

Blinker und Lichthupe

Für Motorroller waren bis 1961 Fahrtrichtungsanzeiger nicht vorgeschrieben. Dennoch rüsteten ab 1956 immer mehr Vespa-Fahrer ihren Roller um. Es gab zunächst auch keine Anbringungs- und Bauvorschriften. Entscheidend bei der Umrüstung war die Frage, ob die Vespa bereits eine Batterie besaß oder nicht: War sie nicht vorhanden, mußte diese erst einmal eingebaut und über einen Gleichrichter angeschlossen werden. Firmen wie SWF, Bosch und Hella offerierten komplette Umrüstsätze. Man konnte diese in eigener Regie oder durch eine Werkstatt montieren lassen.

Als 1955 die ersten Lichthupen auftauchten, waren diese zunächst ein Privileg der Autofahrer. 1957 lieferte die Filigranbau Stefan Keller KG in München einen speziell für die Vespa entwickelten kombinierten Blinkgeber für Lichthupe und Richtungsblinker.

Vespa-Tuning

Technische Modifikationen an Motor und Fahrwerk wurden stets in der Absicht durchgeführt, um Serien-Wespen für den Renneinsatz zu präparieren. Diverse Hersteller, etwa die Gruppi Pinasco oder die Diffusione Ricambi in Italien, bieten über deutsche Händler komplette Tuning-Kits an, die von der Vespa 50 N bis zur Cosa reichen und diese zu rasanten »Öfen« machen. In der Regel bestehen die Kits aus mehreren Komponenten wie einem eigens entwickelten Rennzylinder und Teilen zur Modifikation des Vergasers, und für einen eindrucksvollen Sound sorgen spezielle Rennauspuffanlagen. Solche Tuning-Bausätze finden aber weder bei Piaggio noch bei der Vespa GmbH Anklang und haben auch wenig Chancen, den TÜV-Segen zu erhalten. Das Motto aus Pontedera lautet: »Die Leistung unserer serienmäßigen Maschinen ist vollkommen ausreichend!«

Motorradfahrer-Kleidung mochten die wenigsten Vespisti, allenfalls zog man bei schlechtem Wetter einen zünftigen Kleppermantel über.

Vespisti

Auf den folgenden Seiten laden wir Sie ein zu einem Ausflug in die jüngere Vespa-Welt – farbig betrachtet. Ein Hauch von Nostalgie begleitet uns auch von der Vergangenheit in die Gegenwart.

Vespa G.S.

Oben: Internationales Vespa-Treffen in Frankfurt am Main 1985. Solcherart ausstaffierte Roller sind nicht jedermanns Sache…

Links: Eine Vespa mit Seitenwagen findet stets besondere Beachtung.

Vorangehende Seite: Die italienische Filmschauspielerin Claudia Mori als Vespa-Model.

Rechts: Liebevoll gepflegter Scooter eines japanischen Vespa-Fans – ganz in Weiß.

FI SCHRADER VESPA 856

FI SCHRADER VESPA

Oben: Vor allem die Mädchen in Japan haben ihr Herz für den italienischen Scooter entdeckt.

Dress Up Vespa

ベスパの魅力、それは誰もが知る
愛らしいボディデザインや、
キビキビとした走りだけではない。
豊富なアフターマーケットパーツで
思い思いのドレスアップを施し、
自分だけの一台を作り上げて行く。
そんなベスパならではの楽しみ方を
実践する20台を紹介しよう。

かわいらしいパーツたちがポイント

125Primavera

オーナー 永野真紀

Owner's Profile

氏名：水野真紀
年齢：21歳
職業：？
生年月日：1970年 8 月24日
住所：宇治市
免許歴：5年
ベスパ歴：4年
バイク歴：？
好きなファッション：古いもの
好きな音楽：古いもの
好きなアーティスト：オーティスレディング
ボーイフレンドは？：いる
他に所有しているバイク：スーパーカブ
初めてベスパで出かけたところ：友人宅

Vespa's Profile

形式名：125プリマベラ
製造年：1968年
購入年：？
改造点：テールランプ、モール、エンブレム、
自己満足ミラー
改造費：20万円くらい
改造予定：？
調子は？：たいへんヨロシイ
気に入ってるところ：プリマベラのエンブレム
気に入らないところ：マフラー
購入先：ヒカリ・ベスパ

ずいぶんと改造にのめり込んでいる水野さん。クラシックタイプのテールランプやメッキモール、シャープレバーにプリマベラのエンブレム、そしてオールペイント、ポイントをうまく押さえたドレスアップが目を引きます。最大のお気に入りはハンドルに取り付けた自分を見るためのミラー。なかなかかわいらしいポイントと言えるでしょう。

66

Links: Mit großem Aufwand wird in Japan auch auf kommerziellem Gebiet Vespa-Nostalgie gepflegt.

Oben: Die Vespa als Stadtfahrzeug – noch immer hochaktuell!

Rot ist die Farbe der Liebe – auch der Liebe zu einer Vespa.

Jungen Menschen geht Mobilität über alles. Das Piaggio-Programm erfüllt in dieser Beziehung alle Wünsche.

Oben: Vespa 50 Super Sport. Der Behälter auf dem Reserverad sieht wie ein Kraftstofftank aus, ist aber ein Behälter für Utensilien.

Rechts: Vespa-Werbung als Gruppenbild mit Dame: Bereit für das große Scooter-Abenteuer.

Eine Cosa GS, Repräsentant der neuen italienischen Rollergeneration. Mit passendem Zubehör läßt sich auch dieses Fahrzeug zu einem langstreckentauglichen Reisemobil ausrüsten.

Rechts: Die klassische Vespa PX 80 E, mit Sicherheit ein Sammlerstück von morgen.

Rechts: Traumroller der aktuellen 80-ccm-Klasse, die Vespa PX 80 E Lusso. Aber den richtigen Dress muß man haben!

Unten: In vornehmem Schwarz präsentiert sich diese 1982er Vespa PK 80 S.

Sfera

KAPITEL 9

Kleine Wespen, große Brummer

Zweiradhändler aus Deutschland besichtigen in Pontedera die neue Vespa 50 N, als sie 1963 vorgestellt wurde.
Gegenüberliegende Seite: Rollervergnügen mit der neuesten Sfera 30 Jahre später.

In ihren ersten siebzehn Entwicklungsjahren von 1946 bis 1963 hatte sich die Vespa zu einer überschaubaren Modellfamilie entwickelt, die aus nur wenigen Grundtypen bestand: Da gab es das Modell 125 als Weiterentwicklung der ersten V.98, das Modell 150 mit seiner Karosserievariante GL sowie die PS-stärkeren GS-Modelle 150 und 160. Ende der sechziger Jahre zeichnete sich indes ein Rückgang im Rollerboom ab, der seinen Tiefstand in den siebziger Jahren erreichte. Dies ist nicht nur an den Produktions- und Zulassungszahlen ablesbar, sondern auch am Rückgang der Clubaktivitäten und an der sich den jeweiligen Gegebenheiten anpassenden Modellpolitik des Hauses Piaggio.

Mit Ausnahme der 1963 eingeführten kleineren Vespa-Roller 50 N, 50 S und 90, die 1965, 1969 und 1971 noch einmal überarbeitet wurden, stellen die in den Jahren bis 1976 auf den Markt gebrachten Roller Weiterentwicklungen der klassischen Vespa-Modelle dar und gehören damit wie die 180 Super Sport, 180 Rally, 200 Rally, die 125 – Primavera, 125 GTR, 125 TS und 125 Primavera ET3 zum Kreis der heute begehrten Sammlermodelle.

Eine Zäsur in der Modellpolitik und damit gleichzeitig den Beginn eines neuen Rollerzeitalters bei Vespa kennzeichnete das Jahr 1977 mit der Präsentation der »Neuen Linie«: Diese Roller waren die P 125 X, P 150 X und P 200 E sowie der PX 200 E. Mit ihnen wurden erstmals wieder jüngere Käuferschichten für den Roller aus Pontedera erschlossen. Verkaufs- und Produktionszahlen stiegen, und von den achtziger Jahren an begann auch wieder neues Clubleben zu keimen. 1982 folgte die PK-Reihe in den Hubraumvarianten 50, 80, 100 und 125, um nur die wichtigsten der vielfältigen Neuerscheinung bis zum Jahr 1987 zu nennen.

Mit der Einführung der Cosa 125 und 150 im Jahr 1987 und der Cosa 200 ein Jahr später fand die klassische Vespa-Linie ihren Abschluß. Ein mehr als vierzigjähriges Konstruktionsprinzip war stilistisch und technisch bis zum Non-Plus-Ultra verfeinert worden; eine Verbesserung schien kaum mehr möglich, zumal soziologische und verkehrspolitische Veränderungen Ende der achtziger Jahre nach neuen Lösungen riefen. Die Zeit der großen Roller-Reisemobile war vorüber; überfüllte Städte mit ihren beengten Parkplätzen, zunehmender Streß im Alltagsleben forderten Roller, die ökonomisch zu fahren, problemlos zu bedienen und umweltfreundlich einzusetzen waren. Damit war der Trend zum kleinen Cityflitzer à la Sfera, Scatto, Quartz, Magic und Zip vorgezeichnet — Modelle, auf denen man heute auch in Deutschland vergeblich nach dem Vespa-Markenzeichen sucht. Vielleicht nicht ganz ohne Grund...

Vespa-Chronologie 2. Teil: 1963 bis 1993

Die nachfolgende Chronologie der Firmengeschichte und Modellentwicklung schließt an die der Jahre 1950 bis 1962 an, aufgezeichnet auf den Seiten 43 bis 61 dieses Buches.

1963

Im Jahre 1963 startet Piaggio mit den drei Modellen 50 N, 50 S und 90 in einer neuen Hubraumklasse und präsentiert damit

Links: Praktisch und preiswert: Einkaufskorb für die Vespa 50 S.

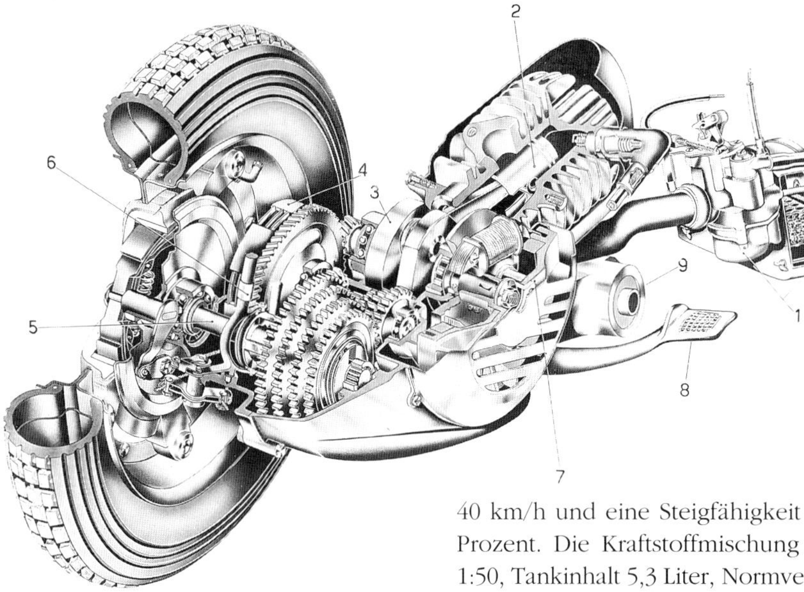

Unten: Motor und Antrieb der Vespa 50 S.
(1) Vergaser mit Luftfilter
(2) Kolben
(3) Kurbelwelle
(4) Kupplung
(5) Antriebswelle, Getriebeausgang
(6) Schaltklaue
(7) Magnet-Schwungrad
(8) Kickstarter
(9) unteres Kurbelgehäuse mit Befestigung am Rahmen

erstmals wieder ein neues Motorenkonzept. Zwar hat man die Grundkonzeption der Vorgängermodelle beibehalten, neu ist jedoch, daß der langhubige Einzylinder-Zweitaktmotor mit 49,5 ccm Hubraum (38,4 x 43 mm Bohrung x Hub) nicht mehr horizontal, sondern um 45 Grad geneigt eingebaut ist. Das Modell N, das in Deutschland noch als Moped mit dem Führerschein Klasse 5 steuerfrei zu fahren ist, hat drei Gänge, 1,45 PS Leistung, eine Höchstgeschwindigkeit von 40 km/h und eine Steigfähigkeit von 24 Prozent. Die Kraftstoffmischung beträgt 1:50, Tankinhalt 5,3 Liter, Normverbrauch 1,6 Liter. Auch die Form dieses Rollers hat sich verändert, insbesondere in der Heckpartie: Die Motorabdeckung ist ein integrierender Bestandteil der Karosserie geworden, wodurch der Zugang zum Motor nur mehr über eine kleine Klappe möglich ist, was das Hantieren allerdings etwas erschwert.

Im Gegensatz zu der italienischen Ausführung mit 9-Zoll-Rädern sind die im ersten Jahr bis Oktober 1963 noch von der Vespa GmbH in Augsburg gefertigten Modelle mit 3,00 x 10"-Reifen ausgestattet, parallel zum Modell 50 S. Sie unterscheiden sich außerdem durch ein deutsches Rücklicht in Schwanenhalsform.

Das Modell 50 S hat hingegen ein Vierganggetriebe und leistet 2,5 PS bei 5800/min. Dadurch steigt der Normverbrauch auf 1,8 Liter. Diese Vespa ist ebenfalls steuerfrei und ab 16 Jahren mit dem Führerschein der Klasse 4 zu fahren.

Die Abmessungen für beide Modelle betragen: Länge 1640 mm, Höhe 995 mm, Lenkerbreite 610 mm, Bodenfreiheit 200 mm. Beide Modelle werden in Deutschland von der Motorpresse als »goldrichtig für den Markt« gelobt, zumal die Preise mit 990 Mark für das Modell 50 N und 1040 Mark für die Vespa 50 S günstig sind.

Das im gleichen Jahr in Italien präsentierte Modell Vespa 90 wird in Deutschland indes nicht angeboten. Im Programm der Vespa Augsburg finden sich dagegen die Modelle 125, T/150, GL/150, GS/150 und GS/160. Der Motor der Vespa 90 hat einen Hubraum von 88,5 ccm (51 x 47 mm); als Höchstgeschwindigkeit werden 70 km/h und als Steigfähigkeit 32 Prozent angegeben. Zu Beginn ist dieses Modell mit einem Dreiganggetriebe ausgestattet, ab 1967 mit einem Vierganggetriebe.

Rechts: Vespa 90, gebaut ab 1963, aber nicht in Deutschland angeboten.

Auch bei dem Lastendreirad Ape gibt es in diesem Jahr eine Weiterentwicklung. Das Modell D (AD1T, AD2T), 1963 und 1964 gebaut, unterscheidet sich von seinem Vorgänger, dem Modell C, durch eine andere Scheinwerferposition: Die Lampen sind vom Kotflügel an den Vorderbau gewandert. Auch wird das Fahrerhaus erstmals komplett mit Türen geliefert. Der Motor mit einem Hubraum von 169 ccm (60 x 60 mm) und leistet 7,6 PS bei 5000/min. 1965 wird diese Ape dann durch das Modell E (AE1T) ersetzt.

Mit mehr als tausend Vespa-Teilnehmern findet vom 28. bis zum 30. Juni 1963 die zehnte Jahresveranstaltung des Vespa Club Europa in Cortina d'Ampezzo statt — zuvor in San Remo, München, Paris, Barcelona, Brüssel, wiederum Paris, Rom, Salzburg und Madrid. Die Vespisti werden von Dottore Tassinari, Präsident des Vespa Club d'Italia und Vespa Club Europa, begrüßt.

Nachdem bereits 1961 ein Lizenzvertrag zwischen der indischen Bajaj Auto Ltd. und Piaggio abgeschlossen wurde und die erste, noch provisorische Produktion für die Vespa 150 und die Ape-Rikscha in kleinen Werkstätten in Bombay angelaufen war, nahm man 1963 in Chincwad, einem Vorort von Poona, eine neue Fabrik mit 12.000 qm und nach neuesten produktionstechnischen Ansprüchen eingerichtet in Betrieb .

Bis heute werden in Poona und Akurdi die Roller Bajaj Super (150 ccm), Bajaj Chetak sowie ein 100-ccm-Modell namens Bajaj Cub electronic hergestellt. Außerdem sind verschiedene Ausführungen des Ape-Dreirades im Programm sowie ein Motorrad mit der Bezeichnung M-80.

Die Bajaj-Roller mit dem technischen Konzept und der äußeren Linie der sechziger Jahre muten uns Europäer nostalgisch an. Die Kontinuität dieser Produktion zeigt aber deutlich, wie sehr das klassische Vespa-Konzept den Verkehrsbedürfnissen Asiens gerecht wird, wo die Vespa und ihre dreirädrige Schwester zum täglichen Straßenbild gehören.

Mit der Produktionsaufnahme in Ländern der dritten Welt, wie in Afrika und

Rechts: Ape Typ D in der 1963er Homologation, als Taxi für fünf Personen zugelassen.

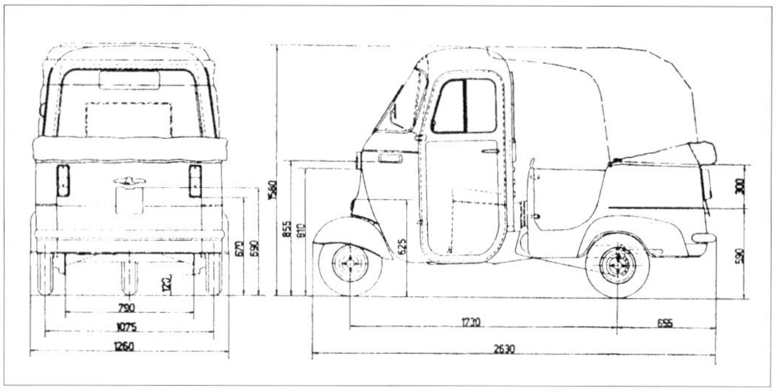

Links: Roller-Produktion bei Bajaj in Poona, Indien.

bajaj

Rechts: Bajaj Chetak, eine indische 150-ccm-Lizenz-Vespa, die mit Sitzbank oder mit Einzelsitzen angeboten wurde.

Asien, wird zugleich auch der Ausklang der Vespa-Produktion in Europa eingeläutet. Im Oktober 1963 stellt die Vespa GmbH in Augsburg ihre Fließbänder ab und beschränkt sich auf die Rolle eines Importeurs der Vespa aus dem italienischen Mutterland. Mit Ausnahme von Spanien gibt es damit keine europäische Produktion außerhalb Pontederas mehr.

1964

Auf der ganzen Welt sind Vespa-Roller von Piaggio zum führenden Fabrikat avanciert. Exporte gehen in 120 Länder, bei einer Jahresproduktion von 290.000 Stück. Aufschlußreich ist die Verteilung der Million zuletzt produzierter Fahrzeuge: Italien 606.000, europäische Länder 194.500, Afrika 18.600, Amerika 78.200 und Asien und Australien 102.700.

Interessant ist auch die Verteilung innerhalb der USA: Die Belieferung für Kalifornien beträgt 16 Prozent, Pennsylvania 12, Texas 11 und New York 9 Prozent. Die restlichen 52 Prozent verteilen sich auf die übrigen US-Staaten.

In der GS-Baureihe gibt es in diesem Jahr eine Neuheit. Wie bereits weiter oben geschildert, wurde diese erfolgreiche Reihe 1955 mit der 150 GS gestartet (VS1T bis VS5T) und 1962 durch die 160 GS (VSB1T) abgelöst; im Laufe des Jahrens 1964 lief deren Produktion aus. Mit den Seriennummern VSC1T begann dann bis zum Jahr 1968 die Fertigung des Modells 180 Super Sport. Gegenüber den 8,5 PS der 160 GS leistet der 181-ccm-Motor mit 62 x 60 mm und Viergangggetriebe 10 PS bei 6250/min. Mit 3,50 x 10"-Reifen bestückt, beträgt die Höchstgeschwindigkeit gemäß Werksangaben 105 km/h, die Steigfähigkeit 40 Prozent und die Reichweite 320 km. Die Abmessungen: Länge 1770 mm, Breite 670 mm, Radstand 1230 mm, Höhe 1065 mm und Leergewicht 99,5 kg. Die Standardlackierung ist Weiß.

In Deutschland werden in diesem Jahr nur die beiden Vorgängermodelle GS/150 und GS/160 angeboten.

1965

In der kleinen Hubraumklasse treten in ungewöhnlichem Design die Vespa Super Sprint 50 und 90 auf den Plan. Bei gleichen Zylinderdimensionen (49,8 ccm Hubraum, 38,4 x 43 mm) wie bei der 50 S wurde bei der Super Sprint 50 eine Steigerung der Höchstgeschwindigkeit auf 68 km/h erreicht; die Werbung spricht sogar von 75 km/h, allerdings nur, wenn »solo« gefahren wird. Dieser Roller ist spritzig und entgegen der Vespa-Tradition mit Knieschluß zu fahren. Was in der Fahrzeugmitte wie ein Tank aussieht, ist ein Werkzeugbehälter. Die Abmessungen haben sich bei bei den Sprintmodellen

Links: Motor der Vespa 160 GS mit 8,5 PS Leistung.

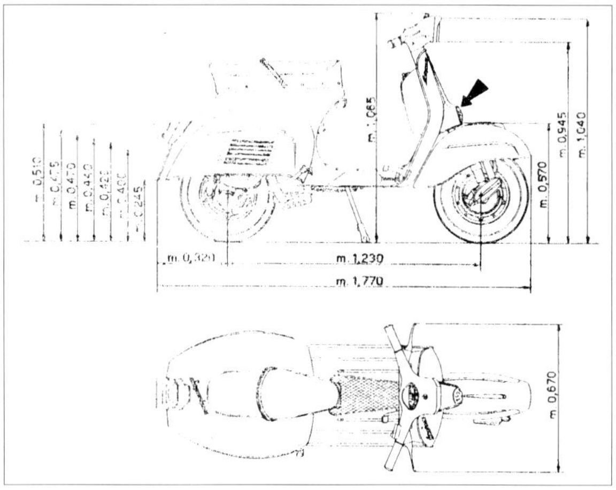

Oben: Die Abmessungen der 10 PS starken Vespa 180 Super Sport von 1964.

Links: Die 105 km/h schnelle Vespa 180 Super Sport, hergestellt bis 1968, wurde in der Bundesrepublik leider nicht angeboten.

Links: Der Motor der Vespa 150 Sprint mit abgenommener Verkleidung.

Rechts: 1965er Vespa 150 Sprint. Dieser 7-PS-Roller mit Viergang-getriebe kostete bei uns 1590 Mark und blieb bis 1974 im Programm.

geringfügig verändert: Radstand 1160 mm, Länge 1650 mm, Breite 550 mm, Höhe 1000 mm, Leergewicht 77 kg, Normverbrauch 2,2 Liter. Demgegenüber bringt es die Super Sprint 90 (Motor 88,5 ccm, 47 mm x 51 mm) auf eine Höchstgeschwindigkeit von 93 km/h (Führerschein 1!), verbraucht aber auch 2,6 Liter. Unverändert bleiben bei beiden Modellen das Kraftstoff-Öl-Mischungsverhältnis 1:50 und die 3.00 x 10"-Bereifung. Äußerlich lassen sich die beiden Sprint-Varianten durch unterschiedliche Embleme auf dem (falschen) Tank und den Chromschriftzug am Heck identifizieren. Reserverad und Werkzeugbehälter können demontiert werden, so daß dieser Roller wieder wie eine herkömmliche Vespa aussieht.

Links: Bewundernde Blicke sind ihnen sicher! Vorn eine Vespa 90 SS, dahinter das Modell 50 SS. Die 90er erforderte den Führerschein der Klasse 1. Der Behälter über dem Reserverad ist für Utensilien gedacht und kein Benzintank.

In der größeren Hubraumklasse gibt es mit der Vespa 125 (VMA1T) — erst ab 1967 wird sie mit den Seriennummern VMA2T als Vespa 125 Primavera bezeichnet — und der 150 Sprint zwei neue Modelle, die das Programm mit der 150 Touren und der (allerdings nicht nach Deutschland exportierten) 180 Super Sport abrunden.

An diesem Punkt der Modelltypologie geht es etwas verzwickt zu, denn in diesem Jahr gibt es zwei ganz verschiedene Modelle mit der gleichen Bezeichnung. Die oben erwähnte Vespa 125 darf nicht mit dem Roller gleichen Namens verwechselt werden, der seit 1948 Piaggios Erfolgsmodell ist und in diesem Jahr als Auslaufmodell letztmalig Seriennummern mit dem Prefix VNB6T trägt. 1965 findet die Vespa der ersten Stunde durch die Vespa 125 Super (VNC1T) ihre Ablösung, die dann unverändert bis zum Auslaufen des Modells im Jahre 1969 gebaut wird.

Die »alte« Vespa 125 besitzt einen Motor mit 123,4 ccm Hubraum bei einer Bohrung von 52,5 und einem Hub von 57 mm, hat ein Vierganggetriebe und entwickelt eine Höchstgeschwindigkeit von

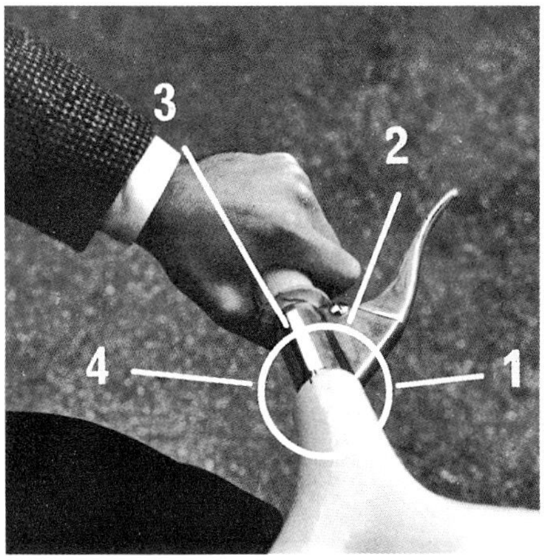

Oben: Die Drehgriffschaltung bei der »alten« 125er.

Links: Die neue Vespa 125, jetzt mit herausnehmbarer Motorklappe.

Die neue 1965 präsentierte Vespa 125, der man zwei Jahre später den Namen Primavera gab.

Die Italiener konnten die neue Vespa 125 auch mit einem Einzelsitz bestellen. Auffallend ist die verhältnismäßig große 10-Zoll-Bereifung.

75 km/h bei einer zweiprozentigen Mischung. Ihr Gewicht beträgt in diesem Modelljahr 84 kg, sie ist 1745 mm lang, 655 mm breit, 985 mm hoch und hat einen Radstand von 1180 mm. Traditionell sind die 8-Zoll-Reifen und das vespatypische Design.

Demgegenüber ist die »neue 125« sowohl in ihrer technischen Konzeption als auch in ihrem Äußeren ein gänzlich anderer Roller. Als robustes Gebrauchsfahrzeug für alle Tage nähert er sich den Leistungsdaten für das 150er Modell. Hervorzuheben ist die Bereifung der Dimension 3.00 x 10", eine Motorverkleidung mit separater, abnehmbarer Klappe, ein kleines abschließbares Fach in der linken »Backe« sowie der Schriftzug »Vespa 125« auf dem Frontblech. Der Motor mit 121,2 ccm Hubraum (55 x 51 mm) und Vierganggetriebe entwickelt bei einem Leergewicht von 73 kg eine Spitzengeschwindigkeit von 80 km/h und eine Steigfähigkeit von 30 Prozent. Die Länge des Rollers beträgt 1650 mm, die Breite 670 mm, der Radstand 1160, die Höhe 1015 mm.

Wahrscheinlich waren es die Überschneidungen in der Modellbezeichnung, die ab 1967 zu der werbewirksamen Umbenennung in »125 Primavera« führten.

Ähnlich kompliziert sieht es bei den 150er Modellen aus. Neu im Programm ist die Vespa 150 Sprint (VLB1T) und in der GL-Baureihe das Folgemodell der 150 GL (zuletzt VLA1T). Als eleganter Gebrauchsroller mit Sitzbank und 3,50 x 10"-Reifen bringt das 145,45-ccm-Triebwerk (57 x 57 mm) eine Höchstgeschwindigkeit von 94 km/h, hat eine Steigfähigkeit von 36 Prozent und verbraucht für 45 km einen Liter Gemisch. Die Federung vorn ist als Schwinge ausgebildet. Das eigentliche Federelement besteht aus einem doppelt wirkenden hydraulischen Stoßdämpfer mit eingebauter Feder. Die Triebsatzschwinge besteht aus einer am Gehäuse angegossenen Traverse, die mittels Silentblöcken im Fahrgestell in klassischer Vespa-Bauweise um einen Stahlbolzen drehend gelagert ist. In Italien wird dieser Roller sowohl mit Einzelsitzen als auch mit einer Sitzbank angeboten, in Deutschland mit einer Denfeld-Sitzbank. Der Schriftzug auf dem Frontschild lautet »Vespa S«.

Dieser 150 Sprint folgt 1969 bis 1979 die Sprint Veloce, ebenfalls ein VLB1T-Modell, aber mit einem anderen Nummernkreis.

Bei der Vespa 150 gibt es 1965 parallel zur 125er auch ein überarbeitetes Modell, das sich Super nennt. Während das Normalmodell mit den Seriennummern VBB2T noch bis ins Jahr 1967 ausläuft, startet die Bauzeit der 150 Super mit den Seriennummern VBC1T und geht bis in das Jahr 1979.

An dieser Stelle sei ein kurzer Abstecher in eines der attraktivsten Kapitel der Vespa-Werbung gestattet: Er betrifft die Kalender mit ihren Pin-up-Mädchen. 1965 erreicht die Auflage des alljährlichen Vespa-Kalenders im Großformat 275.000 Stück, gedruckt in sechs verschiedenen Sprachen. Zudem gibt es eine »pocket edition« mit 900.000 Exemplare. Allein aus Indonesien treffen 1965 über 10.000 Postkarten und Briefe ein, in denen um die Zusendung eines Kalenders gebeten wird...

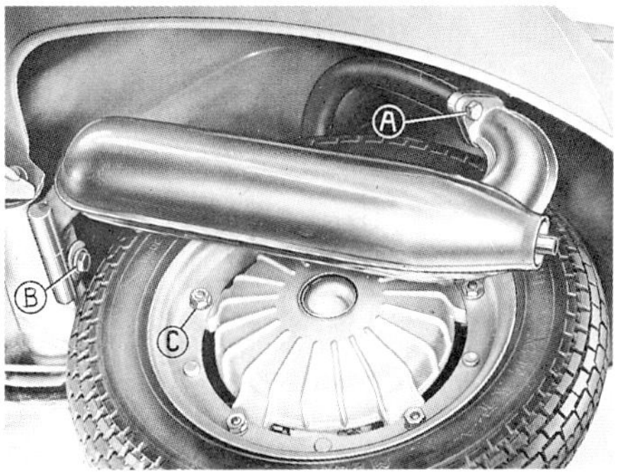

Ganz oben eine Vespa 150 Sprint, darunter ein Super Sprint Modell , bei dem man zum Radwechsel den Schalldämpfer abnehmen mußte.

Eines der Vespa-Kalenderblätter des Illustrators F. Mosca. Ab 1955 wurde im Atelier fotografiert (rechts unten).

Der Vespa-Kalender hat eine lange Tradition. In Italien war es zunächst der Mailänder Aquarell-Künstler F. Mosca, der für das kalendarische »Dolce Vita« sorgte. Er zeigte seine erotischen Roller-Beauties vor der Wolkenkratzer-Skyline von New York oder auch als Hula-Schönheiten. In ihrer Gegenwart führten die Vespa-Roller in diesem optischen Feuerwerk von enganliegenden Blusen und geschlitzten Kleidern fast ein Schattendasein. Der letzte Mosca-Kalender kam 1954 heraus; ab 1955 zeigten sich fotografierte Schönheiten in ihrer anziehenden Weiblichkeit: Schauspielerinnen, Mannequins und Starlets. Man beabsichtigte damit eher bürgerliche Käuferschichten anzusprechen. Alle diese Kalender sind heute gesuchte Kostbarkeiten.

Es gibt auch ein trauriges Ereignis zu berichten: Enrico Piaggio, geistiger Schöpfer der Vespa und angesehene Persönlichkeit des italienischen Wirtschaftslebens, verstirbt nach einem arbeitsreichen Leben im Alter von nur 60 Jahren. Er war ein bescheidener Mensch, der besondere Auszeichnungen stets von sich gewiesen hatte — bis auf eine: Die Ehrendoktorwürde der Technischen Universität Pisa.

1966

Die Modellpalette für die deutschen Kunden bringt in diesem Jahr keine Neuheiten.

Angeboten werden die Vespa 50 N (zum Preis von DM 1140), Vespa 50 S (DM 1190), Vespa 50 Super Sprint (DM 1350), Vespa 90 Super Sprint (DM 1450), Vespa 125 als Vorläufermodell der Pri-

Oben: Von links eine Vespa 50 S, eine neue Vespa 125, eine Vespa 50 SS und eine Vespa 125 GT (Sprint).

Unten: Eine Vespa 125 von 1966.

mavera (DM 1450), Vespa 150 Sprint (DM 1590) und die Vespa 160 GS (DM 1790). Im Vergleich zur italienischen Auswahl fehlen also die Super-Modelle 125 und 150, die 180 Super Sport und die Vespa 90.

In Pontedera beginnt die Fertigung zweier neuer Modelle. Zum einen ist dies die Vespa 125 GT (VNL2T), die im Export als Vespa 125 Sprint (»Vespa Sprint« steht auf dem Frontschild) bezeichnet wird. Ihre technischen Daten bleiben bis zum Auslaufen der Produktion 1973 unverändert, können allerdings im Detail von Land zu Land je nach den gesetzlichen Zulassungsbestimmungen abweichen: Hubraum 123,4 ccm, Bohrung 52,5 mm, Hub 57 mm, Höchstgeschwindigkeit 88 km/h, Steigfähigkeit 34 Prozent, Vierganggetriebe, vorne und hinten Schraubenfedern und doppelt wirkende Stoßdämpfer, 3,50 x 10 "-Reifen, Länge 1770 mm, Breite 670 mm, Radstand 1200 mm, Höhe 1045 mm, Leergewicht 89 kg.

Zum anderen gibt es bei der kleinen Gewichtsklasse eine weitere Variante der Vespa 50 N mit der Bezeichnung 50 L, die bis 1970 auf dem Markt bleibt (V5A1T).

In der Firmenchronologie nimmt das Jahr 1966 einen besonderen Rang ein: Das Haus Piaggio feiert sein zwanzigjähriges Vespa-Produktionsjubiläum.

1967

In diesem Jahr wartet Pontedera mit keinen großen Überraschungen auf. Allerdings wird die Palette durch Modellbereinigungen wieder übersichtlich wie in den ersten Jahren der Firmengeschichte. Die Produktion der Vespa 150 Super endet; es gibt jetzt nur noch die 150 Sprint. Die Vespa 125 Super hält sich noch zwei weitere Jahre.

Wie bereits zuvor geschildert, heißt das »neue« Modell 125 erst von diesem Jahr an Vespa 125 Primavera. Die technischen Daten haben sich geringfügig verändert: Die größte Steigfähigkeit ist von 30 auf 35 Prozent angewachsen, der Motor leistet 5,4 PS bei 5500/min, die Länge des Rollers beträgt 1660 mm, die Breite 670 mm, die Höhe 1010 mm, der Radstand 1180 mm. Das Leergewicht wird mit 73 kg angegeben.

An die Stelle des bisher verwendeten Kürzels VMA1T tritt für diese Serie die Bezeichnung VMA2T. Die Primavera bleibt bis Ende 1983 auf dem Markt; sie erfährt während dieser Zeitspanne nur unwesentliche Modifikationen.

In der Firmengeschichte wird 1967 ein weiterer Meilenstein gesetzt: Piaggio führt eine bis heute erfolgreiche Mofa- und Mopedreihe ein, die durch die preisgünstigen Modelle Bravo und Boxer ebenso gekennzeichnet ist wie durch die leichten Fahrzeuge und Grillo, klassisch im Design und bewährt in ihrer technischen Konzeption.

Schon zu einem sehr frühen Zeitpunkt hatte das Werk in Pontedera erkannt, daß eine erfolgreiche Produktstrategie Hand in Hand mit einer alle Bereiche umfassenden Werbe- und Marketingpolitik gehen muß. So startete im Jahr 1967 die Operation »Schutzmarke«, die im Sinne

Links: Ab 1967 trägt die Vespa 125 den Modellnamen Primavera. Links hat sie ein Gepäckfach in der »Backe«.

Rechts: Grund zum Jubeln – die Primavera ist in der Tat ein prima Roller!

Oben: Seitenansicht der 1967er Vespa 125 Primavera.

des heutigen »corporate identity« zum Ziel hatte, in der Gestaltung des Produkts, im Erscheinungsbild beim Händler und beim Kunden in einheitlicher, unverwechselbarer Identität aufzutreten. Ab 1. Oktober 1967 versah man daher sämtliche Produkte des Unternehmens, die Verkaufsräume und Wartungsbetriebe in Italien und im Ausland sowie alle Werbemittel und Drucksachen mit einem neuen Logo, entwickelt von dem Turiner Designer de Silva. Auf dem Frontschild jedes Fahrzeugs prangte von nun an oben in der Mitte das neue Piaggio-Emblem, ein sechseckiges blaues Zeichen mit schwarzem Rand und weißer Schrift. Der Piaggio-Schriftzug war außerdem am Sattel zu sehen. Um den Händlern ihre Öffentlichkeitsarbeit zu erleichtern, bot die Firma Piaggio in einer internen Ausgabe ihrer Zeitschrift Gutscheine für den kostenlosen Bezug sechs unterschiedlicher Klischees und Abziehbilder an. Der Schriftzug Vespa sollte durch den Piaggio-Namen zwar keineswegs ersetzt werden, jedoch an untergeordneter Stelle aufscheinen.

Inzwischen kann die Operation »Schutzmarke« als abgeschlossen gelten. Auch die Vespa GmbH in Augsburg verzichtet seit einigen Jahren darauf, den Namen »Vespa« als Aufmacher für ihre Werbung zu benutzen. Zwar spricht man offiziell von einem »Vespa-Katalog«, doch der Slogan heißt »Piaggio auf allen Wegen« oder »Man sieht's — typisch Piaggio!«. Und nur die Modelle Cosa, PK und PX tragen noch den Vespa-Schriftzug auf ihrer Karosserie. Eine Sfera, Quartz oder Zip sind eben eine Piaggio, keine Vespa mehr. In Italien ist diese Entscheidung

Rechts: Kleintransporter als Domäne des Hauses Piaggio, auch in der Mopedklasse wie der Ciao Porter mit 50-ccm-Motor.

PIAGGIO

PIAGGIO

PIAGGIO

PIAGGIO

Vespa

Vespa

vespa

Neue Firmenzeichen ab 1967. Das alte Piaggio-Emblem und der kursive, schräggestellte Schriftzug gehören der Vergangenheit an.

Die 1968 präsentierte Vespa 180 Rally, letzter Vertreter der 1955 eingeführten GS-Reihe.

Neu auf dem Markt: Vespa 125 GTR, bei der Motor und Fahrwerk von der 125 GT stammten, die Karosserie von der 180 Rally.

sicher ohne Vorbehalte getroffen worden. Im Ausland jedoch, insbesondere in den Ländern mit alter Vespa-Clubtradition wie Deutschland, Österreich, der Schweiz und den Niederlanden wird immer wieder diskutiert, ob es auf Dauer nicht vielleicht doch unklug war, den werbewirksamen und so stark verbreiteten Namen Vespa in eine Nebenrolle zu drängen.

1968

Mit der in diesem Jahr vorgestellten Vespa 180 Rally ist der letzte Entwicklungsstand der GS-Baureihe erreicht, die, wie bereits zuvor ausgeführt, 1955 mit der GS 150 startete und der dann 1962 die 160 GS sowie 1964 die 180 Super Sport folgte. Das Modell 180 Rally, das bis 1973 im Programm blieb, trug in dieser Zeitspanne die Seriennummern VSD1T von 001001 bis 0027495.
Helmut Hütten testet die neue Vespa Rally bei ihrem Erscheinen und bestätigt ihr »sprühendes Temperament und kräftigen Durchzug schon bei mittleren Drehzahlen«. Erstaunlich ist für ihn, daß der neue Roller trotz höherer PS-, aber geringeren Drehzahlen kein Kilo mehr wiegt als die GS 150 von vor zwölf Jahren. Mit einem Hubraum von 181 ccm (Bohrung x Hub 63,5 x 57 mm) entfaltet sie 9,9 PS bei

Der auffallend große Scheinwerfer und das neue Piaggio-Logo prägen das Gesicht der Vespa 125 GTR.

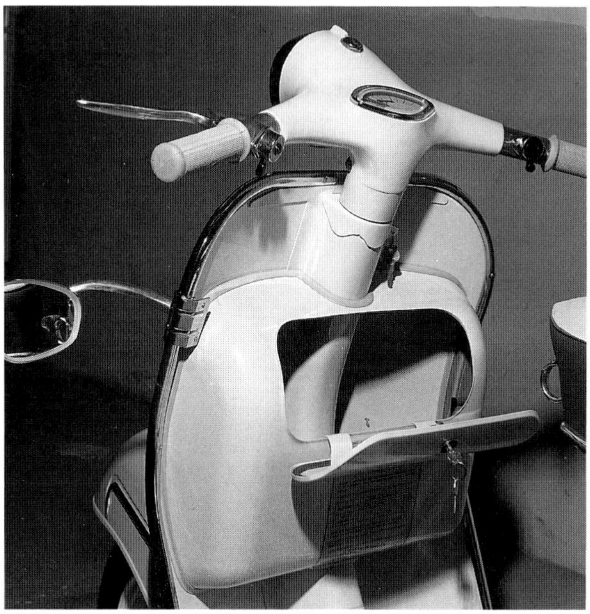

Oben: Position des Ersatzrades bei der Vespa 180 Rally.

Links: Diese Art der Utensilien-Unterbringung hatten andere Roller-Konstrukteure schon immer bevorzugt...

6000/min. Die Eckdaten lauten: Normverbrauch 2,8 Liter, Höchstgeschwindigkeit 105 km/h, Mischung 1:50, Viergang-getriebe mit der üblichen Drehgriffschaltung, Federung vorne und hinten durch Schraubenfedern und doppelt wirkende hydraulische Stoßdämpfer, mechanische Innenbackenbremsen mit Kühlrippen. Bereifung 3.50 x 10", Länge 1770 mm, Breite 670 mm, Radstand 1230, Höhe 1080, Leergewicht 98 kg.Mit dem Schritt von der Vespa GS zur Rally war neben einer spürbaren Leistungssteigerung auch die Drehschieber-Einlaßsteuerung fällig. Helmut Hütten führt hierzu aus:

»Bereits seit 1959 hatten die Tourenmodelle eine Einlaßsteuerung durch eine zum Drehschieber avancierte Kurbelwellenhälfte, welche die Zweitaktmischung (aus dem direkt ins Kurbelhaus mündenden) Ansaugkanal auf kürzestem Weg ans Pleuellager führt. Gleichzeitig ermöglicht der eingesparte große Einlaßschlitz einen besonders formtreuen Zylinder. Beides zusammen erlaubte, den Ölanteil der Zweitaktmischung auf 2 Prozent oder, nach dem deutschen Sprachgebrauch, auf 1:50 zu reduzieren.«

Das Reserverad hat unter der linken Backe seinen Platz; die Mulde ist unter der Verkleidung sichtbar. Für Werkzeug und Utensilien wurde ein geräumiges Aufbewahrungsfach an der Rückseite des Frontschildes geschaffen, das mit dem Zündschlüssel abschließbar ist. Die Originallackierung ist ein leuchtendes Orange, was bei diesem schmalen und schnellen Roller ein zusätzlicher Sicherheitsfaktor ist.

In Italien bringt Piaggio in diesem Jahr die 125 GTR (R wie Rally) auf den Markt, im Fahrwerk und Motor identisch mit der 125 GT (Sprint), die zwei Jahre zuvor eingeführt wurde. Daher trägt sie wie diese das Seriennummern-Prefix VNL2T; die Numerierung läuft während ihrer zehnjährigen Bauzeit 1968-1978 von 100001 bis 151788. Sie erhielt die überarbeitete Karosserie der 180 Rally, wobei der große Frontscheinwerfer auffällt. Allerdings fehlt das abschließbare Gepäckfach. Auf dem deutschen Markt wird dieses Modell nicht angeboten.

1969

In diesem Jahr kann Piaggio seine führende Marktposition auf dem italienischen Zweiradmarkt durch die Übernahme der traditionsreichen Motorradmarke Gilera ausbauen. Damit hat Piaggio eine reichhaltige Palette von Mopeds, Rollern und Motorrädern ebenso im Programm wie das Lastendreirad Ape und verschiedene Klein- und Kleinsttraktoren für die Landwirtschaft, bei denen das Modell T 111 eine besondere Stellung einnimmt.

Bei den Rollern in den kleinen Hubraumklassen findet eine systematische Modellpflege statt. Das Modell 50/R, von 1969 bis 1983 in der Produktion, wurde karosseriemäßig überarbeitet und besitzt zunächst noch den Motor der Baureihe 50/N; seine Seriennummern lauten V5A1T 700001 bis 938761. Im Laufe des Jahres 1971, beginnend mit der Seriennummer 752189, wird dieses Modell dann mit dem stärkeren Motor der Vespa 50 Special ausgestattet.

Gleichzeitig beginnt 1969 die Modellreihe Vespa 50 Special (in Deutschland später unter der Bezeichnung 50 N Spezial eingeführt, die Österreicher bleiben bei der italienischen Schreibweise) als zweite Generation der 50er-Baureihe. Im Gegensatz zur Vespa 50 N ist der Chromschriftzug auf dem Frontschild zweizeilig. In dem formschönen und dem Zeitgeschmack entsprechend gestalteten Lenkerkopf sitzt der Scheinwerfer jetzt in Trapezform. Auffällig ist der geschwungen gestylte Einzelsitz (in Deutschland später auch mit der Zweiersitzbank erhältlich) sowie der moderne viereckige Scheinwerfer und die Hornverkleidung.

Vespa 150 Sprint Veloce.

Unten: Blick in die Auslieferung. 150-Sprint-Modelle gehen auf die Reise.

Eine deutsche Vespa-Händlerin auf einer 1969er Vespa 50 Special bei der Präsentation in Pontedera (bei uns später 50 N Spezial genannt).

Diese 50er Vespa bleibt bis 1983 in Produktion und wird in unterschiedlichen Ausführungen geliefert. Von Beginn bis 1972 trägt sie die Serienummern V5A2T 1001 bis 96013. Nach einem Motorenwechsel (V5A2M) ist sie von 1972 bis 1975 an den Nummern V5B1T 1001 bis 95671 zu erkennen. Wiederum motorisch weiterentwickelt und nunmehr mit einem Vierganggetriebe bestückt (V5A4M), lauten die Seriennummern von 1975 bis zum Produktionsende 1983 V5B3T 1101 bis 565056.

Parallel zu dieser Modellreihe gibt es erstmals eine Ausführung mit Elektrostarter, die Vespa 50 Elestart. Von 1969 bis 1972 lauten die Seriennummern V5A3T 1001 bis 5708, nach Einbau des Motors V5A3M ab 1972 bis 1975 V5B2T 1001 bis 3667, zuletzt mit Viergang (bis 1976) V5B4T 1101 bis 1533. Die Stückzahlen blieben jedoch gering.

Parallel zu der 150 Sprint gesellt sich in Italien in der großen Hubraumklasse die 150 Sprint Veloce (in Österreich wird sie als 150 Sprint V. tituliert) hinzu, die von 1969 bis 1979 unverändert bleibt (VLB1T 0150001 bis 0368119). Im Vergleich zur Sprint ist die Veloce an ihrem runden Scheinwerfer zu erkennen.

Gegenüber den 17 Roller-Modellen, die in diesem Jahr auf dem italienischen Markt verfügbar sind, bietet die Vespa GmbH in Augsburg sechs Grundmodelle an: Die Vespa 50 N in Chamonixweiß in zwei Ausführungen (Grundversion oder mit Blinkanlage und Stoplicht); die 50 S in Korallrot ebenfalls in zwei Ausführungen (Grundversion beziehungsweise mit Blinkanlage und Stoplicht); die Vespa 50 Super Sprint in Lachsrot in den gleichen zwei Ausführungen; die Vespa 90 Super Sprint, bei welcher Blinkanlage und Stoplicht zur Serienausrüstung gehören, in Royalblau; die Vespa 125 Primavera in Chamonixweiß; die Vespa 150 Sprint in Grau-blau-Metalliceffekt sowie die Vespa 180 Rally in Korallrot. Die Preisspanne reicht damit von 1176 bis 1875 Mark.

Hinzu kommt das Modell Ciao in fünf Grundversionen als Mofa A, Mofa L, Moped L, Moped V und Vespino (zugelassen für zwei Personen) sowie zwei Ape Lastenroller, nämlich das Modell 500 mit

Im Kleingewerbe Italiens noch immer Nummer 1: Die Ape, jetzt mit einem richtigen Autolenkrad.

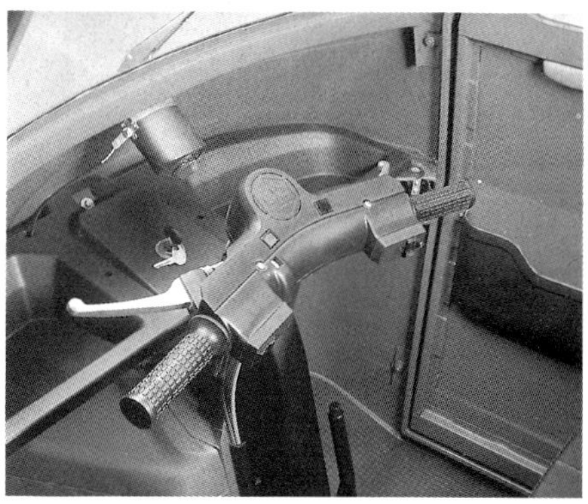

Rechts: Nur das kleinste Ape-Modell hat noch den typischen Vespa-Lenker.

175-ccm-Motor und der 550 MP mit 200-ccm-Motor. Die Preisspanne liegt hier zwischen 2763 und 3496 Mark.

An dieser Stelle ist ein kurzer Rückblick auf die Entwicklung des Ape-Lastendreirades angebracht. Nach den weiter vorn bereits erwähnten Modellen A, B, C, D und E hatte 1967/68 ein weiterer Entwicklungsschritt stattgefunden: Der Motor lag bei den neuen Modellen nun nicht mehr im Bereich des Fahrerhauses, sondern war erstmals als Heckmotor oberhalb der Hinterachse eingebaut. Dadurch sank der Geräuschpegel für den Fahrer erheblich. Charakteristisch war der einzelne Frontscheinwerfer in der Verkleidung oberhalb des vorderen Kotflügels. Gemäß ihrer Nutzlast wurden die vier verschiedenen Grundmodelle 350, 400, 500 und 550 MP benannt und waren jeweils in drei oder vier Karosserievarianten lieferbar. 1970 folgten die Modella Ape 50 und 250 mit einer etwas eckigeren Form des vorderen Kotflügels und der 600 MPV mit zwei Frontscheinwerfern.

Das Ende der sechziger Jahre bedeutet für viele Traditionalisten auch das Ende der klassischen Vespa-Era. Am sichtbarsten wird diese Zäsur auch daran, daß das Modell 125 – Super in seiner »alten« Ausführung, das den Namen »Vespa« in der ganzen Welt zu einem Synonym für Motorroller werden ließ, Ende 1969 nach immerhin 21jähriger Produktionszeit letztmalig vom Band läuft. Mehr als eine Million Exemplare wurden allein von diesem Modell hergestellt — ein Rekord, der nur noch von der Baureihe 150 und GL/Sprint übertroffen wird.

1970

In diesem Jahr gibt es kein neues Modell aus Pontedera, und das Modell 50/L wird nach fünfjähriger Bauzeit aus der Produktion genommen.

Nach der ausführlichen Würdigung, die der Vespa-Produktion in Deutschland, Frankreich, Belgien, England und Spanien sowie der expansiven Exporttätigkeit in das restliche Europa sowie nach Amerika im ersten Teil der Chronologie (Seite 43 bis 61) zuteil wurde, darf die Situation in Asien nicht unerwähnt bleiben.

Feierabend in der Vespa-Fabrik: Nicht in Pontedera, sondern in Singapur aufgenommen.

In Asien, vor allem in den südostasiatischen Ländern, fand die Vespa ideale klimatische und vor allem auch soziologische Bedingungen vor, die ihre Verbreitung im großen Rahmen zweifellos gefördert haben. Man hat dort keine Scheu, zu dritt oder zu viert auf dem Roller zu fah-

Ape 250 von 1970 vor einem italienischen Supermarkt.

Rechts: Die kleinste Ape, das Modell 50, auf der Piazza des Städtchens Levanto.

ren, ihn bis an die Grenzen des Möglichen zu beladen, zudem ist er eine ideale Riksha-Zugmaschine — in Indien wie in Laos, Kambodscha, Vietnam, Malaysia, Thailand und Indonesien.

Ein Großteil der dort verkehrenden Scooter stammt aus der Vespa-Produktion in Singapur, wo die East Asiatic Company in Jurong 1965 mit dem Rollerbau begonnen hatte. Innerhalb von fünf Jahren wurden dort mehr als 10.000 Stück hergestellt, die meisten für den Export in die Nachbarstaaten. Es handelte sich hierbei um die Modelle 150 Super und 150 Sprint. In Indonesien arbeitete Piaggio eng mit der P.T. Danmotors zusammen, die ihrerseits mit der East Asiatic Company geschäftlich liiert waren.

In Patalin Jaya bei Kuala Lumpur in Malaysia arbeitete in den siebziger Jahren ein weiterer Lizenznehmer, der zur East Asiatic Company gehörte und diesen Markt ebenso wie das Sultanat Brunei bedient.

Auch auf Taiwan gab es 1965 zwei Montagewerke, die Taiwan Vespa Co. und die Chung Hwa Vespa Co., die mit großen Steigerungsraten Motorroller produzierten und verkauften.

Die Alternative zum Vespa-Roller: Der Piaggio Boxer mit stufenlosem Getriebe, für viele Jahre ein Erfolgsmodell auf dem Moped/Mofa-Markt.

1971

Als wichtigtes Ereignis ist die Ergänzung der Moped/Mofa-Baureihe Ciao durch den erfolgreichen Boxer zu vermerken, der für viele Jahre das Erfolgsmodell seiner Klasse darstellt. Er ist mit dem Ziel entwickelt worden, nicht nur in der Stadt auf guten Straßen bewegt zu werden, sondern auch auf Schotterpisten und Sandwegen seine Fahrstabilität bei einem hohen Fahrkomfort beweisen.

Daß bei Piaggio gerade die jüngeren Altersklassen der Vespa-Fahrer als Zielgruppe ins Visier genommen wurden, läßt sich auch an einer weiteren Verbesserung der 50er- und 90er-Modelle ablesen. Neu auf dem Markt sind 1971 die potenteren Modelle Sprinter und Racer, die bis 1973/1974 im Programm bleiben.

Der Sprinter in der 50-ccm-Hubraumklasse wird von 1971 bis 1973 in kleiner Stückzahl mit den Seriennummern V5SS2T 4001 bis 4515 hergestellt. Nach einjähriger Pause lebt er 1975 bis 1979 für Deutschland als Modell 50 SR wieder auf. Seine technischen Daten lauten: Bohrung 38,4 mm, Hub 43 mm, Hubraum 49,77 ccm, Verbrauch 1 Liter 2-Prozent-Mischung auf 47 km, Höchstgeschwindigkeit 73 km/h, Steigfähigkeit 24 Prozent. Wie das Modell 50 N hat er einen runden Scheinwerfer und die klassische Lenkerpartie.

Die Ergänzung in der 90-ccm-Hubraumklasse ist der Racer, der von 1971 bis 1974 gebaut wird und die Seriennummern V9SS2T 7001 bis 10516 trägt. Seine Spezifikationen sind: Bohrung 47 mm, Hub 41 mm, Hubraum 88,5 ccm, Höchstgeschwindigkeit 90 km/h, Verbrauch 1 Liter auf 38 km, Reichweite 220 km und eine maximale Steigfähigkeit von 30 Prozent.

1972

1972 gibt es erstmals eine Vespa mit elektronischer Zündung anstelle der klassischen mit Unterbrecherkontakt. Dies ist die Vespa 200 Rally electronic, die bis 1979 im Programm bleibt. Als VSE1T mit den Seriennummern 001001 bis 0042275 ist sie das Kraftpaket im Hause Piaggio (Bohrung 66,5, Hub 57 mm, 197,97 ccm) mit einer Höchstgeschwindigkeit von 110 km/h und einer Steigfähigkeit von 40 Prozent. Aus dem Stand läßt sich die Zweihunderter in 10,7 Sekunden auf 80 km/h beschleunigen. Weitere Kennwerte: Verbrauch 3 Liter 2-Prozent-Gemisch auf 100 km, Reichweite 267 km, Tankvolumen 8,2 Liter, Länge 1770 mm, Breite 670 mm, Höhe 1070 mm, Radstand 1230 mm, Leergewicht 107 kg, Bereifung 3,5 x 10 Zoll. äußerlich ist dieser Roller auch an markanten Streifen am vorderen und hinteren Kotflügel zu erkennen. Bevorzugte Lackierungen waren Orange, Gelb, Schilf.

Dieses in Deutschland unter der Bezeichnung 200 Rally angebotene Modell stellt gegenüber den italienischen Werksangaben eine etwas gedrosseltere Ausführung dar. Als Höchstgeschwindigkeit werden 101 km/h und als Normverbrauch 3,5 Liter genannt; die Leistung gibt Augsburg mit 12 PS bei 5700/min an. Der versteuerbare Hubraum beträgt nach der bei uns üblichen Formel 193 ccm bei gleichem Maß für Bohrung und Hub. Noch ist die elektrische Anlage mit einer 6-Volt-Batterie ausgestattet.

Die Gunst der Käufer in Deutschland wandte sich indessen verstärkt den kleinen Modellen zu. Das Programm in der 50-ccm-Klasse umfaßt in diesem Jahr vier Modelle, nämlich das Auslaufmodell 50 N, die 50 N Spezial, die 50 N Elestart und die 50 Sprinter. Abgerundet wird das Programm durch die Typen 90 Super Sprint,

Rechts: Vespa-Kuriere vor dem Münchner Olympiastadion 1972 (Rally 180, 50 N Spezial).

Unten: Vespa Rally 200 electronic mit elektronischer Zündung.

Links: Vespa Car mit 400-ccm-Motor und elektrischem Anlasser als Pritschenfahrzeug.

Oben der Scheinwerfer der 50 N Spezial, darunter 50 N / 50 Sprinter.

Unterbringung der Batterie beim Elestart-Modell auf der linken Fahrzeugseite.

Werbefahrzeug eines Berliner Vespa-Händlers.

Vespa 125 Primavera, 150 Sprint und 180 Rally. In der Werbung heißt es stolz: Über 4 Millionen Roller beweisen den weltweiten Erfolg der Vespa«.

Im Nutzfahrzeugbereich hat Piaggio mit der Präsentation des Vespa Car nunmehr endgültig den Schritt vom Lasten-Motorrad zum Kleinlaster vollzogen. Nichts außer den drei Rädern deutet mehr auf die konstruktive Vergangenheit dieses Fahrzeugs hin. In Italien ergänzt das Vespa Car die Ape-Modelle 50, 250, 400 R, 500 MP, 600 MP und 600 MPV. Auf dem deutschen Markt hat sich für den dort angebotenen 600 MPV die Bezeichnung »Vespa Transporter« eingebürgert.

1973

In diesem Jahr laufen in Pontedera die letzten Roller der Modellreihen 180 Rally und 125 GT (im Export als Sprint bezeichnet) vom Band, auch wird die Produktion der 50 Sprinter für ein Jahr unterbrochen, bevor dieser Roller nach einjähriger Pause als Modell 50 SR aufersteht.

Das zentrale Thema der Vespa-Berichterstattung in der Presse aber ist kein Roller, sondern das Modell Bravo, das neben dem Ciao und Boxer das Angebot der Mopeds und Mofas abrundet.

Auf dem Gebiet der Boots- und Schiffsmotoren hat Piaggio in diesem Jahr einen Strahlantrieb, genannt »Hydrojet«, entwickelt, der in den Bootsmotoren Piaggio-Berkeley KS 150 zum Einbau kommt.

1974

Auch in diesem Jahr lebt Piaggio von den Früchten der vergangenen Jahrzehnte. Ein neues Modell wird nicht vorgestellt, man reduziert sogar das Programm: Es werden die Modelle 150 Sprint (seit 1965 gebaut) und 90 Racer (ab 1971 auf den Bändern) letztmalig produziert.

1975

Die speziell für den deutschen Markt hergestellte Vespa 50 SR gilt als der schnellste 50-ccm-Roller mit Vierganggetriebe: seine Höchstgeschwindigkeit beträgt 73 km/h. Er wird bis 1979 gebaut (V5SS2T 10001 bis 10579), bleibt mit 574 Exemplaren ein Exote unter den Vespa-Rollern.

Und noch immer gibt es eine Hundertfünfundzwanziger: Als Weiterentwicklung der Vespa 125 GT (Vespa Sprint), die man 1973 aus dem Programm nahm, gibt es von 1975 bis 1978 die Vespa 125 TS (VNL3T 1101 bis 29804).

Oben links: Die Bravo, das Ciao- und Boxer-Angebot Piaggios ideal ergänzend.

Links: Vespa 50 SR, gebaut von 1975 bis 1979 – mit 73 km/h der schnellste 50-ccm-Roller mit Vierganggetriebe.

1976

Im Piaggio-Werk Pontedera, inzwischen auf eine Fläche von 333.512 Quadratmeter angewachsen, produzieren etwa 7200 Beschäftigte außer Vespa-Rollern auch die Mofa/Mopeds der Baureihen Ciao, Bravo und Boxer, die Lastendreiräder Ape und Vespa Car sowie Bootsmotoren. Der tägliche Gesamtausstoß beträgt 2500 Einheiten.

Im Export gilt Flexibilität: Hergestellt werden sowohl komplette Roller als auch Teile-Baugruppen zur weiteren Montage sowie Einzelteile zur Gesamtmontage im Ausland. Eine Sonderstellung nehmen jene Firmen ein, an denen Piaggio kapitalmäßig beteiligt ist, wie die Vespa of America Corporation in San Francisco und die deutsche Vespa GmbH in Augsburg. Schließlich gibt es noch die Motovespa S.A. in Madrid, die Teile zur Montage und Produktion ausgewählter Modelle direkt ab Werk bezieht.

Japanische Rollernostalgie: Mehr als anderswo pflegt man in Nippon seit vielen Jahren den Vespa-Kult.

Auch nach Afrika haben die Exporte inzwischen stark zugenommen. Die Piaggio-Unterlagen für 1976 vermerken allein 32 afrikanische Länder, in denen Vespa-Produkte verkauft werden oder wo Montagen stattfinden.

Als einziges neues Modell gibt es in diesem Jahr die Vespa 125 Primavera ET3 als Weiterentwicklung der 125 Primavera, die auch heute noch unter anderem für den Export nach Japan produziert wird. Ihre Seriennummern lauten VMB1T 1101 bis VMB1T 148923 Ende 1990. Für die Vespa 50 Elestart ist es das letzte Produktionsjahr.

Wie bereits im Kapitel über das Vespa-Clubgeschehen vermerkt, genießt Vespa-Fahren in Japan einen besonderen Stellenwert und eine eigene Lebensphilosophie. Begonnen hat die Berührung mit der auch für japanische Enthusiasten unsterblichen Vespa Ende der vierziger Jahre, als die ersten Exemplare von US-Soldaten aus Europa zum pazifischen Militärstützpunkt Okinawa gebracht wurden. Erst 1954 begann der offizielle Import aus Italien durch die Huyu Trading Co. Die erste Lieferung umfaßte 15 Exemplare des Typs GS 150, silberfarben, angeboten zu einem Stückpreis von 265.000 Yen.

Seit 1977 ist die japanische Firma Y. Narikawa & Company Ltd. Alleinimporteur für Piaggio-Produkte; etwa 70.000 Vespa-Roller bewegen sich inzwischen auf Japans Straßen. Das Fieber für nostalgische Modelle läßt sich am besten daran ermessen, daß — so unglaublich es klingt — die Japaner noch im Jahre 1993 brandneue Vespa-Modelle der Typen Vespa 50 S, 100 und 125 Primavera ET3 kaufen können, die in Pontedera eigens für Japan gebaut werden. Daneben gibt es natürlich auch die aktuellen Modelle PX 200 E und Cosa 200.

Da in den siebziger Jahren die Relation des Yen zu europäischen Währungen sehr schwach war, erreichten nur wenige Modelle der P-Baureihe Japan. Heute sind dies begehrte Liebhaberstücke. Vespa-Zubehörshops wie die Vespa Garage Yasojima in Osaka und der Laden Tokyo Vespa in Tokio bieten japanischen Vespa-Fans alles, was sie für ihre Lieblinge benötigen, und wenn es die ausgefallensten Tuning-Sets sind.

Vespisti in Deutschland wären begeistert, wenn sie auch hier bei deutschen Oldtimer-Treffen und in Spezialbuchhandlungen das 144 Seiten starke und aufwendig vierfarbig gestaltete Vespa Style Handbook kaufen könnten, denn auch ohne Kenntnis der japanischen Schriftzeichen ist das Durchblättern eine wahre Augenweide.

1977

»Vespa nuova linea — Vespa neue Linie« so lautet die Zauberformel aus Pontedera, die in diesem Jahr wieder Schwung in die Modellpolitik bringt. Mit der neuen PX-Baureihe wird der Abwärtstrend beim Roller gebannt. Die modernisierten, stilistisch überarbeiteten Karosserien sprechen die junge Generation an und werden zum Erfogsrezept der siebziger und achtziger Jahre.

Die überarbeiteten Baureihen betreffen in diesem Jahr die 125er und die 200er Modelle; die 150-ccm-Klasse folgt ein Jahr später. In Deutschland wird diese Baureihe nicht vor Oktober 1978 eingeführt.

Wesensmerkmale der neuen Vespa-Generation sind eine neue Vorderradführung mit verkleidetem Federbein, eine abnehmbare Steuerrohrabdeckung und ein horizontal teilbarer Lenker. Serienmäßig weisen alle Modelle ein abschließbares Gepäckfach auf. Neu sind auch die Kontrolleuchten für Licht, Blinker und Zündung. Die Blinker sind vorn rechts und links am Frontschild angebracht. Durch die Verlängerung des Federweges von 70 auf 90 mm hat man die Bodenfreiheit verbessert. Erleichtert wurde auch

Vespa P 200 E, das Spitzenmodell der »Neuen Linie«, ab 1978 auch in Deutschland verkauft.

Rechts: Vespa P 200 E, das deutsche Spitzenmodell mit 10 PS.

Vespa P 200 E im Detail:
(1) Blinker hinten
(2) Schlußleuchte
(3) Sitzbankschloß
(4) Sitzbank
(5) freier Durchstieg
(6) Gepäckfach
(7) Zündschloß, Kontrolleuchte, Tachometer
(8) Scheinwerfer
(9) Blinker vorn
(10) Federbein
(11) Steuerrohr
(12) Karosserie
(13) Bremspedal
(14) Motor
(15) elektron. Zündung
(16) Kickstarter
(17) Schaltsegment
(18) Federbein
(19) Motorlagerung
(20) Gepäckhaken
(21) Helmfach
(22) Signalhorn
(23) Choke
(24) Benzinhahn

die Bedienung: Es gibt eine handlichere Startvorrichtung, neue Schaltzüge und Schaltrasten sowie ein am Boden gelagertes Bremspedal. Serienmäßig sind von jetzt an auch die großen Modelle mit einer 12-Volt-Anlage ausgerüstet.

In der kleineren Hubraumklasse wird die neue Reihe durch das Modell P 125 X angeführt, das bis 1982 auf dem Markt bleibt. Es trägt im ersten Jahr die Seriennummern VNX1T 1001 bis 5004 und hat noch den Motor VNL3M des Modells 125 TS. Danach folgen ab 1978 die Nummern VNX1T 5005 bis 198248.

Der 123-ccm-Motor leistet 9 PS (6 KW) bei 5600/min; angegeben wird eine maximale Steigfähigkeit von 38 Prozent und eine Höchstgeschwindigkeit von 86 km/h. Mischung nach wie vor 1:50, Bereifung 3,50 x 10 Zoll, Länge 1760 mm, Breite 700 mm, Höhe 1110 mm, Tankinhalt 8 Liter, Normverbrauch 2,8 Liter, Gewicht 105 kg.

Das Spitzenmodell der neuen Linie ist die Vespa P 200 E, erkennbar an den Seriennummern VSX1T. Die ersten Nummern VSX1T 100 bis 1700 bleiben speziell für den amerikanischen Markt reserviert. Für alle anderen Märkte werden von 1977 bis 1982 die Nummern VSX1T 1101 bis 160000 vergeben. Nachfolgemodell in dieser Reihe ist 1982 bis 1983 das Modell PX 200 E (Seriennummern VSX1T 160001 bis 184910) und ab 1983 das Modell Arcobaleno (Seriennummern VSX1T 300001 bis 424579 Ende 1990).

In der italienischen Version dieses Rollers ist der 12-PS-Motor der Vespa Rally 200 VSE1M eingebaut; für den deutschen Markt hat Piaggio aus Versicherungsgründen eine gedrosselte 10-PS-Version entwickelt, der Motor VDE1M. Eine ungedrosselte 12-PS-Version kommt in Deutschland erst 1985 unter der Bezeichnung PX 200 E GS »Grand Sport« auf den Markt.

Der 197-ccm-Motor leistet in der gedrosselten Version 10 PS (7kW) bei 5000/min, gut für eine Höchstgeschwindigkeit von 100km/h, bei einer maximalen Steigfähigkeit von 42 Prozent. Die Länge dieses Rollers beträgt 1760 mm, die Breite 700 mm, die Höhe 1110 mm, der Tankinhalt 8 Liter, Normverbrauch 3,5 Liter, das Leergewicht 109 kg.

An dieser Stelle soll noch einmal in Erinnerung gebracht werden, daß es als Aufgabenstellung so gut wie unmöglich ist, eine internationale Vespa-Typologie mit sämtlichen Modellvarianten und deren technischen Daten chronologisch aufzubauen, da das Basisprogramm von Pontedera je nach Importland und gesetzlichen Bestimmungen stets unterschiedlich zusammengestellt, benannt und auch laufend modifiziert wurde. So bestand zum Beispiel im Jahr 1977 das Importprogramm der Josef Faber GmbH in Österreich aus den Modellen 50 special (mit italienischem Monopostositz), Vespa 125 GTR, Vespa 125 TS, Vespa 150 Sprint V. und Vespa Rally. Demgegenüber bot die Vespa GmbH in Augsburg die Modelle Vespa 50 N, Vespa 50 N Spezial (in anderer Schreibweise und mit klassischer Zweiersitzbank), Vespa 50 SR, Vespa 125 Primavera, Vespa 150 Sprint Veloce und Vespa 200 Rally electronic an. Pontedera hat allein im Jahr 1977 14 Basismodelle in Produktion. Von den Piaggio-Fließbändern rollen in diesem Jahr 650.000 Einheiten — die Zahl von 6 Millionen Vespa-Motorrollern ist inzwischen weit überschritten.

1978

Die Komplettierung der neuen PX-Baureihe wird in Italien ein Jahr nach der Präsentation der Modelle P 125 X und P 200 E mit der Vespa P 150 X vollzogen. Äußerlich weist sie die gleichen Abmessungen und Stylingbesonderheiten wie ihre Schwestern auf. Die geänderten Motordaten lauten: 6000/min, Höchstgeschwindigkeit 90 km/h, maximale Steigfähigkeit 40 Prozent, Normverbrauch 3,0 Liter und Leergewicht 105 kg.

Ähnlich wie bei der PX-Baureihe in der 200-ccm-Hubraumklasse unterscheidet man auch bei den 150er PX-Typen im Laufe ihrer Produktionszeit drei verschiedene Modelle, die alle das gleiche Prefix VLX1T tragen. Was die in Italien gefertigten Modelle betrifft, so gilt folgendes: Von 1978 bis 1981 gibt es das Modell P 150 X mit den Nummern VLX1T 1101 bis 346402; noch im gleichen Jahr folgt das Modell PX 150 E bis ins Jahr 1984 mit den Nummern VLX1T 346403 bis VLX1T 537037, während das Schlußmodell in dieser Baureihe, das von 1983 bis heute produziert wird, PX 150 E Arcobaleno heißt und an den Seriennummern VLX1T 600001 bis 803233 (Ende 1990) zu erkennen ist.

1978 wird dieses Modell P 150 X für China mit dem traditionellen 150er Motor bestückt. Zu vermerken ist, daß das Modell PX 150 E ab 1985 in Taiwan (VLX1T 537038 bis VLX1T 552410) und von 1985 bis heute auch in Lohia/Indien (VLX1T 2000001 bis VLX1T 2821048, Stand Ende 1990) vom Band läuft.

Daneben gab es als Weiterentwicklung der Vespa 150 noch das Modell P 150 S (VBX1T 1101 bis VBX1T 299155, Stand Ende 1990), das ab 1989 nicht mehr in Italien, sondern nur noch in Lizenz im Ausland gefertigt wurde.

Eine weitere Rarität stellt die Erweiterung der kleinen Modelle durch eine Vespa 100 dar, die vornehmlich in den Export geht und heute ebenfalls noch in

Vespa P 125 X mit Zubehör: Die Windschutzscheibe gehört nach wie vor dazu, aber auch maßgeschneiderte, abschließbare Koffer sind im Programm.

4,40 Meter lange und 2,80 Meter hohe Riesenvespa P 200 E als Blickfang auf der 1978er IFMA.

Das erregt auch in Italien Aufsehen: Zwei flotte Scootermädchen auf Vespa 100, ein Roller, der hauptsächlich für den Export gebaut wurde.

Japan erhältlich ist. Der 96,12-ccm-Motor mit einer Bohrung von 49 und einem Hub von 51 mm schafft eine Spitze von 70 km/h. Bis 1983 findet die Produktion in Italien (V9B1T 1101 bis 28904) statt. Von 1983 bis heute wird in Indien dieser Scooter bei der Firma A.P.S.L. produziert (VSB1T 50001 bis 107758).

Ab Herbst 1978 werden die Roller der »neuen Linie« endlich auch in Deutschland angeboten. Die Vespa P 125 X in Orange kostet 2474 Mark, die Vespa P 150 X in Blau 2674 Mark (kann allerdings erst ab Januar 1979 ausgeliefert werden) und die Vespa P 200 E in Silber für 2974 Mark. Für alle drei Rollermodelle ist der Führerschein 1 erforderlich. Neben diesen Neuheiten bietet Vespa Augsburg die Modelle Vespa 50 N und Vespa 50 N Spezial in Orange, die Vespa 50 SR und die Vespa 125 Primavera in Blau an.

1978 bedeutet für die Vespa 125 TS (ab 1975 gebaut) und die Vespa 125 GTR (seit 1968 im Programm) das Ende der Produktion.

1979

Nach den Markterfolgen der neuen Vespa-Generation findet in diesem Jahr eine Bereinigung der Produktpalette statt. In Italien laufen die Modelle Vespa 150 (ihr Nachfolger ist die Vespa 150 S), Vespa 150 Sprint Veloce und Vespa Rally 200 letztmalig vom Band. Auch der speziell für Deutschland produzierte Renner Vespa 50 SR läuft 1979 aus.

Für deutsche Vespa-Kunden gibt es in diesem Jahr nur einige Ausstattungsneuheiten. Das Angebot lautet: Vespa 50 N unverändert in Orange, Vespa 50 N Spezial in Blau und Orange. Neu ist eine Vespa 50 N Spezial mit vorderer und hinterer Blinklichtanlage in 12 Volt; die Karosserielackierungen sind Silbermetallic und Blau. In dieser Version kostet die 50 N einen Aufpreis von 198 Mark. Die 12-Volt-(21-Watt)-Anlage bedeutet für den Fahrer bei Dunkelheit mehr Sicherheit und ist völlig wartungsfrei. Für die Roller P 125 X bleibt es beim Orange, für die Vespa P 150 X beim Blau. Die Vespa P 200 E ist nun jedoch auch in der beliebten Farbe Orange erhältlich.

Bei den Mofa/Mopeds gibt es in diesem Jahr mit der "Si" eine weitere technische Neuentwicklung neben den bereits bewährten Modellen Ciao, Bravo und Boxer. Dieses Moped für hohe Ansprüche ist erstmals serienmäßig mit einer stufenlosen Schaltautomatik ausgestattet.

Als Fortentwicklung des Vespa Car kommt 1979 das konstruktiv verbesserte Modell P2 auch auf den deutschen Markt und wird in den Ausführungen Pritsche, Kasten, Kipper und Müllkipper zum Preis von 5565 bis 7375 Mark geliefert.

In Augsburg geht am 10. November 1979 mit dem Tod von Dr. Heinrich Simon, auch »Mr. Vespa« genannt, eine Ära zu Ende. Simon war seit 24 Jahren Geschäftsführer der Vespa GmbH in Augsburg und damit wesentlich am Erfolg und der zunehmenden Marktposition der Piaggio-Produkte in Deutschland beteiligt. Sein Nachfolger wird der bisherige stellvertretende Geschäftsführer Erwin Daßler. 1978 weist die Bilanz der Vespa GmbH einen Umsatz von über 31 Millionen Mark auf; im Mofa-Bereich hat Vespa einen Marktanteil von über 6,5 Prozent erreicht.

Unten: Die von Piaggio offerierte Modellpalette der Basistypen des Jahres 1979.

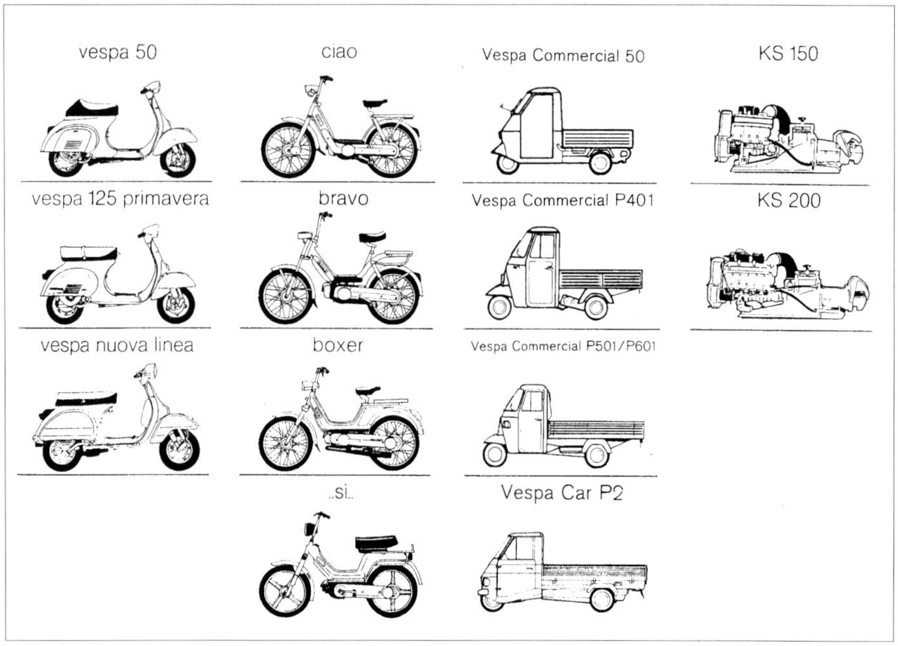

1980

Aus der Vielzahl der Lizenznehmer wird die weltweite Konzernstruktur von Piaggio deutlich: In zehn Ländern außerhalb Italiens werden Zwei- und Dreiradfahrzeuge nach italienischem Baumuster produziert, nämlich in Kolumbien, Uruguay, Indonesien, Malaysia, Pakistan (hier sind es zwei Werke), Singapur, Taiwan (zwei Betriebe), Kamerun, Nigeria und Korea. Außerdem betreibt Piaggio Tochtergesellschaften in Spanien und Mexiko mit Produktionsanlagen beachtlicher Größe. Die Firmengruppe unterhält Beziehungen zu 120 Ländern und ist nach den Japanern Honda, Suzuki und Yamaha Vierter in der Weltrangliste der Hersteller motorisierter Zweiräder.

Im italienischen Mutterland verfügt Piaggio inzwischen über sieben Werke mit 14.500 Beschäftigten. Die Verwaltung befindet sich im Hauptsitz in Genua; die Industriebetriebe sind außer in Pontedera in den Städten Arcore, Pisa, Mortellini, Lugnano und Atessa. Zwei Datenverarbeitungszentren gibt es in Genua und Pontedera. Allein im Jahr 1980 werden insgesamt 945.000 Fahrzeuge unter dem Piaggio-Markenzeichen gebaut, 442.000 davon sind Motorroller. Mehr als 8 Millionen Vespa-Scooter wurden bislang hergestellt.

Durch ein Abkommen mit Bianchi (eine 1885 von Edoardo Bianchi gegründete Firma, aus der eine Automobil- und Motorradfabrik entstand, die unter anderem den berühmten Autobianchi baute und heute im Verbund mit Lancia zum Fiat-Konzern gehört) hat Piaggio einen weiteren Schritt auf dem Zweiradmarkt getan — Bianchi ist einer der größten Fahrradhersteller Italiens. Darüberhinaus gibt es eine gemeinsame Unternehmens-Strategie zwischen Piaggio und dem Zweiradunternehmen Peugeot, die Gilera betrifft und auf den bundesdeutschen Markt ohne Auswirkungen ist.

In Deutschland ebenso wie in anderen Ländern gewinnen im Piaggio-Programm die Vespa-Mofas Bravo, Ciao, Si und Gilera, Ciao und Si auch als Mopeds, sowie die Vespa-Mokicks der 50er Baureihe und die Gilera 50 Touring zunehmend an Bedeutung neben den traditionellen Motorrollern der Neuen Linie P 125 X, P 150 X und P 200 E. Gegen starke japanische Konkurrenz wird der Vespa-Motorroller P 200 E in der Klasse bis 10 PS zum »Motorzweirad des Jahres« gewählt.

Als Neuentwicklung stellt Piaggio 1980 die Vespa P 80/P 80 E vor, die bis 1983 in Produktion bleibt (V8A1T 1101 bis V8A1T 9923). Ab 1982 wird sie in Taiwan als Vespa 80 gebaut.

1981

Als Erweiterung der PX-Baureihe der »Neuen Linie« wird in Pontedera in diesem Jahr in der 80er Hubraumklasse ein Roller mit der Bezeichnung P 80 X mit Kickstarter sowie parallel dazu das Modell PX 80 E mit elektrischem Anlasser vorgestellt; beide Modelle wurden bis 1983 produziert. Die Serienbezeichnungen lauten V8X1T 1101 bis 45710. Das 1983 überarbeitete Modell kommt dann als PX 80 E Arcobaleno auf den Markt, in Deutschland als PX 80 E Lusso bekannt.

Ab Frühjahr 1981 liefert die Vespa GmbH diesen neuen Motorroller Vespa P 80 X der 80-ccm-Klasse mit elekronischer Zündanlage als Leichtkraftrad aus. Entsprechend der neuen bundesdeutschen Führerscheinregelung darf der schnelle Roller mit dem Führerschein der Klasse 3 oder 4 gefahren werden, sofern dieser vor dem 1. April 1980 ausgestellt wurde. Damit entspricht Vespa dem Wunsch zahlreicher Pkw-Fahrer, die sich eine Vespa als Zweitfahrzeug zuzulegen gedachten.

Der 79-ccm-Motor leistet 6 PS (5 kW) bei 6000/min und bringt eine Höchstgeschwindigkeit von 77 km/h. Weitere Daten: Länge 1765 mm, Breite 700 mm, Höhe 115 mm, Tankinhalt 8 Liter, Leergewicht 105 kg, Bereifung 3,50 x 10 Zoll.

Zugleich werden die Schwestermodelle in der Hubraumklassen 125 ccm und 150 ccm überarbeitet und wie die 200er mit elektronischer Zündanlage ausgerüstet. Der Vespa P 125 X folgt bis 1984 die PX 125 E (VNX2T 1101 bis VNX2T) und der P 150 X bis 1985 die PX 150 E (VLX1T 346403 bis VLX1T 552410).

Am 8. August 1981 verstarb in Pisa der Schöpfer des legendären Vespa-Motorrollers, Corradino d'Ascanio, im Alter von 90 Jahren. Es war sein genialer Entwurf

Vespa P 80 X, ein Vertreter der »Neuen Linie« in der 80-ccm-Kategorie, mit Führerschein Klasse 3 zu fahren (sofern vor dem 1. April 1980 erworben, sonst reicht Klasse 4).

gewesen, mit dem in der schweren Zeit nach dem zweiten Weltkrieg in Pontedera die Voraussetzungen für einen neuen Anfang geschaffen wurden und dem die Blüte des Vespa-Rollers in den fünfziger und sechziger Jahren folgte. Auch die Renaissance des Motorollers in den achtziger und neunziger Jahren basierte schließlich auf den Arbeiten dieses begabten Ingenieurs.

1982

In diesem Jahr verzeichnet man einen entscheidenden Schritt in der Modellpolitik des Hauses Piaggio. Neben der Überarbeitung des bewährten PX-Modells P 200 E sind es die neu konzipierten PK-Modelle, die zusätzliche Käuferschichten erschließen sollen.

Von 1982 bis 1985 gibt es die PX 200 E als Nachfolgerin der P 200 E, die an den Seriennummern V5X1T 160001 bis V5X1T 195574 zu erkennen ist. In der italienischen Originalausführung leistet der 197,97-ccm-Motor mit einer Bohrung von 66,5 mm und einem Hub von 57 mm 9,1 kW bei 5700/min, entsprechend 12,4 PS. Die Höchstgeschwindigkeit dieses Rollers beträgt 110 km/h. In Deutschland ist diese Version aus versicherungstechnischen Gründen bis 1985 nicht im Programm, wohl aber in den europäischen Nachbarländern, so zum Beispiel in Belgien, wo sie von der N.V. Vespa S.A. in Overijse importiert wird.

Die neue PK-Baureihe unterscheidet sich von den PX-Modellen weniger durch ihr Bauprinzip als durch ihr Erscheinungsbild und ihre Abmessungen. Die schmale und niedrigere Bauweise ist handlicher im Stadtverkehr und bietet auch weitere Vorteile für den Fahrer. Im Vergleich zu dem fast liegend eingebauten PX-Motor ragt der Zylinder bei den PK-Modellen in einem Winkel von etwa 45 Grad nach oben und wird von den breiten Falzflächen der Karosseriebacke eingerahmt. Allerdings sind Wartungsarbeiten dadurch etwas schwieriger.

Eine Unterscheidung der beiden Baureihen ist relativ einfach. Das Piaggio-Emblem befindet sich bei der PK nicht

Links: Die Vespa P 200 E war die Vorgängerin der PX 200 E, noch mit dem Piaggio-Logo im Hupengrill.

Unten: Noblesse der achtziger Jahre – Vespa PK 80 S und die geringfügig größere P 80 X (rechts).

Ganz links das Heck der PK, links zum Vergleich die Vespa PX.

mehr auf der Abdeckung des Signalhorns, sondern wanderte nach oben ans Frontschild, wo bei den PX-Modellen bislang der Piaggio-Schriftzug angebracht war. Der Schriftzug ist jetzt etwas oberhalb der kantigeren Verkleidung angebracht. Durch die veränderte Karosseriegestaltung der hinteren Backen veränderte sich auch Form und Position des Blinker am Heck sowie die Zugänglichkeit zum Motor. Der Gepäckkasten innerhalb des Frontschildes hat seine rundlichen Formen abgelegt, auch Lenker und Scheinwerfer wirken zierlicher. Anstelle der 3,50 x 10-Zoll-Reifen sind schmalere der Dimension 3,00 x 10 montiert.

Rechts: Vespa PK 125 S Electronic 3, die 1983 mit elektrischem Anlasser geliefert wurde.

Die neue PK in der 50er Hubraumklasse kommt in Italien 1982 in zwei Variationen auf den Markt: Dies sind die Vespa PK 50 als Kickstartermodell (V5X1T 1101 bis V5X1T 17512) gebaut bis Ende 1988 — wobei die Produktion des Jahres 1988 (V5X1T 17203 bis 17512) nur noch nach Deutschland geliefert wird — und die Vespa PK 50 S mit zusätzlichem Gepäckfach hinter dem Frontschild und serienmäßiger Vierfach-Blinkanlage (V5X2T 1101 bis V5X2T 221578 Ende 1986), ebenfalls mit Kickstarter. Die ersten Exemplare mit den Seriennummern bis 28492 haben noch den Motor V5X1M. Beide Modelle kommen indes erst ein Jahr später auf den deutschen Markt. 1983 folgt in Italien das Modell PK 50 SS mit einem stärkeren Motor, Gepäckfach und Vierfach-Blinkanlage.

In der 80er Hubraumklasse heißt die Neuentwicklung Vespa PK 80, äußerlich der Vespa PK 50 S ähnelnd; sie ist von 1982 bis 1986 in der Produktion (V8X5T 1101 bis V8X5T 6214). Bereits im September des gleichen Jahres wird sie auf dem deutschen Markt in zwei Varianten vorgestellt, nämlich als Kickstartermodell oder alternativ mit Elektrostarter (genannt PK 80 S Elestart) ausgerüstet. Der 77-ccm-Motor leistet 4 kW bzw. 5 PS bei 6000/min und ist für 76 km/h gut. Die Maße lauten: Länge 1690 mm, Breite 700 mm, Höhe 1070 mm, Tankinhalt 5,8 Liter, Verbrauch 2,9 Liter, Leergewicht 89 kg.

Ein 100-ccm-Roller ist die ebenfalls in diesem Jahr neu herausgebrachte und bis heute produzierte Vespa PK 100 S, die aber nicht in Deutschland erhältlich ist. Ihre Seriennummern lauten V9X1T 1101 bis V9X1T 69175 Ende 1990.

Eine kürzere Bauzeit haben die beiden neuen Modelle in der 125-ccm-Hubraumklasse. Es sind dies die Vespa PK 125, gebaut von 1982 bis 1985 (VMX1T 1101 bis VMX1T 8378), und die PK 125 S mit Gepäckfach und Vierfach-Blinkanlage, die bis 1986 produziert wird (VMX5T 1101 bis VMXT 62606). Ein Jahr später wird sie durch eine Variante mit elektrischem Anlasser ergänzt (VMX5T 3000001 bis 3009297). Der 121,17-ccm-Motor mit den Abmessungen 55 x 51 mm bringt eine Höchstgeschwindigkeit von 90 km/h (PK 125) bzw. 93 km/h (PK 125 S).

Zuletzt ein kurzer Überblick über das Gesamtangebot in Deutschland. Bis zum September 1982 sind sechs Grundmodelle im Programm: Die Vespa 50 N, Vespa 50 N Spezial, Vespa P 80 X, Vespa PX 125 E, Vespa PX 150 E und Vespa P 200 E. Im Herbst 1982 folgen dann die beiden ersten Modelle der Vespa PK 80 S und Vespa PK 80 S mit Elektrostarter.

Demgegenüber wirkt das Angebot der Rollag AG im Januar 1982 für die Schweiz konservativ: Es umfaßt lediglich die Vespa 50 N, Vespa 50 Special, Vespa 125 Primavera, Vespa 125 ET3 und Vespa P 125 X.

1983

Das umfangreiche Programm der PK- und PX-Roller erfährt in diesem Jahr in allen Hubraumklassen eine intensive Modellpflege. Es gibt allein 13 neue Modellvarianten, wobei bei den PX-Modellen erstmals die Ausführungen »Arcobaleno« — auf deutsch »Regenbogen« — und die »Automatica« mit stufenloser Getriebeautomatik, erhältlich beim Modell PK 125 S, vorgestellt werden. Die Arcobaleno kommt in Deutschland als »Lusso« auf den Markt.

Die Überarbeitung der PX-Modelle in allen Hubraumklassen (80, 125, 150 und 200) bedeutet bei den neuen Arcobaleno-Modellen (Lusso) in Kurzform: Elektrostarter, neue Bremsen, neue Instrumentierung und eine neue Frontpartie.

Sämtliche Modelle sind nunmehr serienmäßig mit einem elektrischen Anlasser ausgestattet, der durch einen Knopf rechts am Lenker bedient wird. Bei diesen Modellen ist die Batterie zusammen mit dem Reserverad unter der linken

1983er Vespa PX Arcobaleno mit neuem Frontdesign.

Links: Die elegante Vespa PK 125 S mit Getriebeautomatik.

Rechts: Das Tachometer der PX Arcobaleno als Kombi-Instrument.

Rechts: Die Vespa PX 125 E Lusso, deren Zweitaktmotor mit Getrenntschmierung arbeitet.

»Backe« angebracht. Die Diebstahlsicherung, die den Lenker blockiert, wird mit dem Zündschlüssel bedient. Die Vorderradbremse hat eine Vorrichtung erhalten, die ein automatisches Nachstellen der Bremsbacken bewerkstelligt und gleichzeitig eine stets simultane Wirkung der Bremsbacken gewährleistet. Eine von Hand drehbare Nachstellschraube am Bremskabel erlaubt die Feinregulierung des Spiels zwischen Bremsbacken und Trommeln.

Eingelassen in die neugestaltete Lenkerverkleidung sind der Geschwindigkeitsmesser mit Kilometerzähler und Kraftststoffanzeiger, die Ladekontrollampe, die Treibstoff-Reserveanzeige sowie Kontrollampen für Blinker, Abblend- und Fernlicht. Zu den Verbesserungen zählen ein größeres Gepäckfach, ein breiterer Sitz und eine verbesserte Fußablage.

Die Modelle PX 80 E Arcobaleno (Lusso) tragen die Seriennummern V8X1T 100001 bis V8X1T 112348 Ende 1990. Der Motor hat 79,77 ccm Hubraum (46 x 48 mm); das Werk gibt 75 km/h Höchstgeschwindigkeit und eine Steigfähigkeit von 32 Prozent an.

Beim Modell Vespa PX 125 E Arcobaleno (Lusso) lauten die Seriennummern VNX2T 200001 bis 284846 Ende 1990. Dieser Motor hat 123,4 ccm Hubraum (52,4 x 57 mm): die Höchstgeschwindigkeit beträgt 95 km/h, die Steigfähigkeit 40 Prozent.

Die Modelle PX 150 E Arcobaleno (Lusso) sind an ihren Seriennummern VLX1T 600001 bis 803233 Ende 1990 zu erkennen. Der Motor hat 149,56 ccm Hubraum (57,8 x 57 mm); Höchstgeschwindigkeit 100 km/h, Steigfähigkeit 40 Prozent. Das Topmodell Vespa PX 200 E Arcobaleno (Lusso) trägt die Seriennummern VSX1T 300001 bis VSX1T 424579 Ende 1990. Der italienische Originalmotor hat 197,97 ccm (66,5 x 57 mm); die Höchstgeschwindigkeit wird mit beachtlichen 110 km/h angegeben, die Steigfähigkeit mit 42 Prozent.

Erstmals wird auch in Indien das Modell PX 100 E von LML (1983 bis 1985) mit den Seriennummern VIX1T 1101 bis VIX1T 44104 gebaut. Hier sei ein Abstecher in die Geschichte der indischen Wespen erlaubt.

Die Firma LML war ursprünglich eine Maschinenteilefabrik; die Bezeichnung steht für Lohia Machines Ltd. 1982 gliederte man aus dem Werk in Kanpur, 350 km von New Dehli entfernt, die Scooter Unit aus und rüstete sie zur ausschließlichen Rollerproduktion um. Gleichzeitig beteiligte sich Piaggio finanziell und mit technischem Knowhow an dieser Firma. So kam es auch in Indien zu einer Lizenzfertigung für den heimischen Markt; später ließ Piaggio bis zu 40 Prozent aller PX-Teile in Indien herstellen und zur Montage nach Italien einführen. Als durch Investitionsförderungen durch die indische Regierung im Jahre 1991 eine ausländische Mehrheitsbeteiligung möglich wurde, nahm Piaggio diese Option wahr und stockte seine LML-Geschäftsanteile auf 51 Prozent auf.

Das indische Modell NV entspricht weitgehend der klassischen Vespa PX 150 und ist heute für Nostalgiker und

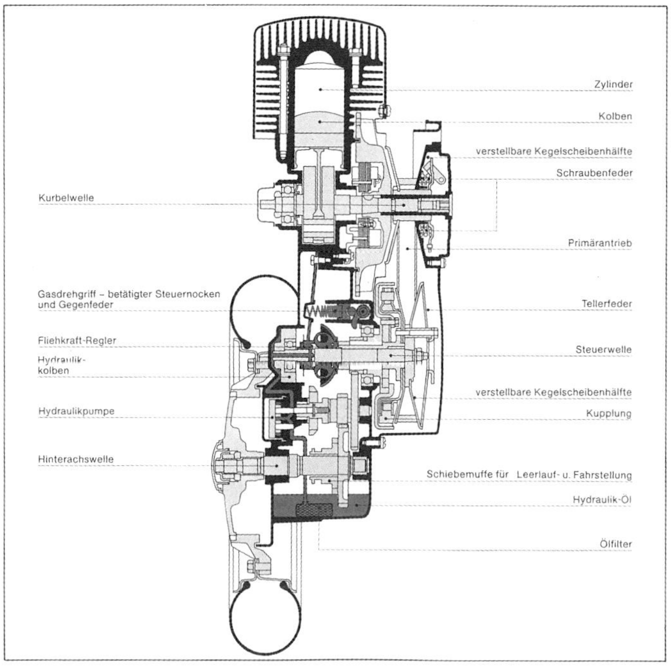

Funktionsschema der stufenlosen Getriebeautomatik, die Piaggio 1983 bei seinen Vespa-Rollern einführte und die auf Anhieb zu einem Schlager wurde.

Rechts: Lizenzproduktion der Vespa in Indien bei der Firma LML, die im Piaggio-Auftrag auch Teile nach Italien liefert.

Vespa-Fahrer mit schmalem Geldbeutel wieder interessant, denn sie kostet etwa ein Viertel weniger als das Originalmodell aus Pontedera. Bei Piaggio wird der Import der indischen Vespa allerdings nicht gerne gesehen. LML-Vespa-Händler werden sogar abgemahnt und bei Fortsetzung ihrer Verkaufsaktivitäten nicht mehr mit Vespa-Originalteilen beliefert, selbst wenn diese in zunehmendem Maße ebenfalls aus Indien kommen. Daneben gibt es aus indischer Produktion die Typen A1 und T5; beide sind mit 150-ccm-Motoren ausgerüstete PX-Modelle. Es ist aber bekannt, daß heute sogar Teile für die Cosa bei LML gefertigt werden, selbst wenn die Einfuhr von in Asien produzierten Teilen für die Produktion in Europa bei Piaggio eher als Firmengeheimnis gehütet wird.

Nach diesem Abstecher zurück zu der Modellpflege der PK-Reihe. Die Mehrzahl der Veränderungen betrifft die Elektrostarter-Varianten der Grundmodelle:

Vespa PK 50 S Elestart: 1983 bis 1986 (V5X2T 3000001 bis 3009325).
Vespa PK 50 SS: 1983 bis 1987 (V5S1T 1101 bis 7172)
Vespa PK 50 SS Elestart: 1983 bis 1986 (V5S1T 3000001 bis 3001208).
Vespa PK 80 S Elestart: 1983 bis 1984 (V8X5T 3000001 bis 3002790).
Vespa PK 100 S Elestart: 1983 bis 1986 (V9X1T 3000001 bis 3000158).
Vespa PK 125 S Elestart: 1983 bis 1986 (VMX5T 3000001 bis 3009297)

Als technische Neuentwicklung stellt Piaggio ein automatisches Getriebe vor, in diesem Jahr zunächst bei der Vespa Automatica PK 125 S erhältlich. Diese Automatik wählt über ein hydraulisches Regelsystem stufenlos das günstigste Übersetzungsverhältnis. Die Hydraulikpumpe arbeitet geschwindigkeitsabhängig und wird über einen Fliehkraftregler gesteuert: Bei zunehmender Geschwindigkeit sorgt die Hydraulikpumpe über einen Hydraulikkolben für eine längere Übersetzung. Alle Automatik-Modelle sind überdies serienmäßig mit Getrenntschmierung ausgerüstet — Benzin und Öl werden separat getankt. Eine vom Motor linksseitig angetriebene und wartungsfreie Kolbenpumpe führt das Motorenöl unvermischt dem Motor zu.

Parallel zu dieser Vespa Automatica PK 125 S (1983 bis 1984: VAM1T 1101 bis 3366) gibt es eine Ausführung mit elektrischem Anlasser, die Vespa Automatica PK 125 S Elestart (1983 bis 1984: VAM1T 3000001 bis 3007758).

Für die Modelle Vespa 125 Primavera, Vespa 50 / R und die Vespa PX 80 E geht in Pontedera die Produktion 1983 indessen zu Ende.

Im Verkaufsprogramm Frühjahr 1983 der Vespa GmbH Augsburg finden sich in der PK-Baureihe die Modelle Vespa PK 50, Vespa PK 50 S, Vespa PK 50 S Elestart, PK 80 S, PK 80 S Elestart, PK 125 S sowie ein umfangreiches Zubehörprogramm. Die PX-Baureihe umfaßt die Modelle P 80 X, PX 125 E, PX 150 E und PX 200 E, ebenfalls mit einem reichhalti-

Werbung für die indische LML-Vespa A1, die in Asien weit verbreitet ist.

Links: Motor mit automatischem, hydraulisch gesteuertem Getriebe der Vespa PK 125 S.

Rechts: Vespa PK 125 S Elestart, in dieser Ausführung von 1983 bis 1986 gebaut. Die Zeiten des Antretens per Kickstarter sind vorbei…

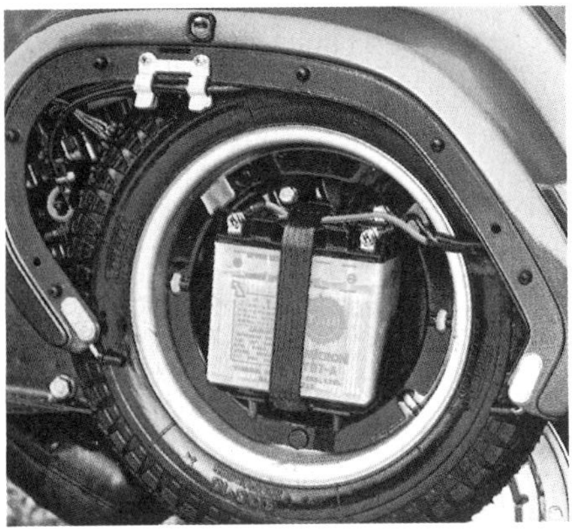

Geschickt hat man bei der Elestart die Batterie in den Felgenraum des Ersatzrades untergebracht.

gen Angebot von Kunststoffkoffern, Spiegeln, Lampenzierringen, Klapp-Gepäckträgern und Windschutzscheiben. Die Automatik-Modelle 50, 80 und 125 kommen erst ein Jahr später dazu.

1984

Die Vespa-Kunden bestimmen einen Trend, der noch höheren Komfort und mehr Bequemlichkeit zum Inhalt hat. Piaggio reagiert in diesem Sinne; so werden nacheinander alle Modelle in den beiden Erfolgsreihen sukzessiv mit dem automatischen Getriebe oder mit dem Elektrostarter modifiziert auf den Markt gebracht. Die Produktionsjahre eines Modells werden dadurch kürzer; neue Modelle folgen in schnellerem Rhythmus. In der PK-Modellbaureihe sind folgende Modelle 1984 neu:

Vespa Automatica PK 50 S: 1984
(VA51T 1101 bis 1352).
Vespa Automatica PK 50 S Elestart: 1984 bis 1986
(VA51T 3000001 bis 3002122).
Vespa Automatica PK 80 S: 1984
(VA81T 1101 bis 2330).
Vespa Automatica PK 80 S Elestart: 1984 bis 1986
(VA81T 3000001 bis 3000737).
Vespa PK 125 ETS: 1984 bis 1985
(VMS1T (1101 bis 12811).

In der PX-Baureihe sind es die Rollermodelle:

Vespa PX 80 Arcobaleno (Lusso) Elestart: 1984 bis 1990
(V8X1T 3000001 bis 3006335).
Vespa PX 125 E Arcobaleno (Lusso) Elestart: 1984 bis 1990
(3000001 bis 3020135).
Vespa PX 150 E Arcobaleno (Lusso) Elestart: 1984 bis 1990
(VLX1T 3000001 bis 3010079).
Vespa PX 200 E Arcobaleno (Lusso) Elestart: 1984 bis 1990
(VSX1T 3000001 bis 3022538).

In Deutschland kommen erstmals die Automatik-Modelle PK 80 S und 80 S mit Elektrostarter sowie die PK 125 S ins Verkaufsprogramm. Auch die neuen PX-Modelle haben den Geschmack der jungen Kunden getroffen. Vespa Augsburg lanciert die Modelle PX 80 E Lusso (auch mit Elektrostarter zu haben), PX 125 E Lusso, PX 150 E Lusso, PK 200 Lusso (wahlweise mit Kick- oder Elektrostarter).

1985

Die Präsentation der Vespa PK 50 XL in der kompakten Modellreihe zeigt ein völlig überarbeitetes Design. Im neu geformten Lenker sind die Kontrolleuchten für Blinker, die Benzinuhr, Benzin-Reserveanzeige, Licht- und Fernlichtkontrolle harmonisch integriert. Auch das Gepäckfach ist mit Zünd- und Lenkschloß in die selbsttragende Karosserie eingearbeitet. Die Hornverkleidung ist schmaler und dynamischer geworden, die Schlitze sind an die seitliche Verkleidung gewandert.

Die italienische Produktionsstatistik zeigt in diesem Jahr den Beginn zweier neuer Modellreihen:

Vespa PK 50 XL: 1985 bis 1990
(V5X3T 001101 bis 00193519).
Vespa PK 50 XL Elestart: 1985 bis 1990
(V5X3T 3000001 bis 3010706).

Der Motor mit 49 ccm Hubraum leistet 2 kW bei 6000/min, hat eine elektronische Zündanlage, Vierfach-Blinkanlage und bringt eine Höchstgeschwindigkeit von 50 km/h. Beide Modelle weisen noch das handgeschaltete Vierganggetriebe auf. Das Automatik-Modell wird erst ein Jahr später vorgestellt.

In der größeren Baureihe gibt es in Italien zwei neue Modelle:

Vespa PX 125 T5: 1985 bis 1990 (VNX5T 1101 bis 37161), ein Sondermodell mit 12 PS, das in Deutschland unverkäuflich war.

Vespa PX 125 T5 Elestart: 1985 bis 1990 (VNX5T 3000001 bis 3005013).

1985 beginnt bei LML in Indien die Großserien-Produktion der PX 150 E Arcobaleno, versehen mit den Seriennummern VLX1T 2000001 bis 2821048 Ende 1990.

Die größte Überraschung in Deutschland ist endlich die Präsentation des Piaggio-Flaggschiffes Vespa PX 200 E Grand Sport mit 12 PS (9 kW) starkem Motor. Das 196-ccm-Triebwerk taugt für eine Höchstgeschwindigkeit von 105 km/h und eine Steigfähigkeit von 42 Prozent. Der Normverbrauch liegt allerdings bei 4 Liter auf 100 Kilometer. Dieses Modell wird mit Kickstarter zum Preis von 4095 Mark in den Farben Weinrot und Weiß angeboten; mit Elektrostarter kostet dieser Roller 4460 Mark.

Gleichfalls neu auf dem deutschen Markt sind die bereits erwähnten Modelle Vespa PK 50 S Automatik mit und ohne Elektrostarter, die Vespa PK 50 S Lusso ebenfalls mit und ohne Elektrostarter sowie die Vespa PK 80 S Lusso. Und um die Auswahl abzurunden, gibt es eine abenteuerliche Vespa im Safari-Look, als Traveller bezeichnet — eine PX 80 E mit einer Spitze von 77 km/h.

Schließlich geht auch Vespa mit dem Trend und weist seine Kunden darauf hin, daß alle Vespa-Motorroller und Mofas bleifreien Kraftstoff vertragen.

Oben: Vespa PX 200 E Grand Sport Lusso, auch mit einem Elektrostarter lieferbar.

Oben: Wie stets, nimmt das Vespa-Zubehör im Verkaufskatalog 1986 viel Platz ein.

Unten: »Safari« nannte sich die zweifarbig ockergelbe Spezial-Vespa PX 80 E, gebaut ab 1985.

1986

Es ist Tagesgespräch in der Zweiradbranche, daß Piaggio die bekannte österreichische Marke Puch übernimmt. Dies bedeutet einen weiteren Schritt zur Komplettierung des Angebots bei Fahrrädern, Mofas und Mopeds und Akquisition zusätzlicher Fertigungskapazitäten außerhalb Italiens.

Die Vespa-Modellpflege betrifft 1986 ausschließlich die PK-Reihe. Erstmals ist die im Design überarbeitete PK 50 XL mit Automatik und Elektrostarter lieferbar. In Italien wird die Automatikversion als »Plurimatic« bezeichneten — in Deutschland kennzeichnet der Schriftzug »automatica« links unterhalb der Doppelsitzbank diese Modelle. Deutsche und italienische Modelle unterscheiden sich auch durch die Form der Sitzbank.

Die Vespa PK 50 XL Plurimatic/Automatik wird von 1986 bis 1989 produziert, ihre Seriennummern lauten VA52T 1101 bis VA52T 4989. Der 48-ccm-Motor leistet 2,5 kW bei 5750/min, hat serienmäßig

Links: Vespa PK 50 XL mit viel Zubehör, hier sogar mit Cola-Dosenhalter!

Rechts: PK 50 XL. Klein, aber fein – und mit Getriebeautomatik, vier Blinkleuchten und neuer Instrumentierung. Auch ein elektrischer Anlasser war zu haben.

eine integrierte Vierfach-Blinkanlage (12 Volt) und bringt eine Höchstgeschwindigkeit von 50 km/h. Als Version mit Elektrostarter (kurz Elestart genannt) hat die Vespa PK 50 XL Plurimatic/Automatik Elestart die Nummern VA52T 3000001 bis VA52T 3014507 Ende 1990.

Die mit dem stärkeren Motor ausgerüstete Vespa PK 50 SS hat man nunmehr auch mit der neuen Karosserie versehen, sie heißt jetzt Vespa PK 50 XLS. (V5S2T 001101 bis V5S2T 016464 Ende 1990). Im nächsten Jahr folgen eine Automatik-Version, die aber nur ein Jahr lang in Produktion bleibt, genannt Vespa PK 50 XLS Plurimatic (1987 VA51T 1101 bis 1670), sowie ein Modell mit elektrischem Anlasser, die Vespa PK 50 XLS Plurimatic Elestart (1987 bis 1989 VA51T 3000001 bis 3000999).

Das moderne XL-Design erhalten in diesem Jahr auch die 100er und 125er Modelle. Es sind dies:

Vespa PK 100 XL: 1986 bis 1990 (V9X2T 1101 bis 2197).
Vespa PK 125 XL: 1986 bis 1990 (VMX6T 1001 bis 54751).
Vespa PK 125 XL Elestart: 1986 bis 1990 (VMX6T 300001 bis 3006631).

Wie üblich wird mit einer geringen zeitlichen Verzögerung die neue Vespa PK 50 XL (mit und ohne Elektrostarter) im Frühjahr 1986 ins Augsburger Programm aufgenommen, während die Automatik-Modelle PK 50 XL und PK 125 XL im Dezember 1986 quasi erst als Weihnachtsüberraschung die deutschen Kunden erreichen. Neu ist im Sommer die Vespa 125 T5 mit 12 PS. Im Traveller-Look in Safari-Gelb/Braun gibt es jetzt nicht nur die PX 80 E, sondern auch die Modelle PX 200 E und PX 200 E GS (12 PS) mit und ohne Zubehör (Stoßstangen, Sturzbügel, Klappgepäckträger vorne und hinten).

Die Vespa PX 80 E Lusso gibt es ebenfalls als »Specials« in Sonderfarben (Pastellgelb, Pastellflieder und Pastellpink) und mit Sonderausstattung wie Höckersitzbank, Rammschutzset, Ziergummi und Lenkergriffe.

Überhaupt hat die Individualisierung der Vespa durch ihren Fahrer Hochsaison. Mit etwas Farbe und dem reichhaltigen, von Vespa angebotenen Zubehörprogramm sind der Phantasie keine Grenzen gesetzt: Aus dem Serienprodukt wird ein unverwechselbares Original.

1987

Nachdem im Vorjahr ein Großteil der Produktion älterer PK-Modelle ausgelaufen war, kommen in diesem Jahr, wie bereits geschildert, die Modelle Vespa 50 XLS mit Automatik und mit Elektrostarter auf den Markt. Parallel dazu verläuft die Modellpflege in der 125-ccm-Hubraumklasse.

Neu sind 1987 die Vespa PK 125 XL Plurimatic/Automatik (1987 VVM1T 1101 bis VVM1T Ende 1990) und die Vespa PK 125 XL Plurimatic Elestart (1987 VVM1T 3000001 bis 3001582 Ende 1990).

Die Sensation aus dem Hause Piaggio für die Vespa-Fan-Gemeinde und die Motorpresse ist die Präsentation eines futuristisch wirkenden Rollers, der in vielen Aspekten Neuland betritt und zugleich als höchste Vollendung und Weiterentwicklung des klassischen Rollerkonzepts gelten kann: die Cosa. Unter großem Aufwand konstruiert und im Windkanal gestylt, rangieren bei der Cosa Aerodynamik und Fahrkomfort ganz vorne, wobei die traditionellen Vespa-Ureigenschaften wie Direktantrieb, freier Durchstieg und Schutz von unten und vorne erhalten geblieben sind.

Neu ist auch das Bremssystem. Es handelt sich um eine hydraulische Kombi-Anlage mit zusätzlicher mechanischer Vorderradbremse. Die hydraulische Fußbremse wirkt — mit entsprechender Dosierung und Kraftverteilung — auf beide Räder, mit einer Priorität zugunsten des Hinterrades.

Die aerodynamisch geglättete Karosserie hat insbesondere die Gestaltung der Frontpartie verändert. In der Terminologie wie in der Marketing-Zielsetzung im

Hause Piaggio ist die Cosa in der werkseigenen Typologie keine Vespa; vielmehr wird der Name Cosa ohne weiteren Zusatz verwendet. Den Cosa-Schriftzug findet man auf der rechten Motorverkleidung, während am Frontschild oben das Piaggio-Emblem befestigt ist. Ganz unten befindet sich bei den italienischen Modellen der Piaggio-Schriftzug. Noch aber sind die europäischen Importländer der Vespa nicht bereit, diese Entwicklung ebenso konsequent mitzutragen, denn als die Cosa später in Deutschland vorgestellt wird, prangt unten auf dem Frontschild — wie von den deutschen Kunden erwartet — der Vespa-Schriftzug.

Die Cosa wartet mit einem Halogen-Frontscheinwerfer von 35 Watt auf. Unter der abschließbaren Doppelsitzbank befindet sich ein Ablagefach für die Unterbringung des Schutzhelms. Darüberhinaus ist die ergonomische Anordnung der Bedienungselemente und Sitzposition gegenüber herkömmlichen Rollern deutlich verbessert worden.

1987 gibt es die Cosa in Italien sowohl mit rund 125 ccm als auch mit 150 ccm Hubraum, jeweils mit Kick- oder Elektrostarter. Eine 200er folgt ein Jahr später.

Die 125-ccm-Version ist an den Seriennummern VNR1T 1101 bis 4844 Ende 1990 zu erkennen; die deutlich beliebtere Cosa 125 Elestart trägt die Nummern VNR1T 3000001 bis 3017315 Ende 1990. Der exakt 123 ccm große Motor hat bei seiner Markteinführung die Abmessungen 52,5 x 57 mm, gut für 90 km/h.

Die Seriennummern der Cosa 150 lauten VLR1T 1101 bis 4308 Ende 1990; für die Cosa 150 Elestart gelten die Nummern VLR1T 3000001 bis VLR1T 3009413 Ende 1990. Der 149,6-ccm-Motor hat bei gleichem Hub die Bohrung 57,8 mm. Die Höchstgeschwindigkeit ist 92 km/h.

Die Abmessungen für beide Modelle und auch für die später eingeführte Cosa 200 lauten: Länge 1805 mm, Breite 700 mm (ohne Rückspiegel), Höhe 1070 mm, Radstand 1270 mm. Der Tankinhalt beträgt 7,8 Liter, die Dimension der Bereifung ist 100/90 x 10 Zoll.

Der Trend zu den überarbeiteten PK- und PX-Modellen in einer überschaubaren Modellpalette ist auch am deutschen Angebot ablesbar. Die PK-Baureihe umfaßt vier Grundmodelle: Vespa PK 50 XL wahlweise mit Automatik oder Viergangang, das Modell Vespa PK 50 sowie die Vespa PK 125 XL. Eine elektronische Alarmanlage (VE1) ist gegen Aufpreis als Zubehör lieferbar.

Der neue Star des Jahres 1987 ist die Cosa. In allen Einzelheiten ein Roller einer neuen Generation. Unten: Schema der hydraulischen Bremsanlage.

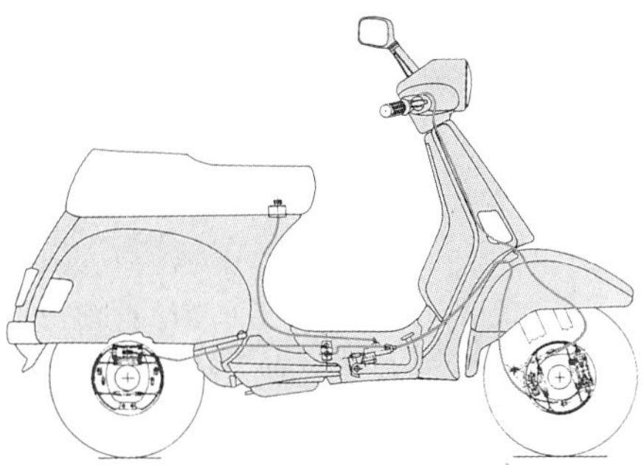

In der großen PX-Baureihe kann man ebenfalls unter vier Ausführungen wählen: PX 80 E Lusso, PX 125 E Lusso, PX 150 E Lusso und PX 200 E Lusso mit einer gedrosselten Motorenversion von 7 kW bei 5000/min. Sie alle arbeiten mit getrennter Benzin-Ölversorgung. Schließlich gibt es als deutsche Spezialität die Modellreihe GS mit der Vespa PX 200 E »Grand Sport«. Sie besitzt den italienischen Originalmotor und leistet 9 kW bei 5700/min.

1988

Piaggio bringt in diesem Jahr als Weiterentwicklung der PK 50 XL die Modellvariante Vespa PK 50 XL Rush (V5X4T 1101 bis 62170 Ende 1990) heraus, auch als Elestart erhältlich (V5X5T 3000001 bis 3002026), die aber bereits zum Jahresende wieder aus der Produktion genommen wird.

Zur oberen Abrundung des Cosa-Programms hat Piaggio inzwischen die Cosa 200 entwickelt, ihr 198-ccm-Motor weist die Abmessungen 66,5 x 57 mm auf. Als Höchstgeschwindigkeit für diesen Roller gibt das Werk 99 km/h an.

Das Interesse des deutschen Publikums an der neuen Cosa 200 ist so groß, daß die Vespa GmbH in Augsburg dieses Modell bereits im gleichen Jahr zusammen mit der Cosa 125 der Motorpresse und Vespa-Kundschaft vorstellt. Allerdings ist die 150-ccm-Hubraumversion im Programm nicht enthalten.

Die technischen Angaben für den deutschen Markt lauten: Cosa 125 mit einer

In Deutschland sind in diesem Jahr drei Modelle mit der Bezeichnung Vespa PK 50 XL auf dem Markt: Die einfache Ausführung ohne Blinkanlage, die Vespa PK 50 XL mit vierfacher Blinklanlage und handgeschaltetem Vierganggetriebe (2 kW bei 5500/min) sowie als Automatik mit 3 kW Leistung bei 5750/min. Hinzu kommen die PK 125 XL und die PK 125 XL Automatik. In der PX-Baureihe haben sich gegenüber dem Vorjahr keine Veränderungen ergeben.

Ähnlich wie beim GS-Modell in der PX-Baureihe gibt es von diesem Jahr an eine Leistung von 7 kW bei 6000/min, 122 ccm Hubraum, Steigfähigkeit 40 Prozent, Höchstgeschwindigkeit 92 km/h, Normverbrauch 3,5 Liter auf 100 km; die Cosa 200 hat 7 kW Leistung bei 6000/min (das entspricht einer gedrosselten Version für den deutschen Markt), 196 ccm Hubraum, Steigfähigkeit 42 Prozent, Höchstgeschwindigkeit 94 km/h, Normverbrauch 4 Liter, Lichthupe.

In der PK-Reihe gibt es einige kleine Veränderungen gegenüber dem Vorjahr. Die frühere PK 50 im neuen Design — aber ohne die vierfache Blinkanlage — heißt jetzt PK 50 XL, während das vorherige Modell gleicher Bezeichnung mit vierfacher Blinklichtanlage ausgestattet wurde. Neu ist außerdem die PK 125 XL mit Automatikgetriebe. In der PX-Baureihe wird das GS-Modell PX 200 E durch die PX 200 E Lusso Grand Sport ersetzt.

Insgesamt verließen bis Ende 1988 seit Baubeginn im Jahr 1946 mehr als 8 Millionen Fahrzeuge die Bänder. Aus der simplen Konstruktion von einst ist ein kompliziertes Gebilde geworden — eine Vespa wird inzwischen aus 1364 Teilen zusammengebaut!

Oben: Cosa der ersten Generation; später wurden unter anderem die Spiegel geändert.

Rechts: Ape elettrico, ein Kleintransporter mit Elektromotor. Der 11 PS starke Motor kommt von Bosch. Es gibt auch eine Diesel-Ape namens TM 703 V.

1989

Ende der achtziger Jahre hat sich die mitunter hektische Modellpolitik beruhigt. Nur zwei neue Rollermodelle aus Pontedera machen in diesem Jahr in der Branche von sich reden.

Zum einen ist es eine neue Vespa in der 50er Klasse, die wieder einmal schlicht 50 N heißt und sich gemäß ihrer Seriennummer V5X5T (1101 bis 44759 Ende 1990) als Weiterentwicklung der Vespa PK 50 (V5X1T), PK 50 S (V5X2T), PK 50 XL (V5X3T) und PK 50 XL Rush (V5X4T) erweist. Zu ihr gesellt sich mit automatischem Getriebe die 50 N Plurimatic (V5P1T 1101 bis 6025 Ende 1990), der dann 1990 die Vespa 50 Automatica (V5P2T 1101 bis 9064 Ende 1990) sowie die Vespa 50 (V5N1T 1101 bis 57991 Ende 1990) folgt.

Als Lizenzbau wird die 1986 aus der Produktion genommene Vespa des Typs P 150 S noch einmal aufgelegt und trägt die Seriennummern VBX1T 270946 bis 299155 Ende 1990.

Cosa 200, die wie das italienische Original 9 kW (entsprechend 12 PS) bei 6000/min leistet und eine Spitze von 100 km/h bringt. Somit sind jetzt drei Cosa-Modelle lieferbar.

In den achtziger Jahren hat es auch beim Vespa Car einige Modellverbesserungen gegeben. So gab es im Frühjahr 1981 erstmals einen Vespa Car mit Elektroantrieb von Bosch. Das batteriegespeiste Triebwerk leistete 11 PS bei 2400/min und besaß einen Aktionsradius von 80 Kilometern. Die Geschwindigkeiten ließen sich stufenlos regeln. Seit Frühjahr 1989 bietet Vespa Augsburg unter der Typenbezeichnung Vespa TM 703 V eine Diesel-Variante an, die über eine eigene Nutzfahrzeug-Händler-Organisation vertrieben wird und in vier Standardausführungen, nämlich als Pritsche, Kasten, Kipper- und Müllkipper lieferbar ist.

Die Leichttransporter-Modellpalette aus Pontedera verzeichnet 1993 über 40 Varianten des Vespa Car mit über 100 verschiedenen Spezialaufbauten. Auch vierrädrige Mini-Pickups und Mini-Vans sind neuerdings darunter, resultierend aus einem Joint-Venture mit der japanischen Daihatsu Motor Co. Ltd. in Osaka. Ebenfalls auf vier Rädern rollt der Ape-Poker mit einem 421-ccm-Dieselmotor und elektronischer Einspritzung, dessen Markteinführung 1991 erfolgte.

In vier Jahrzehnten haben immerhin 1,5 Millionen dieser fleißigen »Bienen« auf drei Rädern die Werkshallen von Pontedera verlassen, 400.000 davon schwärmten über Italiens Grenzen. Über eine halbe Million verzeichnete die italienische Zulassungsstatistik Ende 1992. Die Dreispur-Transporter haben den Ablauf des täglichen Lebens in vielen Ländern, sei es im südlichen Europa oder vor allem auch Asien, stark geprägt und gehören als Selbstverständlichkeit zum dortigen Verkehrsbild.

Bei den leichteren Zweirädern sind die Zuwachsraten nach wie vor groß. Neu im Mopedprogramm Piaggios ist der Grillo, ein mutiger Schritt in bezug aufs Fahrzeugdesign — ein flinker Hüpfer mit ausgeprägter Heuschreckensymbolik....

Die neunziger Jahre

Neben einigen Modellveränderungen in der Hubraumklasse 50 (wie vorstehend bereits behandelt) und bei den 125ern — es sind dies die Vespa 125 (VMX7T 1101 bis 3046), eine einfache Ausführung der 125er für die östlichen Märkte (VMX7T 1000001 bis 1002463) und eine Vespa 125 Automatica für Frankreich (VVM2T 1101 bis 1556 — ist der große Wurf des Jahres 1990 die neue Sfera.

Die Sfera ist ein futurististischer Roller mit Pfiff in der 50-ccm-Klasse. Eine 80-ccm Version folgt erst später. Der Roller unterscheidet sich deutlich von der bisherigen Vespa der PK-, PX- und Cosa-Modellreihen und wird von Vespa-Puristen eigentlich nicht mehr als ein »wirklicher« Vespa-Roller angesehen. Er ist von Grund auf neu konzipiert und besitzt serienmäßig eine aufwendige Technik wie Getrenntschmierung, abschließbare Helmablage, Doppelsitzbank, integrierte Vier-

Links: Neue Rollerdimensionen zeigt auch der Quartz auf. Unten die Instrumentierung.

Oben: Die Sfera läßt sich so sportlich wie jeder Scooter fahren!

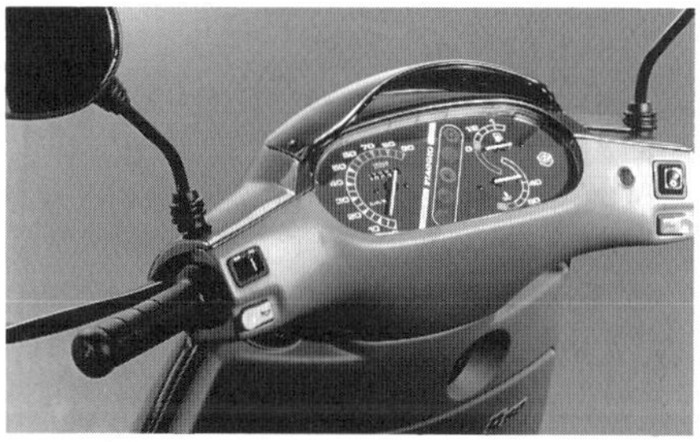

Aus jeder Perspektive verrät die Sfera den Mut zur ungewöhnlichen Form, wie ihn die Italiener bereits beim Design der ersten Vespa bewiesen hatten.

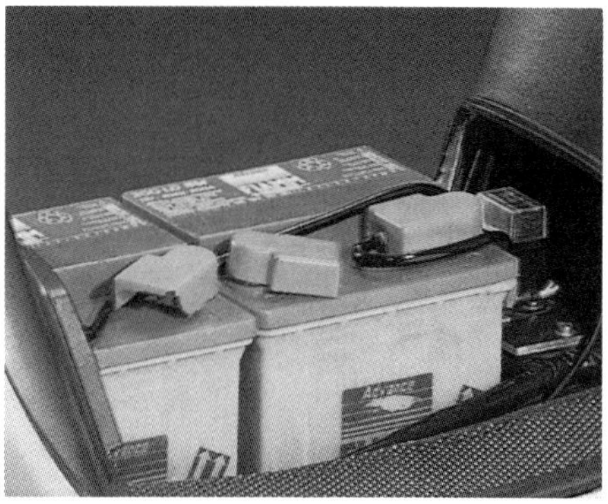

Oben: Einen weiteren Schritt in die Zukunft des Scooters stellt der von Piaggio konzipierte »Zip« dar.

Links: Die Minimalformel der Motorisierung bietet Piaggio heute mit dem Modell »free« an. Die Vielzahl der Marken (Bianchi, Gilera, Puch) bei den Motorzweirädern gibt Piaggio die Chance, alle Marktnischen zu besetzen.

Ein Prototyp mit Hybridantrieb wurde bereits 1992 entwickelt. Man kann vom Verbrennungs- auf einen Elektromotor umschalten, je nach Erfordernis…

fach-Binkanlage sowie eine reichhaltige, dennoch übersichtliche Instrumentierung.

Im Gegensatz zu der selbsttragenden Stahlblechkarosserie der traditionellen Vespa-Modelle besitzt die Sfera einen mit Kunststoff verkleideten Stahlrahmen. Besonders auffällig ist die Frontpartie mit dem integrierten, breiten Scheinwerfer.

Im Februar 1991 startet der Verkauf dieses Rollers in Augsburg. Auf dem Frontschild prangt weder der Vespa-Schriftzug noch der von Piaggio, nur das blaue Sechseck läßt die Herkunft dieses Fahrzeugs ahnen. So markiert dieses Modell den Abschluß einer kometenhaften Verbreitung und stetigen Entwicklung der Vespa — mit der Sfera vollzieht sich für Piaggio ein Start in eine neue Zukunft.

In diesem und in den folgenden Jahren gibt es einige Modellveränderungen bei den klassischen Vespa-Motorrollers der PK- und der PX-Baureihe sowie bei der Cosa. Die kleinen PK-Roller erhalten ein Facelifting und werden ab 1990 in Deutschland als Vespa PK 50 XL 2 in neuem Design den Kunden vorgestellt. Ebenso gibt es bei der Cosa 125 und 200 (10 und 12 PS) eine zweite Generation, die sich Cosa FL nennt und im Design und in der Technik noch einmal überarbeitet ist.

Wahlweise gibt es auch das Sondermo dell Cosa EBC zum stolzen Preis von 5700 Mark, das erstmals ähnlich wie beim

Der Piaggio Quartz mit wassergekühltem Motor. Nur 50 ccm Hubraum, aber ein leistungsstarkes Aggregat als technologisches Meisterstück der Zweitakt-Bauweise.

Rechts: Doch, es ist eine echte Vespa, nicht nur, weil's draufsteht. Der Roller ist eine Cosa 200 EBC, auf der IFMA 1992 als FL-Modell mit Antiblockiersystem vorgestellt.

Auto ein ABS-System aufweist. Bei diesem System wird bei einer Abbremsung mit dem Fußpedal durch einen Sensor die Vorderrad-Geschwindigkeit ermittelt; über einen Mikroprozessor wird der Vorderrad-Bremsdruck so lange vermindert, bis keine Blockiergefahr mehr besteht.

Der Erfolg dieser neuen Rollergeneration wird 1992 mit dem Modell »Quartz« fortgesetzt: Dieser Scooter hat einen wassergekühlten 50-ccm-Motor und vordere Scheibenbremsen. Als »Fun-Roller« kommt der »Zip« hinzu, und nicht unerwähnt bleiben soll schließlich das Zweirad »free«, das die Vorteile des traditionellen Mofas mit den Eigenschaften eines 50-ccm-Automatik-Motorrollers wie Beschleunigung, Fahrleistung, Komfort und Sicherheit optimal verbindet.

Auch ein Hybrid-Fahrzeug wurde 1992 auf der IFMA auf der Basis des Modells Sfera vorgestellt, das als »Ökoroller« wahlweise mit einem herkömmlichem Verbrennungsmotor oder per Knopfdruck mit einem Elektroaggregat betrieben werden kann. Ob er je in Serie gehen wird?

Ciao, mi'amore Vespa

Die Jugend setzt (sitzt) auf Tradition: Der Roller ist eine Vespa V 50 Special, ein heute wieder als Replica gebautes Modell von 1969.

Gegenüberliegende Seite: Die junge Dame fährt eine Vespa GS/3 von 1961/62.

Zwischen der Ur-Vespa des genialen Ingenieurs Corradino d'Ascanio und einer Sfera, Quartz und Zip der heutigen Generation klaffen Welten und mehr als 45 Jahre permanenter Modellpflege, die einhergingen mit veränderten gesellschaftspolitischen Veränderungen in der Welt. Längst hat der elektrische Anlasser den Kickstarter abgelöst, eine Getriebeautomatik die ruckende Gangschaltung ersetzt. Statt aus Stahlblech werden die Bauteile aus Kunststoff geformt, und der Trend wendet sich dem Viertaktmotor zu.

Die Mobilitäts- und Freizeitbedürfnisse haben sich gravierend geändert, der Roller kann heute nur noch in Ausnahmen ein großes, komfortables Reisemobil sein. Verstopfte Innenstädte, ein geändertes Ökologieverständnis und eine Gesellschaft, in der die Freizeitgestaltung einen immer größeren Anteil am täglichen Leben hat, sind Roller als Stadtflitzer, Cityroller und Spaßmobile gefragt, Ausdruck eines individuellen Lebensstils oder eines bequemen und wirtschaftlichen Fortbewegungsmittels.

Doch für viele ist der Name Vespa auch heute noch immer Inbegriff für den Roller schlechthin, die legendäre GS oder Sprint oder die ausgedehnte Galerie ihrer Vorgänger und Nachfahren — Fahrzeuge, die Erinnerungen auflebenlassen und Sehnsüchte wecken. Konnte man fünfundvierzig Jahre lang auf dem Motorrollermarkt von einer Identität »Piaggio = Vespa = Roller« sprechen, so scheint die jüngste Entwicklung darauf hinzudeuten, daß der Markenname »Vespa« in Kürze nur mehr als gloriose Reminiszenz an eine vergangene Welt verwendet wird. So wie das Volkswagenwerk seinen Käfer, Citroën seine Ente, Renault seinen R4 vom Markt nehmen mußte, weil sich ein Konzept, das lange Jahre gültig und unumstritten war, irgendwann einmal überlebt hatte, so muß auch ein Unternehmen wie Piaggio jüngsten Entwicklungen Rechnung tragen und neue Wege gehen, wenn es wirtschaftlich erfolgreich bleiben will.

Doch die große Gemeinschaft der Vespa-Verschworenen in der ganzen Welt, von Amerika bis Japan, in Deutschland, Holland, der Schweiz und nicht zuletzt im Mutterland Italien hält die Erinnerung wach. Nostalgie, Sammelleidenschaft und Rückbesinnung auf tradierte Werte unserer Technikgeschichte sind Motor für die Restaurierung und Pflege klassischer Vespa-Modelle und gleichzeitig Antrieb für die Wiederauflage begehrter Sammler-Modelle — so in jüngster Zeit mit der limitierter Serie der Vespa V 50 Special geschehen.

Der Begriff Vespa und die Philosphie, die dahinter steht, sind unsterblich und haben jahrzehntelang Maßstäbe gesetzt — Vespa mi' amore! Auch wenn Liebe vielleicht vergänglich ist....

Modelle, Baujahre, Seriennummern

Sämtliche auf diesen Seiten enthaltenen Angaben beruhen auf der Werksstatistik des Hauses Piaggio in Pontedera und der Vespa GmbH in Augsburg. Für Vollständigkeit und Richtigkeit kann keine Gewähr übernommen werden.

VESPA 50

Modell	Bauzeit	Seriennummern	Anmerkungen
Vespa 5/N	1963 – 1971	V5A1T 1001 bis 283299	
Vespa 50/S	1963 – 1990	V5SA1T 1101 bis 144061	
Vespa 50 Super Sprint (50 SS)	1965 – 1971	V5SS1T 1001 bis 3525	
Vespa 50/L	1966 – 1967	V5A1T 500001 bis 530932	
	1967 – 1970	V5A1T 540001 bis 6370663 Allungata	
Vespa 50/R	1969 – 1983	V5A1T 700001 bis 938761	ab Seriennummer 752189 Motor V5A2M
Vespa 50 Elestart	1969 – 1972	V5A3T 1001 bis 5708	
	1972 – 1975	V5B2T 1001 bis 3667	Motor V5A3M
	1975 – 1976	V5B4T 1101 bis 1533	4-Gang, für Deutschl. Motor V5A5M
Vespa 50 Special (in Deutschland 50 N Spezial)	1969 – 1972	V5A2T 1001 bis 96013	
	1972 – 1975	V5B1T 1001 bis 95671	Motor V5A2M
	1975 – 1983	V5B3T 1101 bis 565056	Motor V5A4M 4-Gang; ab 1978 für Österr. Motor V5SA1M; 1980 für USA Motor V5A2M 3-Gang
Vespa 50 Sprinter (in D 50 SR)	1971 – 1973	V5SS2T 4001 bis 4515	
	1975 – 1979	V5SS2T 10001 bis 10579 (50 SR)	
Vespa PK 50	1982 – 1986	V5X1T 1101 bis 17202	
	1988 – 1988	V5X1T 17203 bis 17512	nur für den deutschen Markt
Vespa PK 50 S	1982 – 1986	V5X2T 1101 bis 221578	Motor V5X1M
Vespa PK 50 S Elestart	1983 – 1986	V5X2T 3000001 bis 3009325	
Vespa PK 50 SS	1983 – 1987	V5S1T 1101 bis 7172	
Vespa PK 50 SS Elestart	1983 – 1986	V5S1T 3000001 bis 3001208	
Vespa Automatica PK 50 S	1984 – 1984	VA51T 1101 bis 1352	
Vespa Automatica PK 50 S Elestart	1984 – 1986	VA51T 3000001 bis 3002122	
Vespa PK 50 XL	1985 – 1990	V5X3T 001101 bis 00193519	
Vespa PK 50 XL Elestart	1985 – 1990	V5X3T 3000001 bis 3010706	
Vespa PK 50 XL Plurimatic	1986 – 1989	VA52T 1101 bis 4989	
Vespa PK 50 XL Plurimatic Elestart	1986 – 1990	VA52T 3000001 bis 3014507	
Vespa PK 50 XLS	1986 – 1990	V5S2T 001101 bis 016464	
Vespa PK 50 XLS Plurimatic	1987 – 1987	VA51T 1101 bis 1670	
Vespa PK 50 XLS Plurimatic Elestart	1987 – 1989	VA51T 3000001 bis 3000999	
Vespa PK 50 XL Rush	1988 – 1990	V5X4T 1101 bis 62170	
Vespa PK 50 XL Rush Elestart	1988 – 1988	V5X4T 3000001 bis 3002026	
Vespa 50 N	1989 – 1990	V5X5T 1101 bis 44579	
Vespa 50 N Plurimatic	1989 – 1990	V5P1T 1101 bis 6025	
Scatto	1990 – 1990	TVP1T 1101 bis 7948	
Sfera	1990 – heute	NSL1T 1101 bis 2318	
Vespa 50	1990 – 1990	V5N1T 1101 bis 57991	
Vespa 50 Automatica	1990 – 1990	V5P2T 1101 bis 9064	
Quartz	1992 – 1993	N.A.	Wassergekühlter Motor
Zip	1992 – 1993	N.A.	

VESPA 80

Modell	Bauzeit	Seriennummern	Anmerkungen
Vespa P 80 - P 80 E	1980 – 1983	V8A1T 1101 bis 9923	1982 als Vespa 80 für Taiwan
Vespa P 80 X - PX 80 E - PX 80 E Arcobaleno	1981 – 1983	V8X1T 1101 bis 45710 (P 80 X, PX 80 E)	
(in Deutschland Lusso)	1983 – 1990	V8X1T 100001 bis 112348 (PX 80 E Arcobaleno)	
Vespa PK 80 S	1982 – 1986	V8X5T 1101 bis 6214	
Vespa PK 80 S Elestart	1983 – 1984	V8X5T 3000001 bis 3002790	
Vespa Automatica PK 80 S	1984 – 1984	VA81T 1101 bis 2330	
Vespa Automatica PK 80 S Elestart	1984 – 1986	VA81T 3000001 bis 3000737	
Vespa PX 80 E Arcobaleno Elestart	1984 – 1990	V8X1T 3000001 bis 3006335	

VESPA 90

Vespa 90	1963 – 1967	V9A1T 1001 bis 25000	
	1967 – 1967	V9A1T 25001 bis 28000	Unificata
	1967 – 1967	V9A1T 28001 bis 28382	Allungata
	1968 – 1981	V9A1T 28383 bis 273526	
	1982 – 1988	V9A1T 273527 bis 300026	Produktion Taiwan
Vespa 90 Super Sprint (SS)	1965 – 1971	V9SS1T 1001 bis 6309	
Vespa 90 Racer	1971 – 1974	V9SS2T 7001 bis 10516	

VESPA 98 · 100

Vespa V.98	1946 – 1947	V.98 01 bis 18079	
Vespa 100	1978 – 1983	V9B1T 1101 bis 28904	
	1983 – 1990	V9B1T 50001 bis 107758	in Indien (A.P.S.L.) gebaut
Vespa PK 100 S	1982 – 1990	V9X1T 1101 bis 69175	
Vespa PK 100 S Elestart	1983 – 1986	V9X1T 3000001 bis 3000158	
Vespa PX 100 E (Lohia/Indien)	1983 – 1985	VIX1T 1101 bis 44104	
Vespa PK 100 XL	1986 – 1990	V9X2T 1101 bis 2197	

VESPA 125

Vespa 125 - Vespa 125 Super	1948 – 1950	V1T - V15T 01 bis 104096	
	1950 – 1952	V30T - V33T 104097 bis 251820	
	1952 – 1953	VM1T 01001 bis 085870	
	1953 – 1953	VU1T 1001 bis 7001	
	1953 – 1954	VM2T 085871 bis 0176014	
	1954 – 1955	VN1T 01001 bis 050100	
	1956 – 1957	VN2T 050101 bis 0125600	
	1957 – 1958	VNA1T 01001 bis 068031	
	1958 – 1959	VNA2T 068032 bis 0116431	
	1959 – 1961	VNB1T 01001 bis 089850	
	1961 – 1961	VNB2T 01001 bis 034699	
	1961 – 1962	VNB3T 034700 bis 090395	
	1962 – 1963	VNB4T 090396 bis 0136485	
	1963 – 1964	VNB5T 01001 bis 043240	
	1964 – 1966	VNB6T 01001 bis 037028	
	1965 – 1969	VNC1T 01001 bis 025146	ab Prefix VNC1T Vespa 125 Super
Vespa 125 - Primavera	1965 – 1967	VMA1T 01001 bis 018100	Vespa 125
	1967 – 1983	VMA2T 020001 bis 0240329	ab jetzt Primavera
Vespa 125 GT (Vespa 125 Sprint für den Export)	1966 – 1973	VNL2T 30001 bis 81582	
Vespa 125 GTR	1968 – 1978	VNL2T 100001 bis 151788	

Modell	Bauzeit	Seriennummern	Anmerkungen
Vespa 125 TS	1975 – 1978	VNL3T 1101 bis 29804	
Vespa Primavera ET3	1976 – 1990	VMB1T 1101 bis 148923	für Japan
Vespa P 125 X	1977 – 1982	VNX1T 1101 bis 198248	Motor VNL3M
Vespa PX 125 E - PX 125 E Arcobaleno	1981 – 1984	VNX2T 1101 bis 135966 (PX 125 E)	Motor VNX1M
(in Deutschland Lusso)	1983 – 1990	VNX2T 200001 bis 284846 (X 125 E Arcobaleno)	
Vespa PK 125	1982 – 1985	VMX1T 1101 bis 8378	
Vespa PK 125 S	1982 – 1986	VMX5T 1101 bis 62606	
Vespa Automatica PK 125 S	1983 – 1984	VAM1T 1101 bis 3366	
Vespa Automatica PK 125 S Elestart	1983 – 1984	VAM1T 3000001 bis 3007758	
Vespa PK 125 S Elestart	1983 – 1986	VMX5T 3000001 bis 3006295	
Vespa PK 125 ETS	1984 – 1985	VMS1T 1101 bis 12811	
Vespa PX 125 E Arcobaleno Elestart	1984 – 1990	VNX2T 3000001 bis 3020135	
Vespa PX 125 T5	1985 – 1990	VNX5T 1101 bis 37161	
Vespa PX 125 T5 Elestart	1985 – 1990	VNX5T 3000001 bis 3005013	
Vespa PK 125 XL	1986 – 1990	VMX6T 1001 bis 54751	
Vespa PK 125 XL Elestart	1986 – 1990	VMX6T 3000001 bis 3006631	
Cosa 125	1987 – 1990	VNR1T 1101 bis 4844	
Cosa 125 Elestart	1987 – 1990	VNR1T 3000001 bis 3017315	
Vespa PK 125 XL Plurimatic	1987 – 1990	VVM1T 1101 bis 20103	
Vespa PK 125 XL Plurimatic Elestart	1987 – 1990	VVM1T 3000001 bis 3001582	
Vespa 125	1990 – 1990	VMX7T 1101 bis 3046	
Vespa 125/ohne Automatik und Elestart (Export Osteuropa)	1990 – 1991	VMX7T 1000001 bis 1002463	
Vespa 125 Automatica	1990 – 1990	VVM2T 1101 bis 1556	nur für Frankreich

VESPA 150 · 160 · 180

Vespa 150 - Vespa 150 Super	1954 – 1955	VL1T 1001 bis 17000	
	1955 – 1956	VL2T 17001 bis 93101	
	1956 – 1956	VL3T 93193 bis 130693	
	1957 – 1957	VB1T 130694 bis 132737	
	1957 – 1957	VB1T 1001 bis 55375	
	1958 – 1960	VBA1T 55376 bis 125040	
	1960 – 1962	VBB1T 1001 bis 146000	
	1962 – 1967	VBB2T 146001 bis 280148	
	1965 – 1979	VBC1T 1001 bis 554808	ab Serie VBC1T als Vespa 150 Super
Vespa 150 GS - 160 GS - 180 Super Sport - 180 Rally	1955 – 1961	VS1T 001001 bis 00127350 (150 GS)	
	1962 – 1964	VSB1T 001001 bis 0061000 (160 GS)	
	1964 – 1968	VSC1T 001001 bis 0036700 (180 Super Sport)	
	1968 – 1973	VSD1T 001001 bis 0027495 (180 Rally)	
Vespa 150 GL - 150 Sprint	1957 – 1958	VGL1T 01001 bis 016610 (150 GL)	
	1959 – 1961	VGLA1T 1001 bis 035267	
	1961 – 1962	VGLB1T 035268 bis 049294	
	1962 – 1965	VLA1T 01001 bis 080855	
	1965 – 1974	VLB1T 01001 bis 1205477 (150 Sprint)	Ausnahme: Seriennummern 050001 bis 051523 mit Prefix VLB2T
Vespa 150 Sprint Veloce	1969 – 1979	VLB1T 0150001 bis 0368119	Karosserie wie Vespa 150 Sprint
Vespa P 150 S	1978 – 1986	VBX1T 1101 bis 270945	
	1989 – 1990	VBX1T 270946 bis 299155	Lizenzfertigung; für Taiwan mit 145,45-ccm-Motor
Vespa P 150 X - PX 150 E - PX 150 E Arcobaleno (Lusso)	1978 – 1981	VLX1T 1101 bis 346402 (P 150 X)	für Taiwan mit 145,5-ccm-Motor
	1981 – 1985	VLX1T 346403 bis 552410 (PX 150 E)	zuletzt produziert in Taiwan
	1983 – 1990	VLX1T 600001 bis 803233 (Arcobaleno)	
	1985 – 1990	VLX1T 2000001 bis 2821048 (Arcobaleno)	produziert in Lohia/Indien

Modell	Bauzeit	Seriennummern	Anmerkungen
Vespa PX 150 E Arcobaleno Elestart	1984 – 1990	VLX1T 3000001 bis 3010079	
Cosa 150	1987 – 1990	VLR1T 1101 bis 4308	
Cosa 150 Elestart	1987 – 1990	VLR1T 3000001 bis 3009413	

VESPA 200

Vespa 200 Rally	1972 – 1979	VSE1T 001001 bis 0042275	
Vespa P 200 X - PX 200 E - PX 200 E Arcobaleno (in Deutschland Lusso)	1977 – 1977	VSX1T 100 bis 1700	spezielle Nummern für die USA
	1977 – 1982	VSX1T 1101 bis 160000 (P 200 E)	generell mit Motor VSE1M (Rally 200),
	1982 – 1986	VSX1T 160001 bis 195545 (PX 200 E)	nur für Deutschland mit Motor VDE1M (gedrosselte Version)
	1983 – 1990	VSX1T 300001 bis 424579 (Arcobaleno)	auch in Deutschland als GS-Version mit ungedrosseltem Motor
Vespa PX 200 E Arcobaleno Elestart	1984 – 1990	VSX1T 3000001 bis 3022538	
Cosa 200	1988 – 1990	VSR1T ab 1101	für Deutschland in zwei PS-Versionen (10 und 12 PS) sowie Sondermodell Cosa EBC.

VESPA aus deutscher Produktion

Vespa 125 Hoffmann	1950 – 1954	N.A.	nach Erscheinen der Hoffmann Königin 1954 als Modell A bezeichnet
Vespa Hoffmann Königin	1954 – 1955	N.A.	in der Werbung auch als Modell 54 bezeichnet
Vespa 150 GS (GS/1) Messerschmitt	1955 – 1955	VS1T	wie das italienische Modell 150 GS (in der Werbung auch Grand Sport genannt)
Vespa 150 Touren (T/1) Messerschmitt	1955 – 1955	VL1T	Motor VL1M, identisch mit der italienischen Vespa 150, aber mit Messerschmitt-Emblem
Vespa 150 Touren (T/2) Messerschmitt (Typ 82)	1956 – 1956	VD1T 1001 bis 7000	Motor wie T/1, Fahrgestell der GS, neuer Lenker, Bowdenzüge noch außenliegend
Vespa 150 GS (GS/2) Messerschmitt (Typ 62)	1956 – 1958	VD1TS 1001 bis 7000	Denfeld-Sitzbank, Bowdenzüge außenliegend
Vespa 150 Touren (T/3) Messerschmitt (Typ 122)	1957 – 1958	VD2T 7001 bis 13800	Bowdenzüge im Lenkergehäuse
Vespa 150 Touren (T/3) Augsburg (Typ 122)	1958 – 1959	VD2T 7001 bis 13800	ovales Schwanenhals-Rücklicht
Vespa 150 GS (GS/3) Augsburg (Typ 112, 162, 212)	1958 – 1961	VD2TS 70001 bis 10480 (Typ 112)	
		VD2TS 10481 bis 13300 (Typ 162)	
		VD2TS 13301 bis 35177 (Typ 212)	Bowdenzüge innerhalb des Lenkergehäuses
Vespa 125 Augsburg (Typ 152)	1958 – 1959	VNA1T 1250001 bis 126800	Motor VNA1M, Bosch-Zündanlage W225T1
Vespa 125 Augsburg (125/1 Typ 222)	1958 – 1959	VNA2T 126907 bis 128904	Motor VNA2M, Bosch-Zündanlage W225T1
Vespa 125 Augsburg (125/2 Typ 282 und 392)	1959 – 1962	VNB1T 128905 bis 131513	
		VNB3T ab 131514	
Vespa 150 Touren (T/4) Augsburg (Typ 202, 332)	1959 – 1963	VGLA1T 300001 bis 314387	nach italienischer Typologie eine 150 GL
		VGLA1T 314388 bis 315388 (Typ 332)	
		VGLB1T ab 315489	
Vespa 160 GS (GS/4) Augsburg (Typ 382)	1962 – 1963	VSB1T ab 500001	8,5 PS wie das italienische Modell

Clubadressen

Die Fédération Internationale des Vespa Clubs (FIV), Landesclubs und registrierte historische Vespa-Clubs:

FIV
Fédération Internationale des Vespa Clubs
Lungotevere Flaminio 80
I-00194 Rom

Belgien
Vespa Club de Belgìque
Präsident Jacques Chantrain
Rue Kloth 58
B-4720 La Calamine

Canada
Vespa Club of Canada
West Coast Scooters Ltd.
1314, Lansdowne Drive
Coquitlam, B.C.
CDN-V3E 1K6

Dänemark
Vespa Club Danmark
Präsident Anni R. Pedersen
Hyldehaven 32
DK-8520 Lystrup

Deutschland
Vespa Club von Deutschland
Präsident Arthur Eichner
Alberichstraße 4
D-90461 Nürnberg

Vespa-Veteranen-Club Deutschland
Präsident Hans Krüger
Bohrenweg 15
D-65385 Rüdesheim/Aßmannshausen

Finnland
Scooterclub Finland
Präsident Mikko Wynne-Ellis
Kontiokat 19 C
SF-08100 Lohja

Frankreich
Vespa Club France
Präsident Yves Le Sellin
Chemin de Traine-Bots
Marestay
F-17160 Matha

Griechenland
Vespa Club of Greece
Präsident Kostas Kirou
59, Bizaniou Street
GR-54639 Thessaloniki

Großbritannien
Vespa Club of Britain
Vize-Präsident Charles Caswell
36 Beltinge Road
Romfort, Essex RM3 OUJ, GB

Veteran Vespa Club of Britain
Präsident Eric Brockway
"The Cottage", 37, Stanley Road
Warmley, Bristol BS15 4NX, GB

Holland
Vespa Club Nederland
Präsident Anton Somers
Snip 59
NL-9843 GD Grijpskerk

Italien
Vespa Club d'Italia
Präsident Roberto Leardi
Via Davide Campari 190
I-00155 Roma

Registro Storico Vespa
Präsident Luigi Frisinghelli
Via della Terra 26
I-38068 Rovereto (TN)

Japan
Vespa Club Japan
Sekretariat: Mr. Tamiya
2-7-7- Imado Taito-ku
J-Tokyo 111

Kroatien
Vespa Club Croatia
Präsident Tihomir Horvat
Lastovska 24
CRO-4100 Zagreb

Österreich
Vespa Club Austria
Präsident Albert Wayss
Nußdorfer Straße 34/5
A-1090 Wien

Portugal
Vespa Club Portugal
Avenida Infante Santo 63 R/D D.to
P-1300 Lissabon

San Marino
Vespa Club San Marino
Präsident Giuseppe Serra
Via Guglielmina d'Orlanda 32
Borgo Maggiore
SM-47031 San Marino

Schweiz
Vespa Club Schweiz
Präsident Giorgio di Vincenzo
Zinggenstr. 15
CH-8953 Dietikon
Sekretariat: Rolandstraße 27
CH-8004 Zürich

Spanien
Vespa Club España
Präsident Luis Pont Tricuera
Carrer de Sol 262
E-08201 Sabadell

USA
Vespa Club Los Gatos
Präsident Rolf P.J. Soltau
1566 Capri Drive
USA-Campbell CA 95008

Sonstige Adressen:

1. Deutsches Motorroller-Museum
Bohrenweg 15
D-55593 Aßmannshausen

Vespa Scooterclub Nederland
Sekretariat
Penningkruidstraat 1-1
NL-6841 DD Arnheim

Der Portanje's Motorroller und
Vespa Club Nostalgie Collectie
Stationsweg 41
NL-3981 AB Bunnik

Vespa Club of America
P.O. Box 234
USA-Cleburne TX 76031

Index

Literaturhinweise

Goyard, Jean, Pascal, Dominique, Salvat, Bernard: Vespa Histoire et Technique, Editions Moto Legende/Rétroviseur, Paris 1992.
Kubisch, Ulrich: Motor-Roller-Mobil, Elefanten Press Verlag, Berlin 1985.
Kubisch, Ulrich: Deutsche Motorroller, SMC-Band 51, Schrader Verlag GmbH, Suderburg-Hösseringen 1992.
Pascal, Dominique: Scooters de chez nous, Editions M.D.M., Boulogne 1993.
Roos, Peter: Vespa Stracciatella, Transit Verlag, Berlin 1985.
Roos, Peter: Vespa bella donna, Nieswand Verlag, Kiel 1990.
Schermers Motorrad-Katalog, Motorrad-Technik Verlag, Stuttgart 1990.
Schneider, Hans-Jürgen: Vespa Motorroller, Verlag Schneider Textsystem, Weilerswist 1990 (Erstausgabe: BLV Verlag, München 1985).
Windecker, Carl Otto: Motorrad-Typen 1951/52, Verlag Klasing & Co., Bielefeld 1951.
Vespa Style Handbook, Fujimi Publishing Company Ltd., Tokio 1993.
Zeichner, Walter: Vespa Motorroller, SMC-Band 14, Schrader Verlag, Suderburg-Hösseringen 1987.

Zeitschriften:

Rollerei und Mobil, Stuttgart, div. Jahrgänge.
Roller-Mobil-Kleinwagen, Stuttgart, div. Jahrgänge.
Das Motorrad, Stuttgart, div. Jahrgänge.
Oldtimer-Markt, Mainz, div. Jahrgänge.
Piaggio, Genua, div. Jahrgänge.
Vespa-Tip, Augsburg, div. Jahrgänge.